站在巨人的肩上

Standing on the Shoulders of Giants

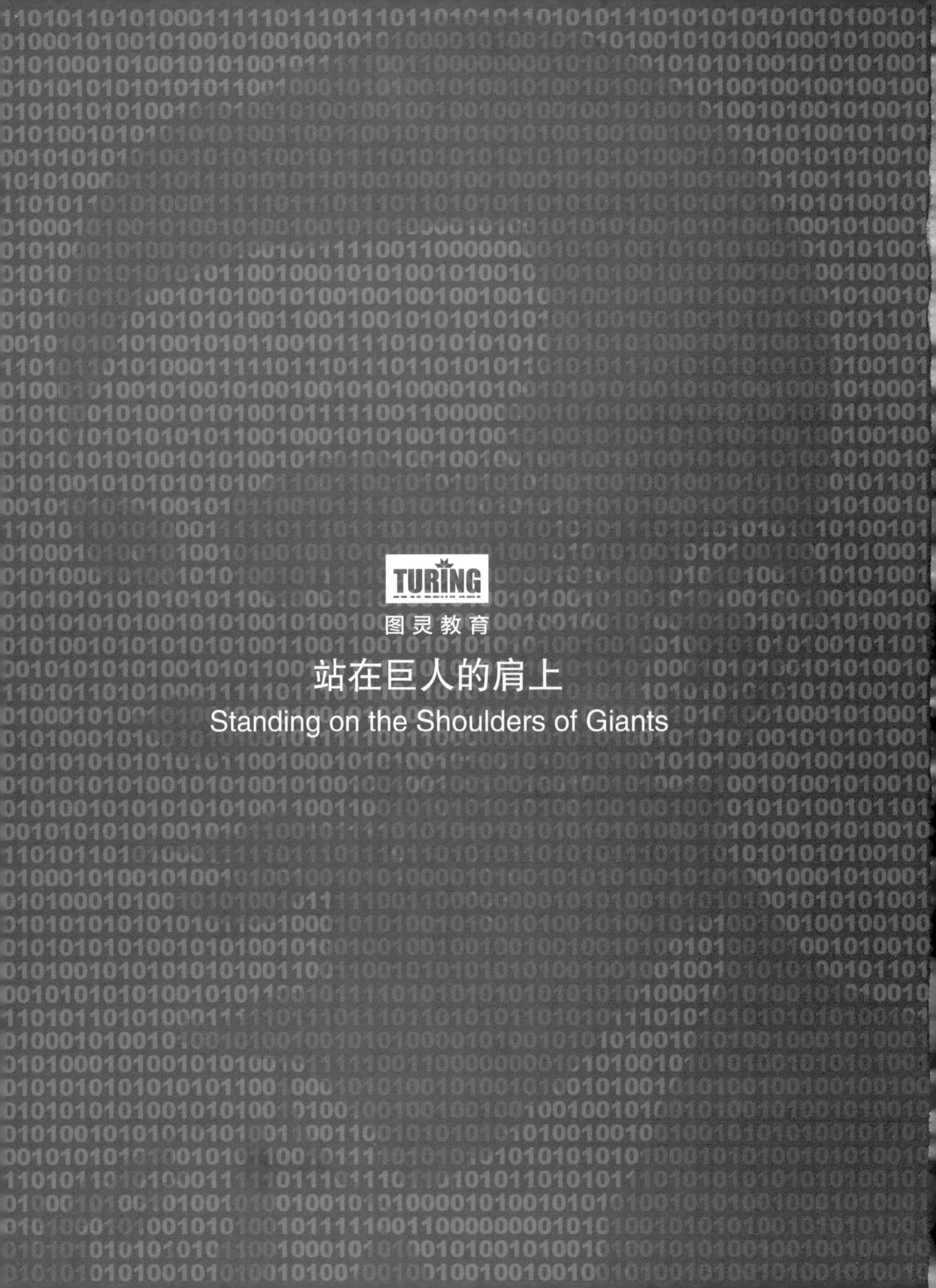
TURING
图灵教育
站在巨人的肩上
Standing on the Shoulders of Giants

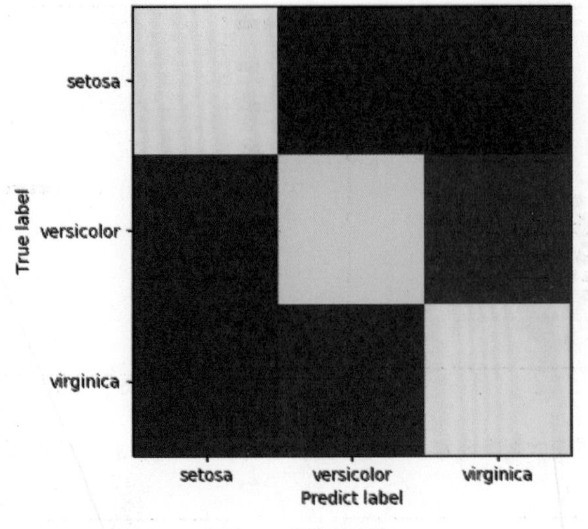

图 1-7　混淆矩阵

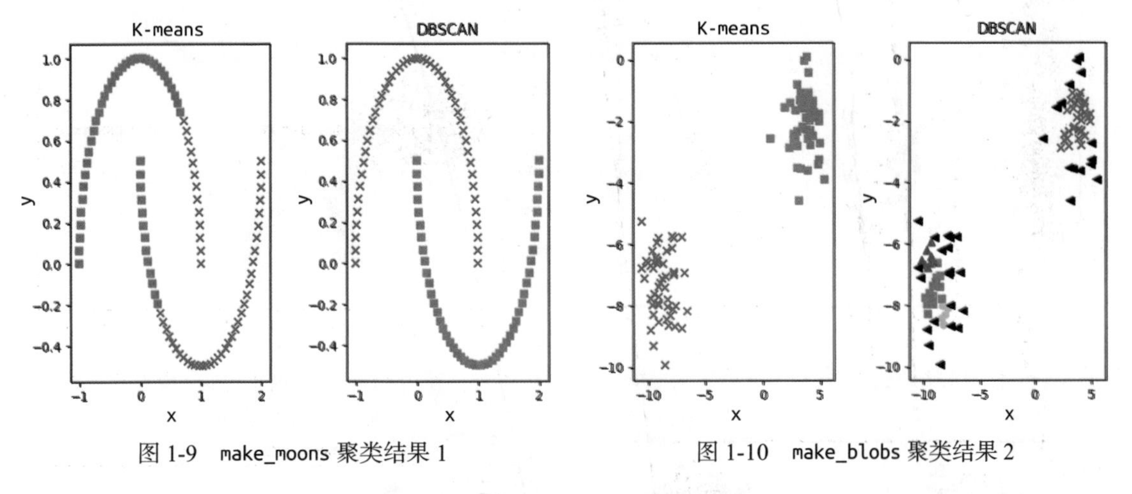

图 1-9　`make_moons` 聚类结果 1　　　　图 1-10　`make_blobs` 聚类结果 2

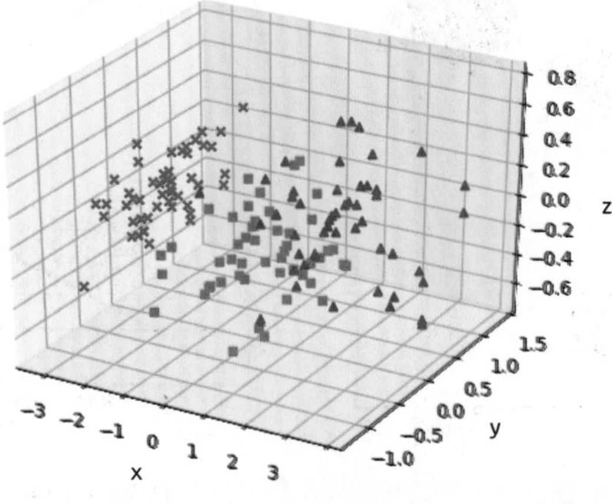

图 1-11　使用 PCA 将鸢尾花数据集降维至三维

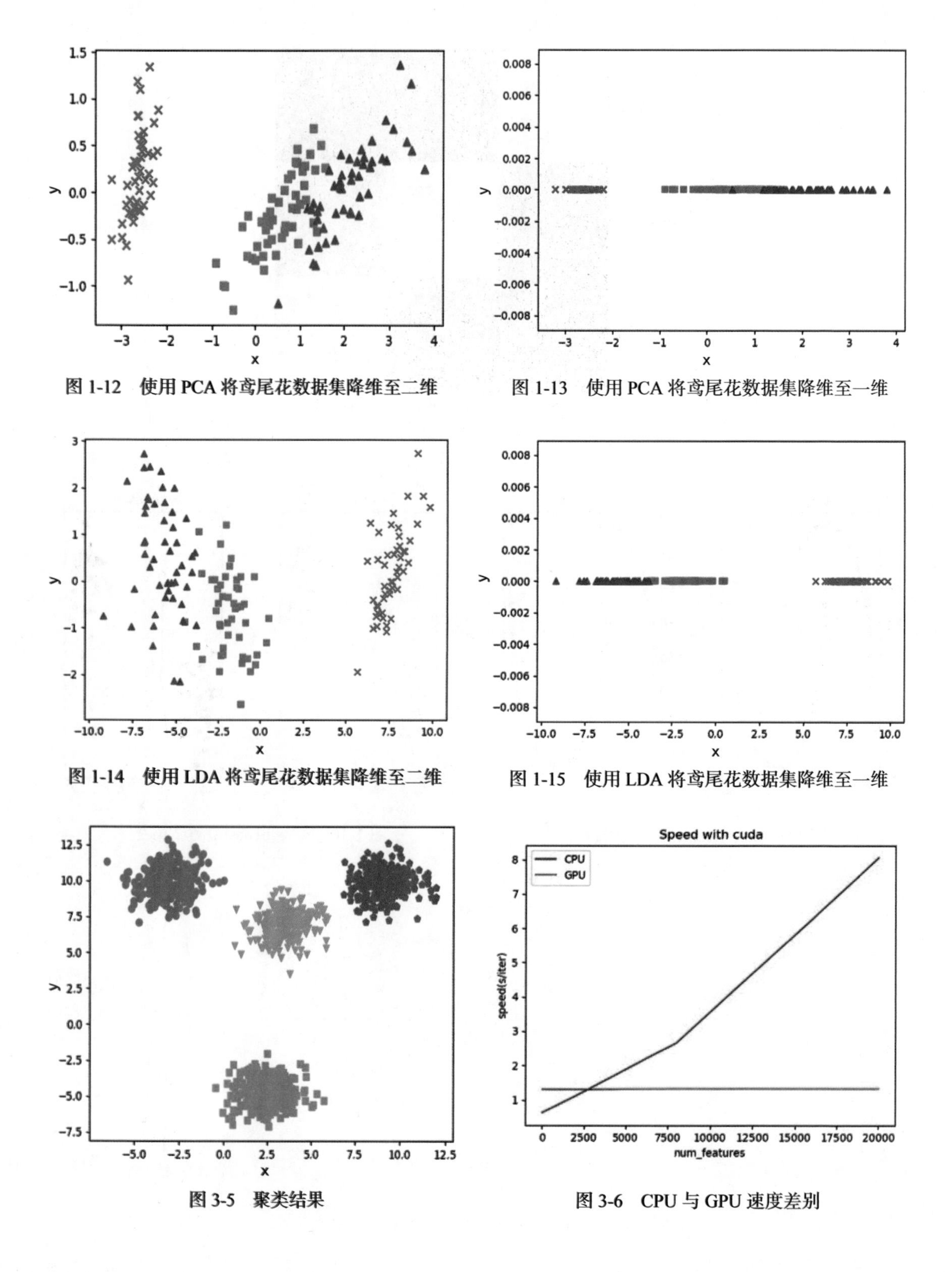

图 1-12　使用 PCA 将鸢尾花数据集降维至二维

图 1-13　使用 PCA 将鸢尾花数据集降维至一维

图 1-14　使用 LDA 将鸢尾花数据集降维至二维

图 1-15　使用 LDA 将鸢尾花数据集降维至一维

图 3-5　聚类结果

图 3-6　CPU 与 GPU 速度差别

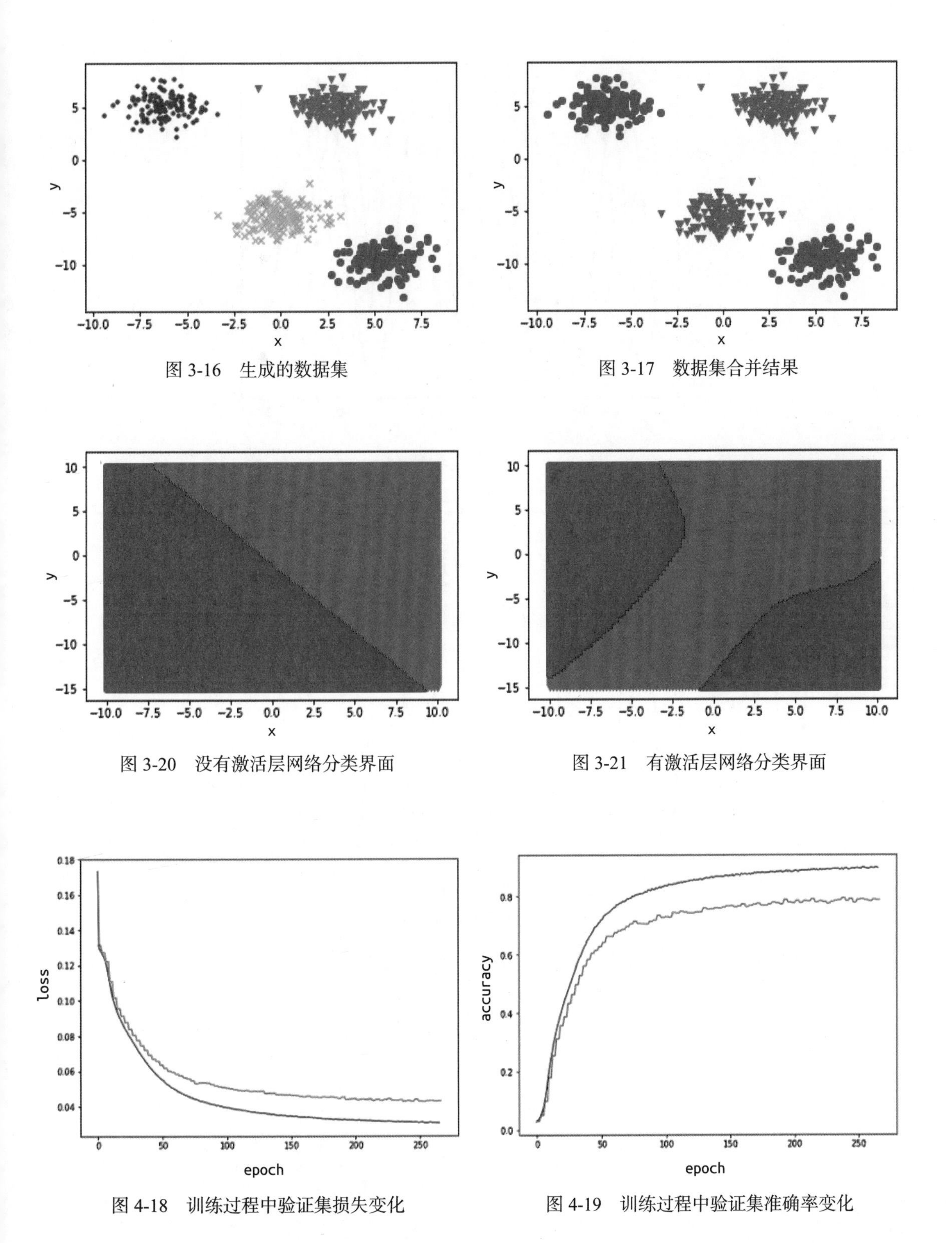

图 3-16　生成的数据集

图 3-17　数据集合并结果

图 3-20　没有激活层网络分类界面

图 3-21　有激活层网络分类界面

图 4-18　训练过程中验证集损失变化

图 4-19　训练过程中验证集准确率变化

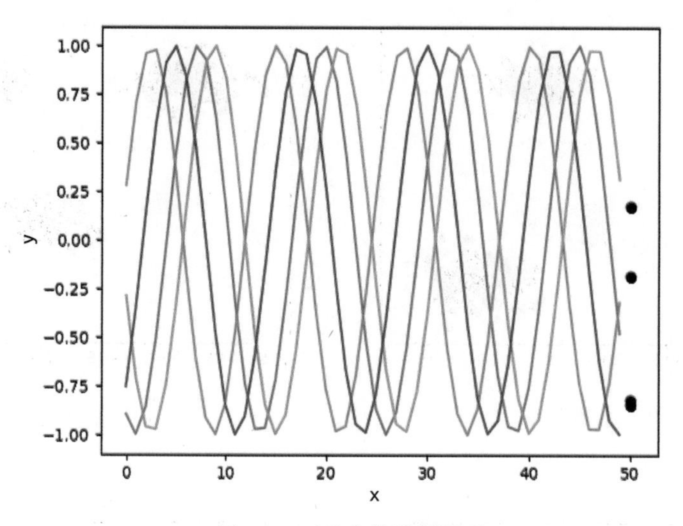

图 9-2　正弦曲线数据展示

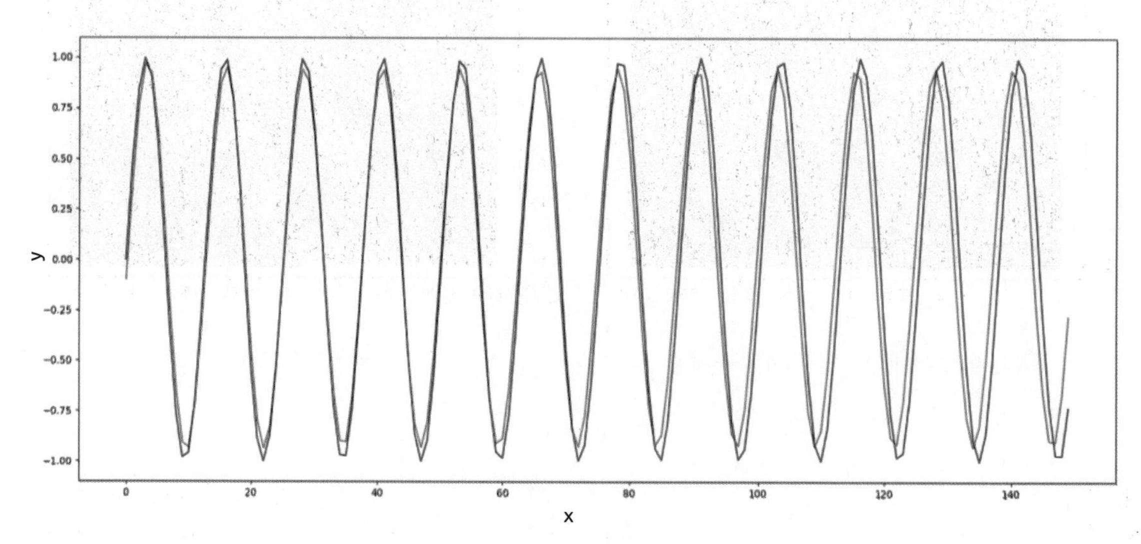

图 9-4　正弦曲线预测曲线

TURING 图灵原创

Python
计算机视觉与深度学习实战

郭卡 戴亮 ◎编著

人民邮电出版社
北 京

图书在版编目（CIP）数据

Python计算机视觉与深度学习实战 / 郭卡，戴亮编著. -- 北京 : 人民邮电出版社，2021.8
（图灵原创）
ISBN 978-7-115-56723-9

Ⅰ. ①P… Ⅱ. ①郭… ②戴… Ⅲ. ①计算机视觉－软件工具－程序设计 Ⅳ. ①TP311.561

中国版本图书馆CIP数据核字(2021)第120836号

内容提要

本书立足实践，从机器学习的基础技能出发，深入浅出地介绍了如何使用Python进行基于深度学习的计算机视觉项目开发。开篇首先介绍了基于传统机器学习及图像处理方法的计算机视觉技术；然后重点就图像分类、目标检测、图像分割、图像搜索、图像压缩及文本识别等常见的计算机视觉项目做了理论结合实践的讲解；最后探索了深度学习项目落地时会用到的量化、剪枝等技术，并提供了模型服务端部署案例。

本书适合有一定的Python编程基础，初学深度学习的读者阅读。

◆ 编　　著　郭　卡　戴　亮
责任编辑　王军花
责任印制　周昇亮
◆ 人民邮电出版社出版发行　　北京市丰台区成寿寺路11号
邮编　100164　　电子邮件　315@ptpress.com.cn
网址　https://www.ptpress.com.cn
三河市中晟雅豪印务有限公司印刷
◆ 开本：800×1000　1/16
印张：18.75　　彩插：2
字数：443千字　　2021年8月第1版
印数：1－2 500册　　2021年8月河北第1次印刷

定价：99.80元

读者服务热线：(010)84084456　印装质量热线：(010)81055316
反盗版热线：(010)81055315
广告经营许可证：京东市监广登字20170147号

前　　言

深度学习前景

我们正处在一个“智能”的年代，比如智能手机中的语音助手、机器翻译和人脸识别；战胜过日本将棋冠军、国际象棋冠军，2017 年又打败世界围棋冠军的棋类 AI；以及即将实用化的无人驾驶智能汽车。原来被认为不可能实现的事情，人工智能正一步一步地帮助我们实现。在这个让人惊喜的世界里，深度学习技术发挥着至关重要的作用，在很多人没有注意到的地方，深度学习正在潜移默化地改变着人们的工作和生活。目前，深度学习已经在计算机视觉、自然语言处理和语音识别等领域得到广泛的应用，同时正在向教育、医疗、金融及制造等领域渗透，各行各业也都在招揽掌握了深度学习技术的人才。

我的心得体会

我有着多年的计算机视觉研究经验，在这个领域中，深度学习正在逐步取代“人工特征+机器学习”的传统视觉算法。其中的原因主要有两方面：一方面是深度学习在很多任务上实现了超出传统算法的精度，另一方面是传统视觉算法中的“人工特征”需要大量的经验以及对任务和数据的深刻理解，而深度学习能够根据数据自行学习如何提取特征，极大地降低了机器视觉任务的难度。

深度学习技术正在快速发展，每年都会出现很多新的优秀算法，但是这些算法越来越复杂，对于初学者来说，跟进最新的研究成果变得越来越难。我观察到很多用户非常关注深度学习，并且对 PyTorch 有着很大的兴趣，可惜相关资料太过晦涩难懂，难以入门。为了让读者能够更好地理解深度学习的思维，学会使用深度学习工具，我写了本书。

本书特色

本书分为基础讲解和项目实例两个部分，以代码编写为主，理论解析为辅。

在基础讲解部分，本书通过编程实验对深度学习理论进行展示，让读者能够摆脱复杂难懂的数学公式，在编程的过程中直观理解深度学习领域晦涩的原理。

在项目实例部分，为了帮助初学者快速了解深度学习中的一些细分领域（如目标检测、图像分割、生成对抗网络等）的技术发展现状，本书对相应领域的经典算法进行了介绍，并根据经典算法的思路，针对性地设计了适合初学者学习的实例项目。这些项目去除了算法中的烦琐细节，仅保留最基础的逻辑，力求让读者在编写代码之前，更好地理解任务思路。

本书内容

本书分为基础讲解和项目实例两部分。在基础讲解部分，我们为读者介绍了 scikit-learn 和 PyTorch 两个库的组成模块，以及每个模块能解决的问题；在项目实例部分，我们为读者挑选了很多在工业界有实际应用场景的深度学习项目，重点介绍它们的思路以及代码实现。本书的详细内容如下图所示。

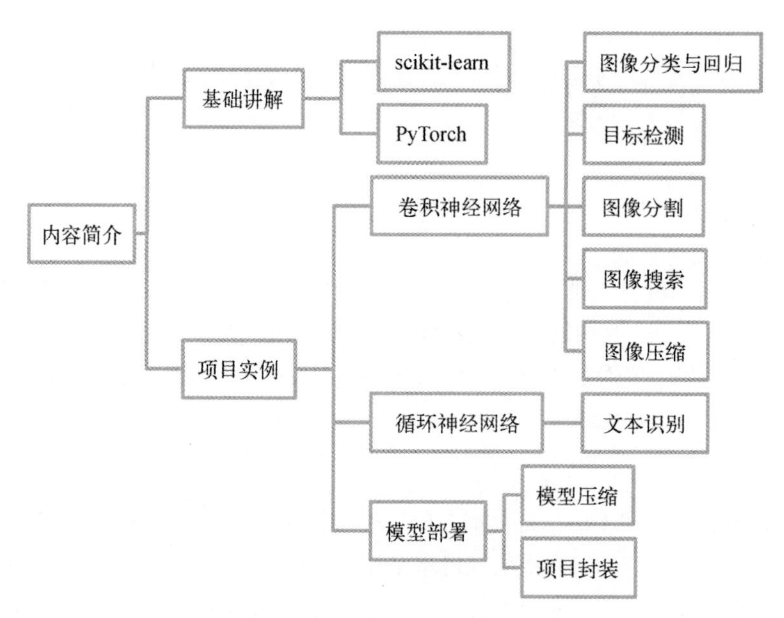

为了方便读者的学习，本书中的代码有下面 3 种形式。

- 小型实验样例采用命令行形式编写，每行代码前都会有“>>>”标记。
- 配图较多的实例使用 Jupyter Notebook 编写，在每一段代码前都有“In”标记。
- 实例项目采用项目文件的形式编写，章节开头会给出项目的目录结构，章节内的代码以文件为单位进行展示，代码的第一行标注所属文件的名称。

本书编者

本书第 1~2 章由戴亮编写，第 3~10 章由安徽外国语学院计算机教师郭卡编写，并由郭卡进行全书统稿。

本书读者对象

本书适合以下人群阅读：

- 深度学习相关的科研工作者；
- 计算机视觉从业者；
- 想要了解深度学习技术的程序员；
- 对深度学习感兴趣的其他读者。

具备以下知识的读者能更好地阅读本书：

- 线性代数和数理统计知识；
- 深度学习框架知识。

目　　录

第 1 章

机器学习与 sklearn

本章将通过介绍 sklearn（scikit-learn）为读者展现机器学习能解决的问题和解决这些问题的合理方案。sklearn 是基于 Python 语言的机器学习工具，建立在 NumPy、SciPy 和 Matplotlib 三大工具包之上。在使用 sklearn 的过程中，建议阅读一下它的源代码，这样能够加深对算法的理解，提升编程水准。

sklearn 提供了分类、回归、聚类和降维 4 个类别的经典模型。对于如何根据数据和任务来选择合适的方法，sklearn 官网提供了一张经典的思维导图，如图 1-1 所示，其中的思路如下。

- 如果数据量小于 50，一般是无法使用 sklearn 的机器学习算法建模的，因为机器学习需要借助统计数据才能完成。
- 如果数据有类别标签，请使用分类模型。
- 如果数据需要预测精确值，请使用回归模型。
- 如果想查看数据分布情况，可以考虑使用降维算法。
- 如果数据没有类别标签，可以使用聚类算法。

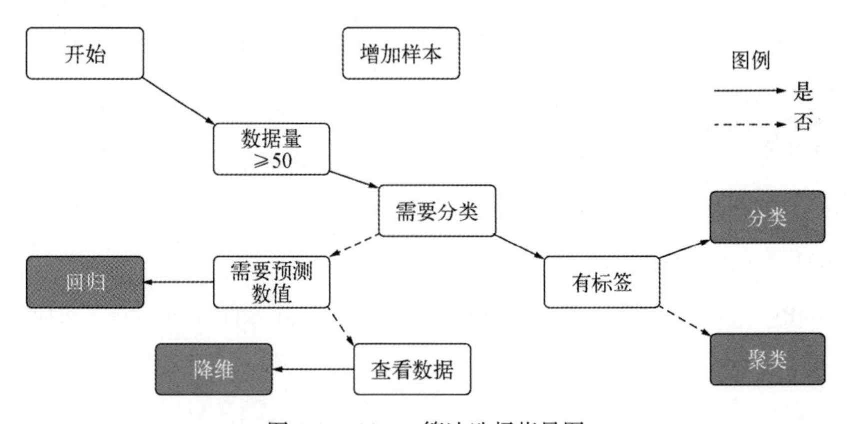

图 1-1　sklearn 算法选择指导图

1.1 sklearn 环境配置

如果你使用的 Python 环境是 Anaconda，那么默认已经安装了 sklearn。考虑到有些读者并没有使用 Anaconda，这里还是介绍一下如何使用 pip 安装 sklearn 及其依赖库。

1.1.1 环境要求

本书中使用的 sklearn 版本号为 0.21.3，该版本对环境有如下的要求：

- Python 版本号大于等于 3.5；
- NumPy 版本号大于等于 1.11.0；
- SciPy 版本号大于等于 0.17.0；
- joblib 版本号大于等于 0.11；
- Matplotlib 版本号大于等于 1.5.1；
- scikit-image 版本号大于等于 0.12.3；
- pandas 版本号大于等于 0.18.0。

如果你的 Python 版本是 Python 3.4 及以下，请使用 sklearn 0.20 以下的版本。

1.1.2 安装方法

安装 sklearn 时，只需执行以下命令：

```
pip install scikit-learn
```

此时 pip 会自动安装 sklearn 的依赖库。如果想批量指定依赖库的版本，可以写一个 requirements.txt 文件，其内容如下：

```
scipy==0.17.0
joblib==0.11
matplotlib==1.5.1
scikit-image==0.12.3
pandas==0.18.0
```

然后使用如下指令一次性安装：

```
pip install -r requirements.txt
```

至于 NumPy 库，如果你想提升计算性能，建议下载与自己的 Python 版本对应的 NumPy 库和 MKL 库。

1.1.3 修改 pip 源

在使用 pip 的过程中，经常会出现下载速度缓慢，或者干脆无法下载的情况。就像下面这样，速度非常慢，或者一直提示 Retrying：

```
100% |████████████████████████████████| 5.9MB 13kB/s
Collecting numpy>=1.11.0 (from scikit-learn->sklearn)
  Retrying (Retry(total=4, connect=None, read=None, redirect=None, status=None)) after connection broken
by 'ReadTimeoutError("HTTPSConnectionPool(host='pypi.org', port=443): Read timed out. (read
timeout=15)")': /simple/numpy/
```

如果你在使用 pip 进行下载和安装的过程中出现了上述情况，那么尝试将 pip 源修改为国内源，可以大幅提高下载速度。

在 Windows 环境下修改 pip 源的方法如下。

(1) 在资源管理器中，输入%appdata%，会自动进入 AppData/Roaming 文件夹。

(2) 在这个文件夹中新建一个 pip 文件夹。

(3) 在 pip 文件夹下新建 pip.ini 文件。

(4) 在 pip.ini 文件中输入如下内容：

```
[global]
index-url = https://pypi.tuna.tsinghua.edu.cn/simple
```

(5) 再次使用 pip，即可享用国内源超高的下载速度：

```
H:\MachineLearning-Python >pip install numpy
Looking in indexes: https://pypi.tuna.tsinghua.edu.cn/simple
Collecting numpy
  Downloading https://pypi.tuna.tsinghua.edu.cn/packages/bd/51/7df1a3858ff0465f760b482514f1292836f8
be08d84aba411b48dda72fa9/numpy-1.17.2-cp37-cp37m-win_amd64.whl (12.8MB)
    100% |████████████████████████████████| 12.8MB 1.7MB/s
Installing collected packages: numpy
Successfully installed numpy-1.17.2
```

修改之后，速度直接提升至原来的一百多倍。若上述源的速度还是不够快，可以切换成其他国内源。目前，国内的 pip 源主要有下面几个。

- **阿里云**：http://mirrors.aliyun.com/pypi/simple/。
- **豆瓣**：http://pypi.douban.com/simple/。
- **清华大学**：https://pypi.tuna.tsinghua.edu.cn/simple/。
- **中国科学技术大学**：http://pypi.mirrors.ustc.edu.cn/simple/。

在 Linux 系统下修改 pip 源的操作和前面类似。以 Ubuntu 为例，只需执行以下指令：

```
mkdir ~/.pip
vim ~/.pip/pip.conf
```

然后写入 pip 源的内容即可：

```
[global]
index-url = https://pypi.tuna.tsinghua.edu.cn/simple
```

1.1.4　安装 Jupyter Notebook

Jupyter Notebook 是一种网页形式的编程工具，能够在网页中直接编写和运行代码，并实时显示代码的运行结果。同时 Jupyter Notebook 支持 Markdown 语法，可以将代码说明和代码混合在一起。

对于机器学习工作者来说，使用 Jupyter Notebook 一般出于以下 3 个目的。

- 编写小段需要图像展示的案例。
- 分阶段运行代码，检测代码中的错误（这对于计算机视觉算法来说尤其方便）。
- 在服务器上远程编写代码。给予 Jupyter Notebook 的网页服务的特性，我们可以很轻松地在自己的计算机上访问服务器上运行的 Jupyter Notebook。

Jupyter Notebook 的安装过程很简单，可以直接使用 pip 安装（Anaconda 中自带 Jupyter Notebook）：

```
pip install jupyter
```

安装完成之后，在终端或 cmd.exe 中输入：

```
jupyter notebook
```

此时 Jupyter Notebook 会自动打开计算机中的默认浏览器，可以看到如图 1-2 所示的网页。

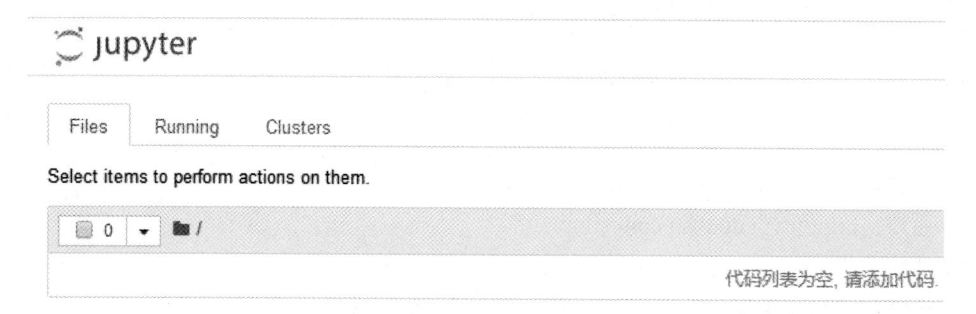

图 1-2　Jupyter Notebook

点击 New→Python 3 之后，就会自动创建一个 Notebook，如图 1-3 所示。

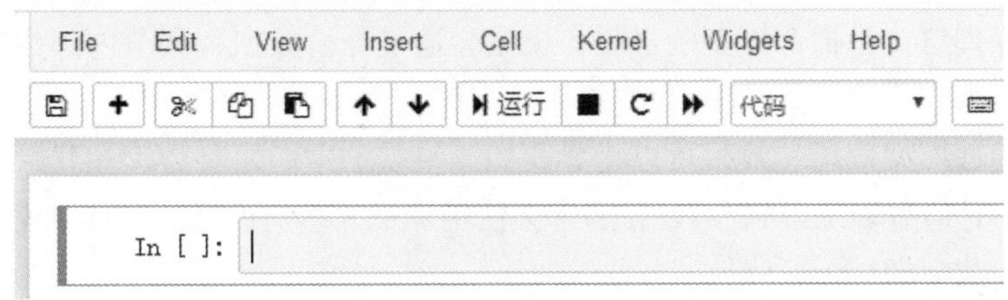

图 1-3 Notebook

进入 Notebook 之后，就可以在代码块中编写代码了。如图 1-4 所示，借助“魔法命令”`%matplotlib inline`，就可以轻松地在 Notebook 中做图形展示了。

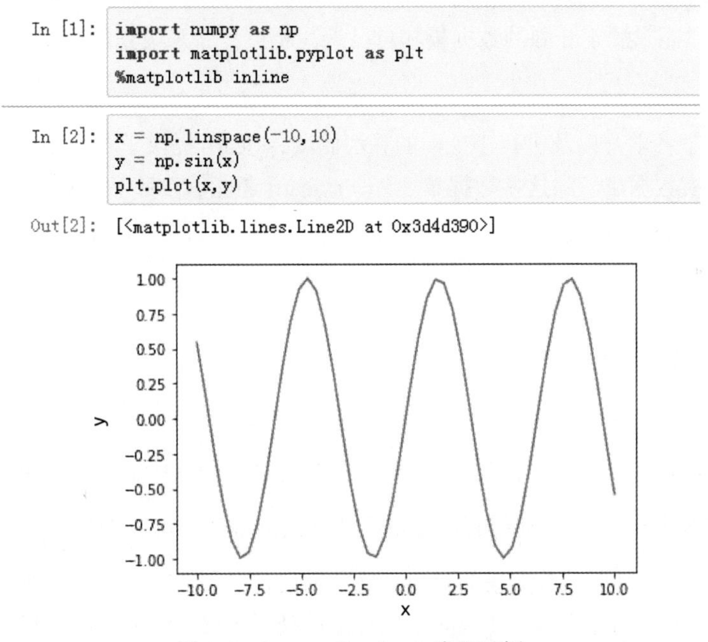

图 1-4 Jupyter Notebook 编程示例

因为工具操作简单，这里不再赘述，本书后面用到 Jupyter Notebook 的部分会单独说明。

1.2 数据集

人工智能的核心在于数据支持，近几年人工智能技术的快速发展与大数据技术的发展密切相关，大数据技术可以通过数据采集、分析及挖掘等方式，从海量复杂数据中快速提取出有价值的信息，为机器学习算法提供牢固的基础。

在机器学习任务中，数据集有三大功能：训练、验证和测试。

- 训练最好理解，是拟合模型的过程，模型会通过分析数据、调节内部参数从而得到最优的模型效果。
- 验证即验证模型效果，效果可以指导我们调整模型中的超参数（在开始训练之前设置参数，而不是通过训练得到参数），通常会使用少量未参与训练的数据对模型进行验证，在训练的间隙中进行。
- 测试的作用是检查模型是否具有泛化能力（泛化能力是指模型对训练集之外的数据集是否也有很好的拟合能力）。通常会在模型训练完毕之后，选用较多训练集以外的数据进行测试。

所以在机器学习（尤其是深度学习）任务开始前，需要收集大量高质量的数据，对于个人开发者来说，数据只能来源于开源的数据集和自己编写爬虫程序采集到的数据集，收集数据是一个费时费力的过程。

为了方便初学者学习以及进行小规模的算法测试，sklearn 提供了不少小型的标准数据集和一些规模略大的真实数据集。除这些数据集之外，sklearn 还能够按照一定规则自己生成数据集。3 种类型的数据集分别通过 `load***`、`fetch***`和 `make***`这 3 种函数形式获取，下面将对这几个接口做简单介绍。

1.2.1　自带的小型数据集

sklearn 中最常用的数据集有 3 个：`load_iris`、`load_boston` 和 `load_digits`。

直接从 `sklearn.datasets` 中导入 `load_iris`，得到的数据是字典形式，可以通过字典中的键值选择数据的各项属性。

`load_iris` 是加载鸢尾花数据集的函数，该数据集包含了 150 条鸢尾花数据，其中包含的鸢尾花数据（在机器学习中，这种可以直接用于建模的数据叫作特征）有 4 种：

- 鸢尾花的花瓣长度（cm）；
- 鸢尾花的花瓣宽度（cm）；
- 鸢尾花的花萼长度（cm）；
- 鸢尾花的花萼宽度（cm）。

标签是鸢尾花的种类，3 个种类分别用 `0`、`1` 和 `2` 表示。下面是 `load_iris` 的使用方法：

```
>>> d = load_iris()
>>> d.keys()
dict_keys(['data', 'target', 'target_names', 'DESCR', 'feature_names', 'filename'])
>>> # 鸢尾花的类别名
>>> d['target_names']
array(['setosa', 'versicolor', 'virginica'], dtype='<U10')
>>> # 特征名称
>>> d['feature_names']
['sepal length (cm)', 'sepal width (cm)', 'petal length (cm)', 'petal width (cm)']
>>> d['data'].shape
(150, 4)
>>> set(list(d['target']))
{0, 1, 2}
```

在上述代码中，通过 `load_iris` 函数取出了鸢尾花数据并将其赋值给 `d`，通过 `keys` 方法查看数据集中各个项目的名称，如鸢尾花的类别名（`target_names`）、特征名（`feature_names`）、数据（`data`）与标签（`target`）等。

`load_boston` 是关于波士顿房屋特征与房价之间关系的数据集，包含 13 个房屋特征，是一个进行入门回归训练的好例子。下面是 `load_boston` 的使用方法：

```
>>> data = load_boston()
>>> # 房屋特征名称
>>> data['feature_names']
array(['CRIM', 'ZN', 'INDUS', 'CHAS', 'NOX', 'RM', 'AGE', 'DIS', 'RAD',
       'TAX', 'PTRATIO', 'B', 'LSTAT'], dtype='<U7')
>>> data['data'].shape
(506, 13)
```

从上述代码中可以看到，`load_boston` 中共有 506 个样本，每条数据中包含了房屋和房屋周边的 13 个重要信息，如城市犯罪率、环保指标、周边老房子的比例、是否临河等。

`load_digits` 是一个比 MNIST 更小的手写数字图片数据集，里面的图片尺寸是 8 像素×8 像素（后面将省略单位），通过如下代码可以查看手写数字图片：

```
>>> g = sklearn.datasets.load_digits()
>>> plt.imshow(g['data'][0].reshape(8,8),cmap='gray')
<matplotlib.image.AxesImage object at 0x7f07e42ddeb8>
>>> plt.show()
```

输出图片如图 1-5 所示，因为是 8×8 的图片，所以看起来不是很清晰。

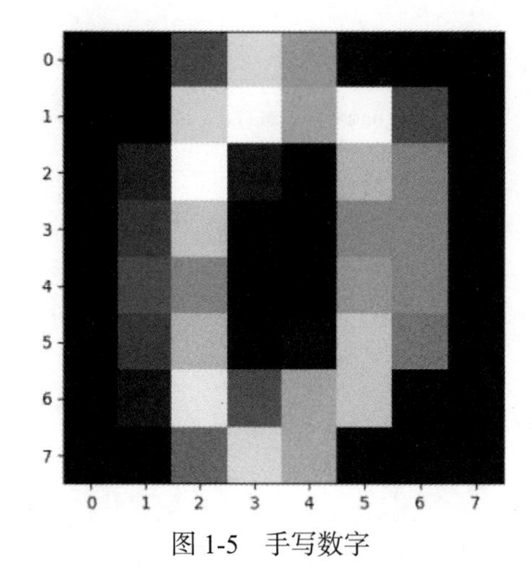

图 1-5　手写数字

1.2.2　在线下载的数据集

Fetch 系列函数用于获取较大规模的数据集，这些数据集会自动从网上下载，得到的数据格式与 load***一样，是字典形式。我们可以自定义下载目录，同时可以选择单独下载训练集或者测试集，常用的数据集如下。

- 人脸数据集：fetch_olivetti_faces 和 fetch_lfw_people。
- 文本分类数据集：fetch_20newsgroups。
- 房价回归数据集：fetch_california_housing。

1.2.3　计算机生成的数据集

用 sklearn 生成的数据集可以用来测试一些基础的模型功能，比如多分类数据集、聚类数据集以及高斯分布数据集等。还有一些特殊形状的数据集，比如 make_circles 和 make_moons 等，示例如下：

```
>>> circle = make_circles()[0]
>>> # 创建子图
>>> plt.subplot(121)
<matplotlib.axes._subplots.AxesSubplot object at 0x000000001719BE80>
>>> # 绘制散点图
>>> plt.scatter(circle[:,0],circle[:,1])
<matplotlib.collections.PathCollection object at 0x000000002081D828>
>>> moon = make_moons()[0]
>>> plt.subplot(122)
<matplotlib.axes._subplots.AxesSubplot object at 0x000000002081D048>
>>> plt.scatter(moon[:,0],moon[:,1])
<matplotlib.collections.PathCollection object at 0x0000000017171D30>
>>> plt.show()
```

上述代码的作用是通过 `make_circles` 和 `make_moons` 函数生成两组坐标点数据，并使用 `plt.scatter` 函数将生成的坐标点绘制成散点图。生成的散点图如图 1-6 所示，其他数据集详情请参考 sklearn 官网。

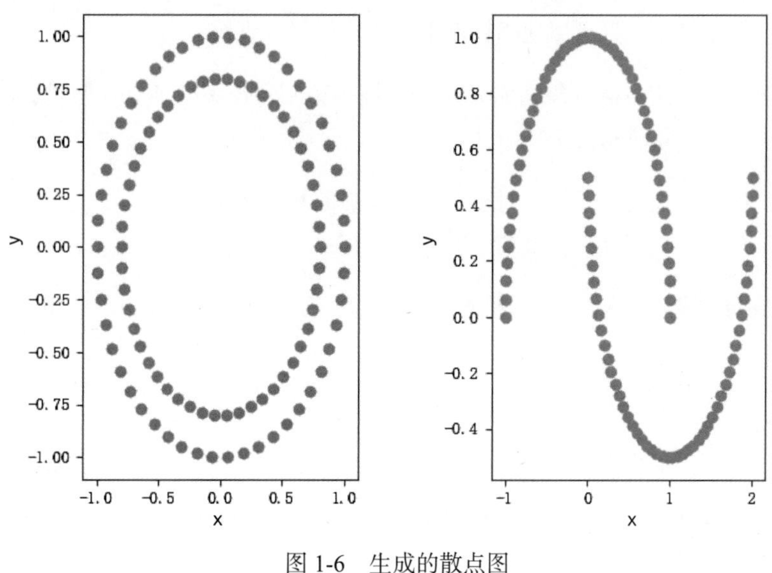

图 1-6　生成的散点图

1.3　分类

其实在生活中，我们不经意间就能完成一个分类任务，能轻易判断一个人是男的还是女的，一朵花是红色的还是黄色的……这种将一个事物归入特定类别的过程叫作分类。现在越来越多的智能手机开始支持垃圾短信识别、人脸识别等功能，这些都是机器学习完成分类任务的实例。

分类是机器学习中一种重要的方法，该方法能够将数据库中的数据记录映射到某个给定的类别，从而用于数据预测。分类问题是机器学习的基础，很多问题都可以转化成分类问题来解决，比如本书将会介绍的图像分割问题，就可以转化成像素级别的分类问题来求解。

分类器是机器学习中对样本进行分类的方法的统称。sklearn 中提供了许多定义好的分类器，常用的几种模型及其优缺点如下。

- **K 近邻分类**：该方法的思路是，如果数据库中与某个样本最相似的 K 个样本大多数属于某一类别，那么这个样本也属于这个类别。
  - **缺点**：K 值是一个超参数，需要人为指定，并且算法复杂度较高。
  - **优点**：这是一个无须训练的无参数模型。

- **逻辑回归**：一种广义的线性回归分析模型，线性回归是找到一条与数据最接近的线（或一个超平面），而逻辑回归是找到能够将不同类别数据分割开的线（或超平面）。
  - **缺点**：容易受到噪声影响。
  - **优点**：模型简单，且可以使用梯度下降实现增量式训练。
- **朴素贝叶斯**：朴素贝叶斯算法是基于贝叶斯理论和特征条件独立性假设，利用概率统计知识对样本数据集进行分类的方法。
  - **缺点**：使用了独立性假设，对于关联性较强的数据效果比较差。
  - **优点**：简化了概率计算，节约了时间和内存。
- **SVM（支持向量机）**：支持向量机也是一种广义线性分类器，模型的思路是寻找最大几何间隔的分类界面。
  - **缺点**：计算速度较慢。
  - **优点**：受噪声影响较小。
- **决策树**：一种通过对数据进行归纳总结，生成分类规则的算法。
  - **缺点**：训练比较耗时，容易过拟合。
  - **优点**：可解释性好，能适应各种形式的训练数据。
- **集成型的分类器**：如随机森林、GBDT、Adaboost 等。集成分类器的思路是通过多个小型弱分类器组合成一个强分类器。
  - **缺点**：训练速度较慢。
  - **优点**：模型精度较高，且不容易过拟合。

有这么多分类器，该如何选择呢？可以参考 Fern 在 2014 年发表的论文“Do we Need Hundreds of Classifiers to Solve Real World Classification Problems”，该论文使用了 121 种公开数据集对 17 个大类（朴素贝叶斯、决策树、神经网络、SVM、*K* 近邻分类、基于 boosting/bagging/stacking 的集成算法、逻辑回归等）中的 179 种分类模型进行测试，结果很具有参考意义。

为了让读者对 sklearn 中的分类模型建模有一个直观的认识，下面展示一下使用 sklearn 进行鸢尾花数据集分类的流程。

1.3.1 加载数据与模型

首先从 `sklearn.datasets` 中加载数据，然后从 `sklearn.linear_model` 中加载逻辑回归模型。

加载并整理鸢尾花数据集和逻辑回归模型的代码如下：

```
>>> from sklearn.datasets import load_iris
>>> # 导入逻辑回归模型
>>> from sklearn.linear_model import LogisticRegression
>>> import matplotlib.pyplot as plt
>>> data = load_iris()
>>> data.keys()
dict_keys(['data', 'target', 'target_names', 'DESCR', 'feature_names', 'filename'])
>>> x = data['data']
>>> y = data['target']
```

上述代码从 sklearn 中的 `linear_model` 模块中导入了 `LogisticRegression` 类，并利用 `load_iris` 函数加载了鸢尾花数据集，加载数据集之后将数据集分为了特征 x 和标签 y 两个部分。

1.3.2 建立分类模型

这里选择的分类器是逻辑回归模型。逻辑回归中的所有参数都有预设的默认值，在对精度要求不高的情况下，直接使用默认参数即可。

下面是逻辑回归中的可选参数：

```
LogisticRegression(C=1.0, class_weight=None, dual=False, fit_intercept=True,
                   intercept_scaling=1, l1_ratio=None, max_iter=100,
                   multi_class='warn', n_jobs=None, penalty='l2',
                   random_state=None, solver='warn', tol=0.0001, verbose=0,
                   warm_start=False)
```

其中常用的参数有如下几个。

- **penalty**：正则化参数，用于给损失函数（后面 PyTorch 部分会介绍到）添加惩罚项，避免模型过拟合。可以选择的有 L1 正则化和 L2 正则化，默认是 L2。
- **solver**：根据损失函数对模型参数进行调整的算法，有 `liblinear`、`lbfgs`、`newton-cg` 和 `sag` 等 4 种选择。
  - `liblinear`：使用坐标轴下降法来迭代优化损失函数，因为 L1 正则项的损失函数不是连续可导的，所以只能使用这种方法。L2 正则项的函数连续可导，所以 4 种方法都可以选择。
  - `lbfgs` 和 `newton-cg` 都属于牛顿迭代法，利用损失函数二阶导数矩阵（即海森矩阵）来迭代优化损失函数。
  - `sag`：随机平均梯度下降，是梯度下降法的变种，和普通梯度下降法的区别是每次迭代仅用一部分样本来计算梯度。

- **multi_class**：有 ovr 和 multinomial 两种方式，ovr 速度较快，精度略差，multinomial 会进行多次分类，速度较慢，精度较高。
- **class_weight**：用于应对样本类别不平衡的情况，可以设置为 balanced，模型会自动根据对应类别的样本数量计算应该分配的权重。部分业务场景会特别看重模型对某个特定类别的识别能力，这时可以通过 class_weight 来调节。
- **sample_weight**：与 class_weight 类似，可以在样本不平衡的情况下与 class_weight 协同作用。

使用默认参数创建逻辑回归模型只需要如下代码：

```
>>> clf = LogisticRegression()
```

1.3.3　模型的训练及预测

sklearn 中对模型进行了统一的接口封装，几乎所有的模型训练都只需要调用 fit 方法，即使对模型内部原理一无所知，也可以轻松使用。

与训练模型类似，只需要调用 predict 方法即可得到模型根据输入 x 得到的预测结果。模型训练和预测的代码如下：

```
>>> clf.fit(x,y)
>>> y_pred = clf.predict(x)
```

1.3.4　模型评价

模型训练和预测都完成之后，就需要对模型进行评价了，在模型评价指标中最常用也最容易计算的就是准确率 accuracy：

```
>>> accuracy = sum(y_pred == y) / len(y)
>>> accuracy
0.96
```

但是，准确率在样本不平衡的情况下不能真实地反映模型的效果，比如样本中有 1 个 10 和 90 个 0，那么模型只需要将所有样本都预测成 0 就可以获得 90%的准确率了，这显然是不合理的。所以在分类模型中，通常会综合考虑多个指标，sklearn 中提供了 classification_report 函数来评价分类模型的效果，代码如下：

```
>>> from sklearn.metrics import classification_report
>>> classification_report(
...     y, y_pred, target_names=["setosa", "versicolor", "virginica"]
... )
```

得到的结果如下：

```
              precision    recall  f1-score   support
      setosa       1.00      1.00      1.00        50
  versicolor       0.98      0.90      0.94        50
   virginica       0.91      0.98      0.94        50

    accuracy                           0.96       150
   macro avg       0.96      0.96      0.96       150
weighted avg       0.96      0.96      0.96       150
```

其中比较常用的指标有 3 个：precision（精确率）、recall（召回率）和 f1-score（平衡 F 分数）。为了让大家更好地理解这 3 个指标，我们先介绍 4 种分类情况。

- **TP**：正例被预测为正例。
- **FP**：负例被预测为正例。
- **FN**：正例被预测为负例。
- **TN**：负例被预测为负例。

以鸢尾花 setosa 为例，TP 表示这朵花本来是 setosa，被预测成了 setosa；FP 表示这朵花本来不是 setosa，被预测成了 setosa；FN 表示这朵花本来是 setosa，被预测成了别的花；TN 表示这朵花本来不是 setosa，预测结果也不是 setosa。

precision 和 recall 的计算公式如下：

$$\text{precision} = \frac{\text{TP}}{\text{TP+FP}}$$

$$\text{recall} = \frac{\text{TP}}{\text{TP+FN}}$$

借助以上概念，我们也可以将准确率表示出来：

$$\text{accuracy} = \frac{\text{TP+TN}}{\text{TP+TN+FP+FN}}$$

f1-score 是 precision 和 recall 的调和平均值，公式为：

$$\text{f1-score} = \frac{2\times\text{precision}\times\text{recall}}{\text{precision+recall}}$$

可以综合反映两个指标的好坏。

当分类模型中的类别数量不太多时，可以通过混淆矩阵来更加直观地查看分类情况，得到混淆矩阵之后，可以利用 matplotlib 将混淆矩阵以图片的形式画出，计算并绘制混淆矩阵的代码如下：

```
>>> from sklearn.metrics import confusion_matrix
>>> c = confusion_matrix(y,y_pred)
>>> # 横纵坐标轴刻度
```

```
>>> xlocations = [0,1,2]
>>> ylocations = xlocations
>>> labels = data['target_names']
>>> # 使用文字替换刻度
>>> plt.xticks(xlocations,labels)
([<matplotlib.axis.XTick object at 0x7f47e01fe240>, <matplotlib.axis.XTick object at 0x7f47e01f5b38>,
<matplotlib.axis.XTick object at 0x7f47e01f5860>], <a list of 3 Text xticklabel objects>)
>>> plt.yticks(ylocations,labels)
([<matplotlib.axis.YTick object at 0x7f47e0203080>, <matplotlib.axis.YTick object at 0x7f47e01fe8d0>,
<matplotlib.axis.YTick object at 0x7f47e01f5898>], <a list of 3 Text yticklabel objects>)
>>> # 设置坐标轴名称
>>> plt.ylabel("True label")
Text(0, 0.5, 'True label')
>>> plt.xlabel("Predict label")
Text(0.5, 0, 'Predict label')
>>> plt.imshow(c)
<matplotlib.image.AxesImage object at 0x7f47e01f54e0>
>>> plt.show()
```

混淆矩阵展示如图 1-7 所示，横轴是预测标签，纵轴是真实标签。其中颜色最浅的部分是出现频次最多的情况，颜色最深的部分是出现频次最低的情况。我们可以看到，setosa 品种分类情况最好，几乎所有的 setosa 品种的鸢尾花都被正确分类了。versicolor 品种的鸢尾花分类效果最差，有不少 versicolor 鸢尾花被分类成了 virginica 鸢尾花。

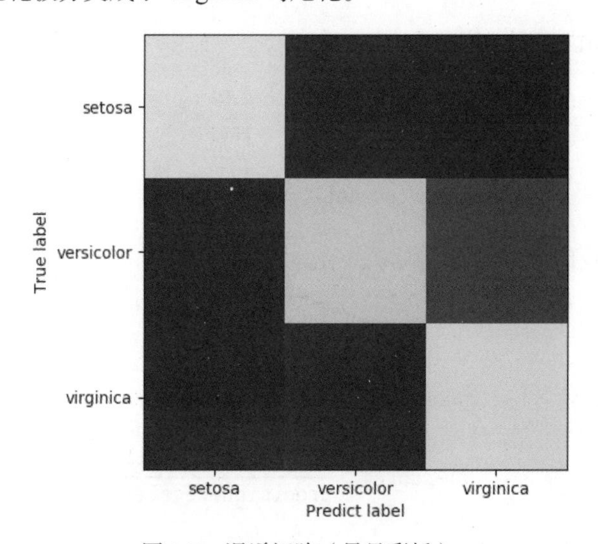

图 1-7　混淆矩阵（另见彩插）

1.4　回归

回归是研究一组随机变量（$x_1, x_2, \cdots, x_n$）和另一组随机变量（$y_1, y_2, \cdots, y_n$）之间关系的统计分析方法。分类问题预测的是样本所属的有限个类别，其预测目标是离散的，而回归问题预测的是样本的某项属性值，此属性值的取值范围可能有无限多个，其预测目标是连续的。比如在天气预报中，预测明天是晴天还是雨天，是一个分类问题，而预测明天的气温是多少度，就是一个回归问题了。

在 sklearn 中，也提供了众多的回归模型，其中常用的回归模型有：线性回归、岭回归、LASSO 回归、SVR、回归决策树等。

1.4.1 线性回归

下面以 1.2.1 节中提到的波士顿房价数据集演示线性回归模型的建模流程，基本与分类模型一致：

```
>>> from sklearn.datasets import load_boston
>>> from sklearn.linear_model import LinearRegression
>>> data = load_boston()
>>> clf = LinearRegression()
>>> x = data['data']
>>> y = data['target']
>>> # 训练模型
... clf.fit(x,y)
LinearRegression(copy_X=True, fit_intercept=True, n_jobs=None, normalize=False)
>>> # 只预测一部分值便于画图
... y_pred = clf.predict(x[:20])
>>> # 绘制房价曲线
... plt.figure(figsize=(10,5))
<Figure size 1000x500 with 0 Axes>
>>> plt.plot(y_pred,linestyle = '--',color = 'g')
[<matplotlib.lines.Line2D object at 0x0000000011A284A8>]
>>> plt.plot(y[:20],color = 'r')
[<matplotlib.lines.Line2D object at 0x000000001384BB00>]
>>>
>>> plt.show()
```

上述代码利用 `load_boston` 函数导入了波士顿房价数据集，并将数据集分成了 `x` 和 `y` 两个部分，整理好数据集之后，利用 `LinearRegression` 类中的 `fit` 和 `predict` 方法完成了线性回归模型的训练与预测，并将预测结果绘制成折线图展示出来。预测结果的折线图如图 1-8 所示。

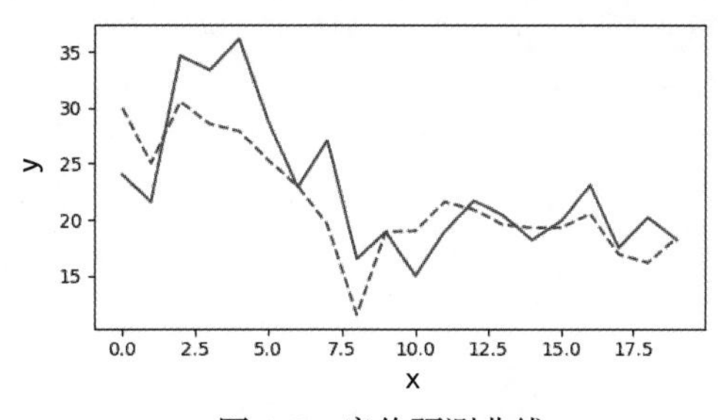

图 1-8 房价预测曲线

我们可以看到，预测出来的房价（虚线）和真实房价（实线）之间的整体趋势相近，但是部分点有较大差距。为了更精确地描述回归模型的建模效果，我们需要有确定的评价指标。

1.4.2　回归模型评价

常用的回归模型的评价指标有 3 个。

- **均方误差**（mean_squared_error）。预测值与真实值之间的误差的平方的平均值，其公式如下：

$$\text{MSE} = \frac{1}{n_{\text{samples}}} \sum_{0}^{n_{\text{samples}}-1} (y - \hat{y})^2$$

- **绝对平均误差**（mean_absolute_error）。预测值和真实值之间的误差的绝对值的平均值，其公式如下：

$$\text{MAE} = \frac{1}{n_{\text{samples}}} \sum_{0}^{n_{\text{samples}}-1} |y - \hat{y}|$$

- **决定系数**（r2_score）。决定系数的分母为原始数据的离散程度，分子为预测数据与原始数据之间的误差，二者相除可以消除原始数据离散程度的影响。决定系数用于表示回归值对真实值的拟合程度，其值越接近于 1，表示拟合效果越好，其公式如下：

$$\text{r2\_score}(y, \hat{y}) = 1 - \frac{\sum_{0}^{n_{\text{samples}}-1} (y - \hat{y})^2}{\sum_{0}^{n_{\text{samples}}-1} (y - \overline{y})^2}$$

在 sklearn 中使用 3 个评价指标的示例代码如下：

```
from sklearn.metrics import mean_squared_error,mean_absolute_error,r2_score
y_pred = clf.predict(x)
print("MSE",mean_squared_error(y_pred,y))
print("MAE",mean_absolute_error(y_pred,y))
print("r2_score",r2_score(y_pred,y))
```

结果如下：

```
MSE 21.894831181729202
MAE 3.2708628109003137
r2_score 0.6498212316698562
```

1.5 聚类

聚类指的是将数据集合中相似的对象分成多个类的过程，与分类不同的是，聚类的训练数据是没有类别标签的，这种没有预设标签的机器学习任务被称为非监督学习，而分类和回归这种有标签的机器学习任务称为监督学习。

在聚类任务中，预先并不知道有多少个类别、每个类别是什么，我们的目的只是将相似的样本归入同一类，不同的样本归入不同的类，组内的样本相似度越大，组间的样本相似度越小，聚类效果就越好。

在商铺价格评估的研究项目中，会根据商铺的地理位置将商铺划入不同的商圈，然而商圈的边界往往是不规则的，很难人工划定，这时就可以使用无监督学习的方式，根据商铺距离商业中心的距离或交通时间等属性进行聚类，在一个城市中划分出几个不同的商圈。

sklearn 中提供的聚类算法有：K-means、Affinity Propagation、Meanshift、DBSCAN、Gaussian Mixtures 等，下面介绍两种比较常用的聚类算法，分别是 K-means 和 DBSCAN。

1.5.1 K-means

K-means 聚类算法是一种迭代求解的聚类分析算法。K-means 算法需要预先设定总类别数量 `n_clusters`。如果类别数量设置得不够好的话，最终的聚类结果可能会不太理想。

K-means 的训练思路如下。

(1) 随机选定 `n_clusters` 个中心点（因为 K-means 的聚类效果受初始点的位置影响很大，所以可以使用特殊的初始化策略，如 K-means++）。

(2) 将数据集中的数据根据到各中心点的距离归入不同聚类（靠近哪个中心点就归为哪一类）。

(3) 根据聚类结果重新计算每个聚类的中心点。

(4) 重复第(2)步~第(3)步，直到每个聚类的内部元素不再变化为止，最后得到的所有中心点坐标即为训练得到的模型参数。

1.5.2 DBSCAN

DBSCAN 是一种基于密度的聚类算法，不需要设置类别数量，但是需要设置类内样本的最大可接受距离，这个算法对空间样本聚类效果较好。另外，DBSCAN 聚类过程中不一定能把所有的样本都划入到聚类中去，可能会存在一些无法聚类的离群点。

DBSCAN 的训练思路如下。

(1) 先设定好 DBSCAN 中的最短聚类距离 eps，从数据集中任一点开始，寻找周围到此点距离小于 eps 的点，加入当前聚类。

(2) 加入新的数据点之后，再从新的数据点出发继续寻找距离小于 eps 的点，如此循环往复。

(3) 如果当前点的 eps 半径范围内没有未加入聚类的数据点，则跳到当前聚类外任意未被聚类的点，继续搜索新的聚类。

(4) 对于周围 eps 范围内没有任何数据点的数据，归为离群点。

1.5.3　聚类实例

为了展示两种算法的区别，这里分别选择 make_moons 和 make_blobs 生成的数据集进行聚类演示，代码如下：

```
>>> import matplotlib.pyplot as plt
>>> from sklearn.datasets import make_moons,make_blobs
>>> from sklearn.cluster import KMeans,DBSCAN
>>> # 创建数据集
>>> # data = make_moons()
... data = make_blobs(centers = 2)
>>> model_km = KMeans(n_clusters=2)
>>> model_db = DBSCAN()
>>> x = data[0]
>>> # 模型预测
>>> y_pred_km = model_km.fit_predict(x)
>>> y_pred_db = model_db.fit_predict(x)
>>> markers = ["x","s","^","h","*","<"]
>>> colors = ['r','g','b','y','o','tomato']
>>> plt.subplot(121)
<matplotlib.axes._subplots.AxesSubplot object at 0x000000000D8A8668>
>>> plt.title("KMeans")
Text(0.5, 1.0, 'KMeans')
>>> for i,y in enumerate(y_pred_km):
...     plt.scatter(x[i,0],x[i,1],marker=markers[y],color = colors[y])
...>>> plt.subplot(122)
<matplotlib.axes._subplots.AxesSubplot object at 0x000000000FB7ECF8>
>>> plt.title("DBSCAN")
Text(0.5, 1.0, 'DBSCAN')
>>> for i,y in enumerate(y_pred_db):
...     if y != -1:
...         plt.scatter(x[i,0],x[i,1],marker=markers[y],color = colors[y])
...
...     else:
...         plt.scatter(x[i,0],x[i,1],marker=markers[y],color = "black")
```

上述代码使用了 make_moons 和 make_blob 函数生成的数据集进行了聚类实验，利用生成的数据集训练了两个聚类模型——K-means 模型和 DBSCAN 模型，利用聚类模型对数据进行了聚类，最后将属于不同聚类的数据使用不同的标记在图中绘出，结果如图 1-9 和图 1-10 所示。

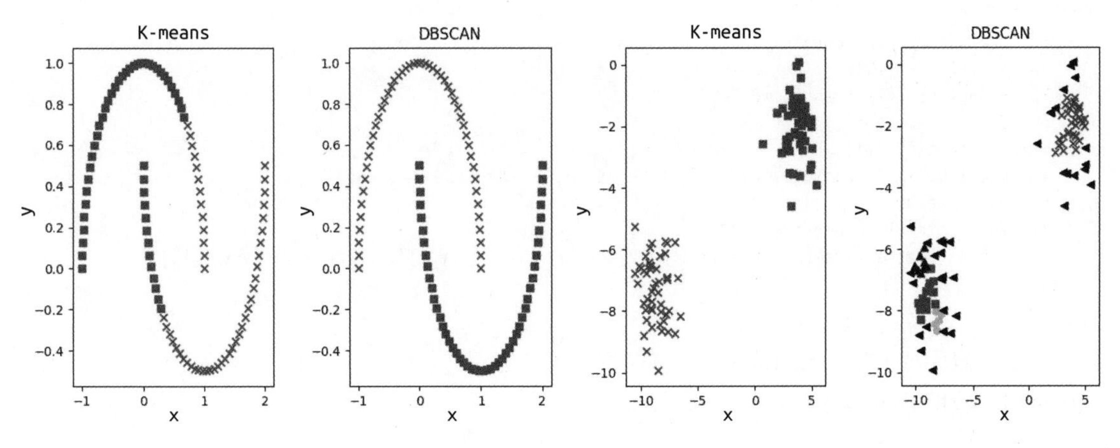

图 1-9 make_moons 聚类结果 1（另见彩插）

图 1-10 make_blobs 聚类结果 2（另见彩插）

从图 1-9 和图 1-10 中可以看出以下两点。

- K-means 比较适合对呈团聚形态的数据进行聚类，对形状不规则的数据进行聚类的效果较差。
- DBSCAN 对数据的聚集形式有较好的适应性，但是 DBSCAN 的距离阈值设置不合理的话，难以得到很好的聚类效果。这一点跟 K-means 的聚类中心数量选择比较类似，都依赖于对样本的了解。

1.6 降维

降维算法即将高维数据投射到低维空间，并尽可能地保留最多的信息。这类算法既可以用于去除高维数据的冗余信息，也可以用于数据的可视化。比如我们可以使用降维算法将鸢尾花数据集的数据分布情况直观地展现出来。鸢尾花数据本身有 4 个特征，也就是一个四维空间的数据，因为四维空间是无法直接观测的，所以需要将数据降到三维空间才可以查看。

1.6.1 PCA 降维

首先可以尝试使用最常用的降维方法 PCA（主成分分析）对鸢尾花数据集进行降维展示，将数据集从四维降到三维的代码如下：

```
>>> from sklearn.datasets import load_iris
>>> from sklearn.decomposition import PCA
>>> from mpl_toolkits.mplot3d import Axes3D
>>> data = load_iris()
>>> x = data['data']
>>> y = data['target']
>>> # n_components 表示主成分维度
```

```
>>> pca = PCA(n_components=3)
>>> # 将数据降成三维
>>> x_3d = pca.fit_transform(x)
>>> fig = plt.figure()
>>> plt.subplot(121)
<matplotlib.axes._subplots.AxesSubplot object at 0x000000000FDA3860>
>>> ax = Axes3D(fig)
>>> for i,item in enumerate(x_3d):
...     ax.scatter(item[0],item[1],item[2],color = colors[y[i]],marker = markers[y[i]])
...
>>> plt.show()
```

上述代码中的 `fit_transform` 方法将模型训练和数据转换合并在一起，方便调用。降维后，三维鸢尾花数据如图 1-11 所示。

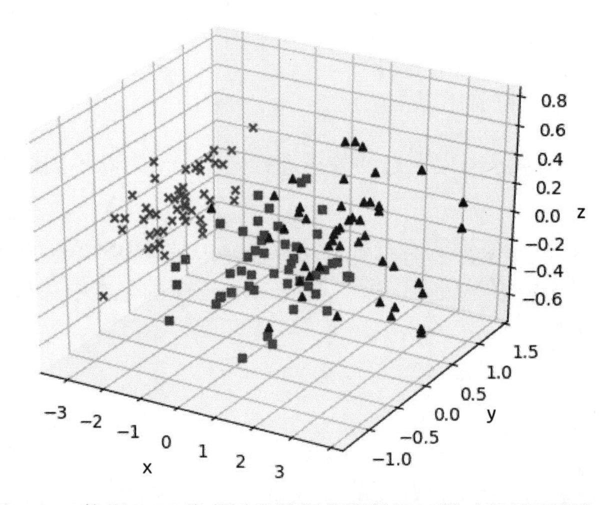

图 1-11 使用 PCA 将鸢尾花数据集降维至三维（另见彩插）

在图 1-11 所示的三维空间中我们可以看到，鸢尾花数据的 3 个类别之间呈现出相互分离的状态，可以较容易地找到数据的分类界面。

接下来继续把数据降到二维空间，查看有何变化，将鸢尾花数据集从四维降到二维的代码如下，降维后的结果如图 1-12 所示：

```
>>> pca2d = PCA(n_components=2)
>>> x_2d = pca2d.fit_transform(x)
>>> plt.figure()
<Figure size 640x480 with 0 Axes>
>>> for i,item in enumerate(x_2d):
...     plt.scatter(item[0],item[1],color = colors[y[i]],marker = markers[y[i]])
...
>>> plt.show()
```

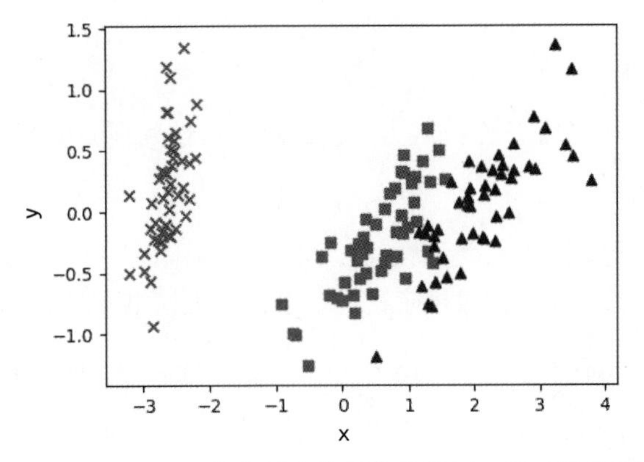

图 1-12 使用 PCA 将鸢尾花数据集降维至二维（另见彩插）

从图 1-12 可以看到，降到二维之后，鸢尾花数据集仍然具有很好的可分性，这就达到了降维过程中尽量保留有用信息的要求。

最后再尝试把数据降到一维，从四维降到一维的代码如下，降维后的结果如图 1-13 所示：

```
>>> pca1d = PCA(n_components=1)
>>> x_1d = pca1d.fit_transform(x)
>>> plt.figure()
<Figure size 640x480 with 0 Axes>
>>> for i,item in enumerate(x_1d):
...     plt.scatter(item[0],0,color = colors[y[i]],marker = markers[y[i]])
...
>>> plt.show()
```

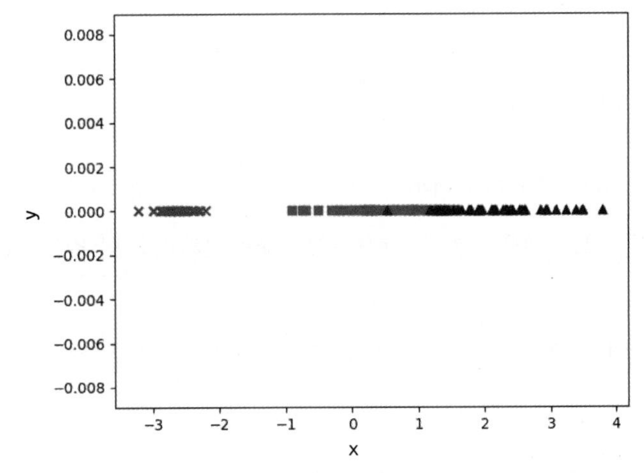

图 1-13 使用 PCA 将鸢尾花数据集降维至一维（另见彩插）

从图 1-13 中可以看到，降到一维之后，鸢尾花数据集中的两个分类出现了比较明显的交叠现象，不能通过某个阈值将数据很好地进行分类。

1.6.2 LDA 降维

除了 PCA，sklearn 还提供了一个降维方法：LDA（线性判别分析）。使用 LDA 也可以对鸢尾花数据集进行降维可视化。

因为 LDA 只能将数据降维到 [1, 类别数−1)，所以在鸢尾花任务中，无法使用 LDA 将数据降维到三维，最高只能做二维展示。降维展示代码如下，降维结果如图 1-14 所示：

```
>>> from sklearn.discriminant_analysis import LinearDiscriminantAnalysis as LDA
>>> lda = LDA(n_components=2)
>>> x_2d = lda.fit_transform(x,y)
>>> plt.figure()
<Figure size 640x480 with 0 Axes>
>>> for i,item in enumerate(x_2d):
...     plt.scatter(item[0],item[1],color = colors[y[i]],marker = markers[y[i]])
...
>>> plt.show()
```

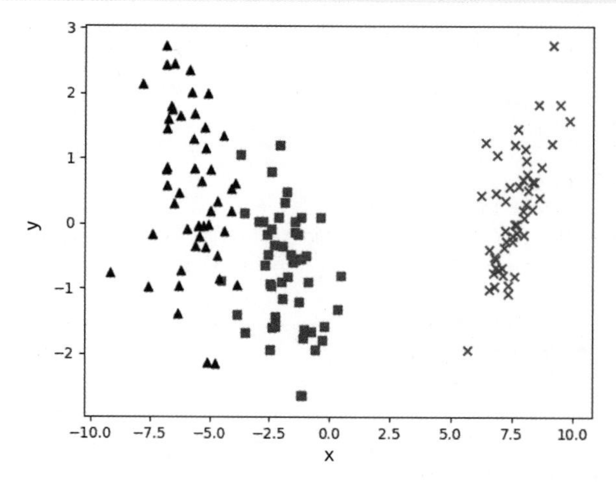

图 1-14　使用 LDA 将鸢尾花数据集降维至二维（另见彩插）

对比图 1-14 与图 1-12，也可以看出，使用 LDA 降维之后的数据比使用 PCA 降维之后的数据的可分性更好。

那么继续做一维降维，会得到什么样的效果呢？以下是使用 LDA 进行四维转一维的代码，降维结果如图 1-15 所示：

```
>>> lda = LDA(n_components=1)
>>> x_1d = lda.fit_transform(x,y)
>>> plt.figure()
<Figure size 640x480 with 0 Axes>
>>> for i,item in enumerate(x_1d):
...     plt.scatter(item[0],0,color = colors[y[i]],marker = markers[y[i]])
```

```
...
>>> plt.show()
```

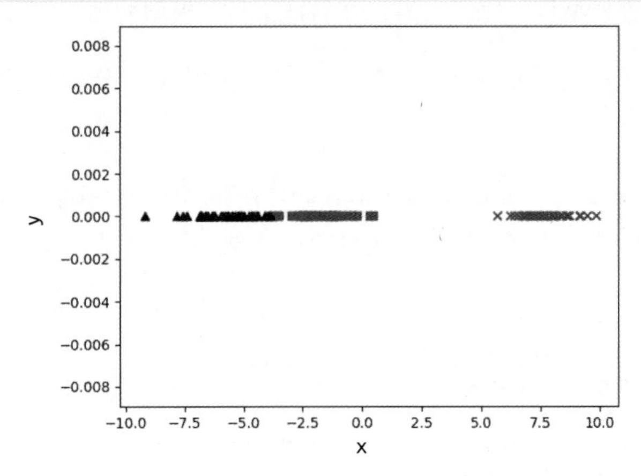

图 1-15 使用 LDA 将鸢尾花数据集降维至一维（另见彩插）

从图 1-15 中可以看到，将鸢尾花数据集降维到一维之后，虽然有两个类别相距较近，但是几乎看不出来任何重叠。

两种方法最大的区别是 PCA 是无监督学习算法，而 LDA 是监督学习算法，这一点从二者 `fit_transform` 方法的输入参数可以看出。

PCA 的降维原则是保留方差较大的维度，降维方差较小的维度，而 LDA 的降维原则是保证降维后，类内方差最小，类间方差最大。因此，LDA 降维之后的数据可分性较强。可见，在有标签的情况下，应该尽量使用 LDA 进行降维或者可视化。

1.7 模型验证

在训练完模型之后，需要对模型进行评价，决定是否采用训练后的模型。本书前面的例子都是直接在训练数据上验证模型，这种方法存在一个很严重的问题：模型有可能过拟合。

什么情况下会出现过拟合呢？过拟合常常出现在以下 3 种情况下：

- 数据有噪声；
- 数据集过小；
- 模型太复杂。

在解决过拟合问题之前，需要有一个判断过拟合的依据，就是使用训练集之外的数据进行验证。

在 sklearn 中，有两种常用的验证方法：留出验证法和交叉验证法。

留出验证法的操作方式是在训练之前，从总数据集中按一定规则（或随机）抽取一部分数据作为验证数据集，然后在模型训练完成之后，在验证集上对模型的预测效果进行验证。

如果模型在训练集上的效果非常好，但是在验证集上的效果很差，就说明模型出现了过拟合现象。

sklearn 中的留出验证法可以通过 sklearn.model_selection.train_test_split 函数实现。下面是一个模型过拟合的例子（此例使用 Jupyter Notebook 编写）：

```
In:
    import numpy as np
    from sklearn.model_selection import train_test_split
    # 导入线性模型和多项式特征构造模块
    from sklearn import  linear_model
    from sklearn.preprocessing import  PolynomialFeatures
    from sklearn.metrics import r2_score
    import matplotlib.pyplot as plt
    %matplotlib inline
```

接下来需要生成 20 个样本点，并加入一些随机扰动，生成数据的代码如下：

```
In:
    # 样本数量
    n_samples = 20
    x = np.array([i+2 for i in range(n_samples)]) * 4
    # 在 log 函数曲线上加入随机噪声
    y = 3 * np.log(x) + np.random.randint(0,3,n_samples)
    plt.scatter(x,y)
```

生成的样本如图 1-16 所示。

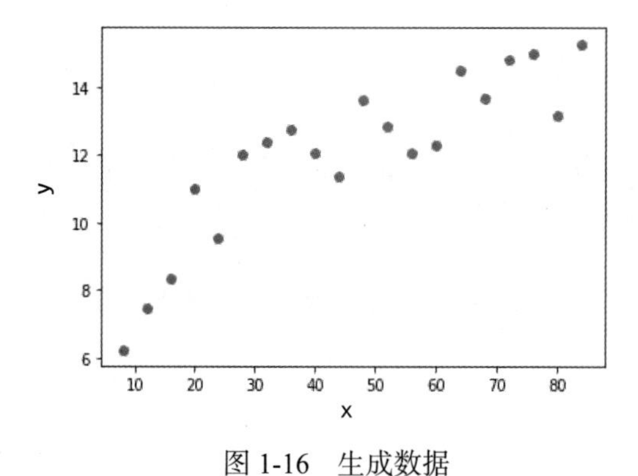

图 1-16　生成数据

然后对数据集进行划分，留出一部分验证集，其中 test_size 是验证集在总数据集中的占比：

```
In:
    x_train,x_test,y_train,y_test = train_test_split(x,y,test_size = 0.3)
```

下面使用二项式拟合的方式来拟合这个模型。在 sklearn 中，二项式拟合的实现方法是先将训练特征转换为二项式特征，然后再使用线性回归模型进行拟合，相关代码如下：

```
In:
    def poly_fit(degree):
        poly_reg =PolynomialFeatures(degree=degree)
        # 转换成二次特征
        x_ploy_train = poly_reg.fit_transform(x_train.reshape(-1,1))
        # 对 x_test 进行同样的转换
        x_ploy_test = poly_reg.transform(x_test.reshape(-1,1))
        clf = linear_model.LinearRegression()
        clf.fit(x_ploy_train,y_train.reshape(-1,1))
        # 创建子图，绘制训练集上的预测结果
        plt.subplot(121)
        y_train_pred = clf.predict(x_ploy_train)
        sorted_indices = np.argsort(x_train)
        plt.plot(x_train[sorted_indices],y_train_pred[sorted_indices])
        plt.scatter(x_train,y_train)
        # 创建子图，绘制验证集上的预测结果
        plt.subplot(122)
        y_test_pred = clf.predict(x_ploy_test)
        # 同时对 x_test 和 y_test_pred 进行排序
        sorted_indices = np.argsort(x_test)
        plt.plot(x_test[sorted_indices],y_test_pred[sorted_indices])
        plt.scatter(x_test,y_test)
        # 计算 r2_score
        print("Train R2 score",r2_score(y_train_pred,y_train))
        print("Test R2 score",r2_score(y_test_pred,y_test))
```

然后逐步提高多项式的次数，观察模型效果与多项式次数之间的关系。二次多项式拟合代码如下，结果如图 1-17 所示：

```
In:
    poly_fit(2)
Out:
    Train R2 score 0.8102748526150807
    Test R2 score 0.7661602866338544
```

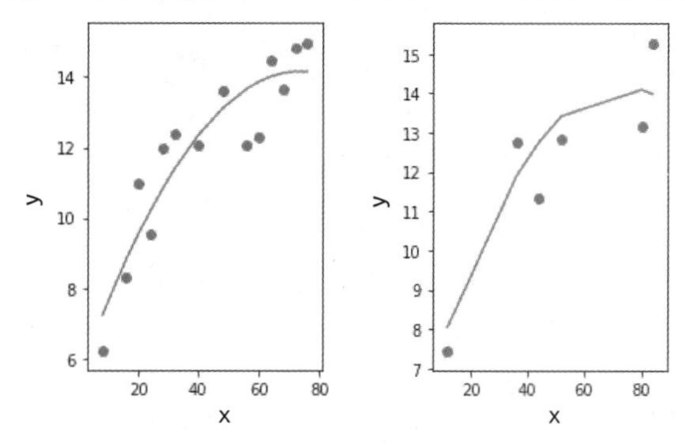

图 1-17 二次多项式拟合结果

五次多项式拟合代码如下，结果如图 1-18 所示：

```
In:
    poly_fit(5)
Out:
    Train R2 score 0.9087433750748772
    Test R2 score 0.8326903541105737
```

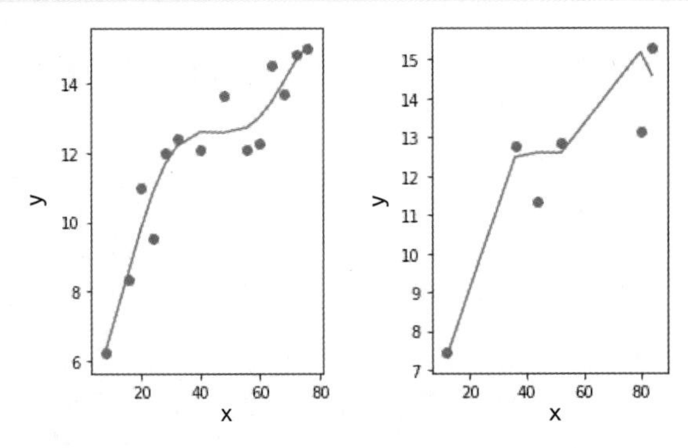

图 1-18　五次多项式拟合结果

十次多项式拟合代码如下，结果如图 1-19 所示：

```
In:
    poly_fit(10)
Out:
    Train R2 score 0.9176237285551411
    Test R2 score -0.13339572778788056
```

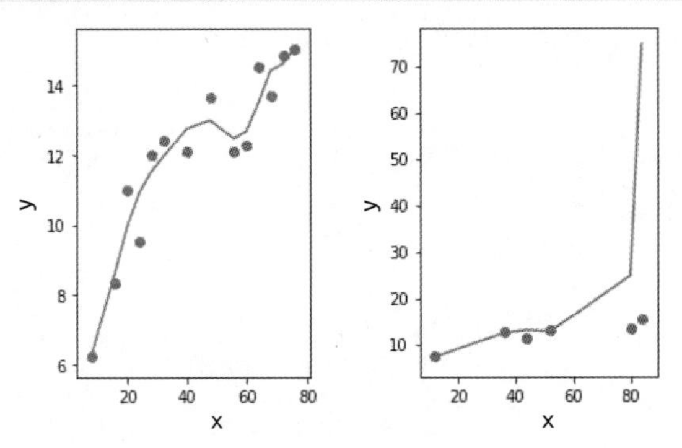

图 1-19　十次多项式拟合结果

上述案例使用 `train_test_split` 将数据集划分为两个部分，训练集和验证集。然后在训练集上进行模型训练，训练完成后，分别计算训练集和验证集上的模型指标。

结果发现，随着模型复杂度的提升（多项式特征次数越来越高），模型在训练集上的表现（`R2 Score`）越来越好，在验证集上的效果却是先变好再变坏。这就是模型过拟合的表现。

交叉验证法可以理解为留出验证法的升级版，以 sklearn 中的 KFold 检验为例，其算法步骤如下。

(1) 将数据集划分为 n 个互斥子集。
(2) 以其中一个子集作为验证集，其他子集作为训练集，训练模型。
(3) 选择另一个子集作为验证集，其他子集作为训练集，再训练模型。
(4) 如此进行 n 次训练和测试，得到 n 个结果。

在发现模型过拟合后，可以尝试通过如下几个方法解决过拟合的问题：

- 重新清洗数据；
- 增加数据量；
- 采用正则化方法；
- 选择合适的模型。

1.8　模型持久化

我们训练好了一个机器学习模型后，就会希望以后不用重复训练过程也可以使用这个模型，在这种情况下，可以使用模型持久化工具保存模型。常用于保存 sklearn 模型的工具有两个，一个是 joblib 工具，一个是可以用来保存 Python 对象的 pickle 库。

1.8.1　joblib

使用 joblib 保存模型需要用到 `joblib.dump` 函数，保存一个逻辑回归模型的代码如下：

```
>>> import joblib
>>> from sklearn.linear_model import LogisticRegression
>>> x = [[0,0],[1,1]]
>>> y = [0,1]
>>> clf = LogisticRegression()
>>> clf.fit(x,y)
LogisticRegression(C=1.0, class_weight=None, dual=False, fit_intercept=True,
                   intercept_scaling=1, l1_ratio=None, max_iter=100,
                   multi_class='warn', n_jobs=None, penalty='l2',
                   random_state=None, solver='warn', tol=0.0001, verbose=0,
                   warm_start=False)
>>> # 保存模型
>>> joblib.dump(clf,"lr.m")
['lr.m']
```

从保存的模型文件中加载模型需要用到 `joblib.load` 函数，加载模型并进行预测的代码如下：

```
>>> clf = joblib.load("lr.m")
>>> clf.predict(x)
array([0, 1])
```

1.8.2　pickle

使用 pickle 库保存模型需要使用 `pickle.dumps` 函数对模型进行处理，然后把它写入一个二进制文件，具体代码如下：

```
>>> from sklearn.linear_model import LogisticRegression
>>> x = [[0,0],[1,1]]
>>> y = [0,1]
>>> clf = LogisticRegression()
>>> clf.fit(x,y)
LogisticRegression(C=1.0, class_weight=None, dual=False, fit_intercept=True,
                   intercept_scaling=1, l1_ratio=None, max_iter=100,
                   multi_class='warn', n_jobs=None, penalty='l2',
                   random_state=None, solver='warn', tol=0.0001, verbose=0,
                   warm_start=False)
>>> import pickle
>>> s = pickle.dumps(clf)
>>> # 以二进制形式打开文件，然后写入对象信息
>>> f = open("lr.pkl","wb")
>>> f.write(s)
826
>>> f.close()
```

加载模型时需要先打开保存了模型的二进制文件，然后用 `pickle.load` 函数对其进行处理，具体代码如下：

```
>>> g = open("lr.pkl","rb")
>>> s = g.read()
>>> clf = pickle.loads(s)
>>> clf.predict(x)
array([0, 1])
```

有了模型持久化工具，就可以实现“一次训练，永久使用”了。

1.9　小结

本章介绍了 sklearn 这一经典的机器学习库，对其中的分类、回归、聚类和降维四大类算法做了浅显的介绍。我希望读者在阅读完本章之后，能够做到以下几点。

- 对机器学习有一个基本的认识。
- 对上述几大类机器学习算法的异同有所了解。
- 理解机器学习中的模型验证思路。

第 2 章

传统图像处理方法

使用除神经网络之外的机器学习算法进行图像处理任务时，需要人工提取图片特征，可供选择的特征提取方法也有很多，如 HOG、HARRIS、SIFT、SURF、FAST 等。本章中的分类任务将使用 HOG 特征，检测任务将使用 FAST 特征，提取特征之后，使用分类、聚类等方法对特征进行建模，完成图像处理任务。本章项目的目录如下：

```
.
├── features.py                  ----    处理 char74k 数据并提取特征
├── grab_cut.py                  ----    grabcut 示例
├── hog_rf.py                    ----    使用随机森林进行图像分类
├── image_hash.py                ----    感知散列算法
├── load_cifar.py                ----    加载 CIFAR-10 数据
├── load_char.py                 ----    加载手写字符数据集
├── multi_object_detection.py    ----    多目标物体检测
└── train_svm.py                 ----    使用 SVM 进行图像分类
```

2.1 图像分类

HOG（histogram of oriented gradient，方向梯度直方图）是目前计算机视觉领域和模式识别领域很常用的一种图像局部纹理特征描述器。图像分类任务可以选择“HOG+分类器”的组合，首先使用 HOG 提取图片的全局特征，然后将整个图片的特征输入分类器进行计算。因为从图像中提取的特征维度通常比较高，所以分类器常选择 SVM 或一些集成算法。

2.1.1 HOG 的原理

因为是在图像的局部方格单元上进行操作，所以 HOG 对图像几何和光学的形变能保持较好的不变性。其次，在多尺度采样以及较强的局部光学归一化等条件下，手写字符的一些细微形变可以被忽略而不影响检测效果。因此，将 HOG 特征用于手写字符识别也具有一定的可行性。

HOG 特征提取过程如下。

(1) 计算图片中每个像素的梯度。

(2) 将图片划分为很多大方格（以下简称 block），再将每个 block 划分成多个小方格（以下简称 cell）。

(3) 统计每个 cell 中的梯度分布直方图，得到每个 cell 的描述子（以下简称 descriptor），统计每个像素的梯度方向分布，并按梯度大小加权投影到直方图中。

(4) 将几个 cell 组成一个 block，将每个 cell 的 descriptor 串联起来得到 block 的 descriptor。

(5) 将图片中每个 block 的 descriptor 串联起来得到图片的 descriptor，即为图片的 HOG 特征。

2.1.2　工具介绍

HOG 工具选择了 `skimage.feature` 中的 hog 函数，该函数的完整形式如下：

```
skimage.feature.hog(image, orientations=9, pixels_per_cell=(8, 8), cells_per_block=(3, 3),
block_norm='L2-Hys', visualize=False, transform_sqrt=False, feature_vector=True, multichannel=None)
```

大多数情况下，只需调整下面 3 个参数就可以获得比较理想的效果。

- `orientations`：方向数量，即直方图中直条的数量。
- `pixels_per_cell`：每个 cell 中的像素个数，即指定了 cell 大小，假设为 5×5。
- `cells_per_block`：每个 block 中的 cell 个数，即指定了 block 大小，假设为 3×3。

如果按照上面的参数进行设置，就可以构成一个 15×15 的 block，使用该 block 按一定步长在图片上进行滑动，将每次滑动得到的 descriptor 串联起来，即可得到整个图片的 HOG 特征。HOG 的工作方式如图 2-1 所示。

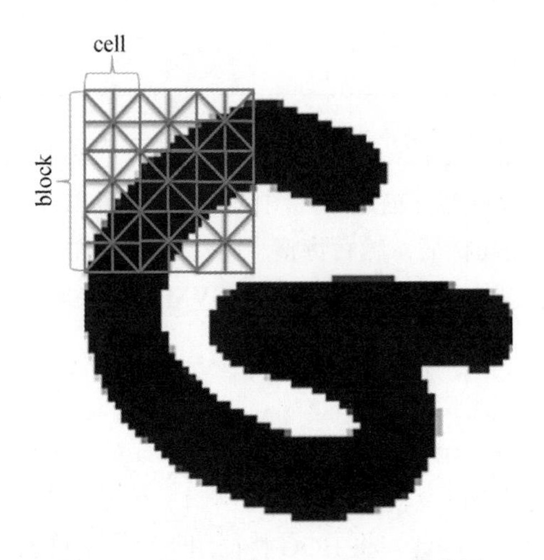

图 2-1　HOG 中的 block 和 cell 示意图

2.1.3 CIFAR-10 分类

传统图像分类方法使用的人工特征不如卷积网络提取的特征质量高。这里选择 CIFAR-10 数据集，CIFAR-10 数据集是一个在深度学习任务中常用的小型图像分类数据集，虽然分辨率只有 32×32，却包含了丰富的场景信息。关于此数据集的详细信息，将会在深度学习的图像分类项目中做详细介绍，在本章中使用此数据集是为了展示传统方法在复杂场景图片分类任务中的效果。

1. 数据加载

因为 sklearn 中的随机森林算法（SVM 拟合 CIFAR 的速度非常慢，所以这里采用了随机森林做测试）并不支持增量式训练，所以需要一次性向模型输入所有的图片特征。这里使用较小的 CIFAR-10 作为训练数据集，并且介绍一种直接使用 Python 加载 CIFAR 的方法。下面是使用 Python 加载 CIFAR 数据集的代码：

```
# load_cifar.py
import pickle
import os.path as osp
import numpy as np

cifar_folder = "/data/cifar10/cifar-10-batches-py"
class Cifar:
    def __init__(self, folder=cifar_folder):
        self.folder = folder
        self.files = [osp.join(self.folder, "data_batch_%d" % n) for n in range(1, 6)]

    # 读取文件
    def load_pickle(self, path):
        f = open(path, "rb")
        data_dict = pickle.load(f, encoding="bytes")
        X = data_dict[b"data"]
        Y = data_dict[b"labels"]
        X = X.reshape(10000, 3, 32, 32).transpose(0, 2, 3, 1)  # .astype("float")
        Y = np.array(Y)
        return X, Y
    # 加载 CIFAR-10 数据
    def load_cifar10(self):
        xs = []
        ys = []
        # 遍历读取
        for file in self.files:
            X, Y = self.load_pickle(file)
            xs.append(X)
            ys.append(Y)
        # 读取后拼接成矩阵
        train_x = np.concatenate(xs)
        train_y = np.concatenate(ys)
        # test 文件只有一个
        test_x, test_y = self.load_pickle(osp.join(self.folder, "test_batch"))
```

```
        return train_x, train_y, test_x, test_y

if __name__ == "__main__":
    data = Cifar()
    train_x, train_y, test_x, test_y = data.load_cifar10()
    print(train_x.shape, train_y.shape, test_x.shape, test_y.shape)
```

CIFAR 数据集中提供的二进制文件可以使用 pickle 库进行解析，解析后会得到一个字典，字典的 data 键对应的是图片数据，label 键对应的是图片标签。读取完所有图片数据和标签后，将它们拼接起来，就可以得到我们需要的训练数据和测试数据了。

2. 模型训练

提取了数据之后，就可以计算每张图片的特征了，然后利用计算的特征进行模型训练，相关代码如下：

```
# hog_rf.py
from skimage.feature import hog
from load_cifar import Cifar
import numpy as np
import matplotlib.pyplot as plt
from tqdm import tqdm
from sklearn.ensemble import RandomForestClassifier
from sklearn.model_selection import GridSearchCV

class RFClassifier:
    def __init__(self):
        self.data = Cifar()
        # 加载并分割数据
        self.train_x, self.train_y, self.test_x, self.test_y = (
            self.data.load_cifar10()
        )
        # 建立模型
        self.clf = RandomForestClassifier(
            n_estimators=800, min_samples_leaf=5, verbose=True, n_jobs=-1
        )

        print("loading train data")
        self.train_hog = []
        for img in tqdm(self.train_x):
            self.train_hog.append(self.extract_feature(img))
        print("loading test data")
        self.test_hog = []
        for img in tqdm(self.test_x):
            self.test_hog.append(self.extract_feature(img))
    # 提取 HOG 特征
    def extract_feature(self, img):
        hog_feat = hog(
            img,
            orientations=9,
            pixels_per_cell=[3, 3],
```

```
            cells_per_block=[2, 2],
            feature_vector=True,
        )
        return hog_feat
    # 训练模型
    def fit(self):
        self.clf.fit(self.train_hog, self.train_y)
    # 验证模型
    def evaluate(self):
        train_pred = self.clf.predict(self.train_hog)
        # 计算训练集的准确率
        train_accuracy = sum(train_pred == self.train_y) / len(self.train_y)
        print("train accuracy : {}".format(train_accuracy))
        test_pred = self.clf.predict(self.test_hog)
        # 计算验证集的准确率
        test_accuracy = sum(test_pred == self.test_y) / len(self.test_y)
        print("test accuracy : {}".format(test_accuracy))

if __name__ == "__main__":
    clf = RFClassifier()
    clf.fit()
    clf.evaluate()
```

得到的结果是，训练集的准确率为 98%，但验证集的准确率只有 50%。可见，使用 HOG 这样的人工特征识别自然场景图片，并不如使用卷积神经网络那么容易。因此，这种思路可以用于解决更简单的任务，比如手写字符识别。

2.1.4 手写字符分类

下面将演示如何使用 HOG 特征进行手写字符识别，手写字符数据集选择了 Chars74k，本文使用的是 EnglishHnd.tgz 子集 Img 文件夹中的图片，包含了大写字母 A~Z、小写字母 a~z 和数字 0~9，共 62 个字符，分别由 55 位志愿者书写，共 3410 张图片。数据量较小，因为 sklearn 中的 SVM 暂时不支持增量学习，所以只能处理小数据集，同时也方便没有 GPU 的读者进行练习。

数据集中的图片形式如图 2-2 所示。

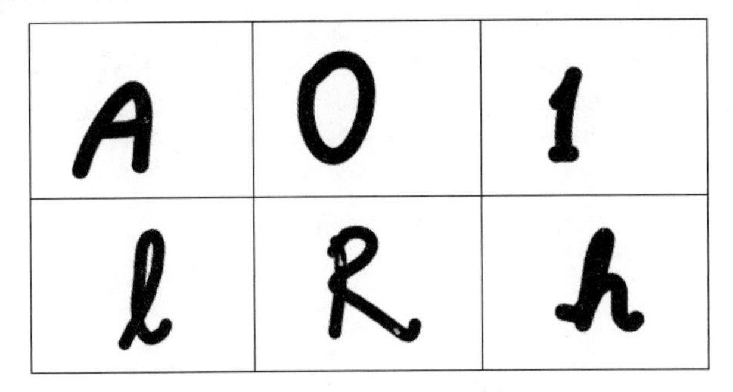

图 2-2 手写字符示例

从图 2-2 中可以看出，字符图片都是黑白的，且包含大片无用的白色背景，过多的无用信息会影响模型效果，所以在提取 HOG 特征前，需要先进行图像预处理，以便提取更具代表性的特征。

为了减小光影、噪点等因素对图片识别结果的影响，在提取特征前，需要对图像进行预处理。图像预处理工作通常包含以下 3 项。

- **灰度化**。字符的色彩、明暗都不会影响到字符的含义，黑色的 A 和红色的 A 是一个意思。为了避免在模型中引入不必要的干扰，这里选择黑白图片作为训练数据。所以要对源图片进行处理，将 3 个通道的图片（RGB 彩色图片）转化为 1 个通道的灰度图片。
- **二值化**。与色彩、明暗相同，字符中的笔画深浅同样不会影响到字符的含义，所以为了简化运算，并且去除字符图片的背景干扰，需要对图片进行二值化处理，即将范围是 0~255 的图片像素转化为 0 或 1。
- **图像裁剪与缩放**。图像裁剪是为了尽可能地去除图片中的空白区域，以增大不同的字符图像之间的特征差异。注意，在进行裁剪的时候，要保证图像中的字符不变形。

原始图片及裁剪后的结果如图 2-3 和图 2-4 所示，字母周围的空白区域均被剪除。

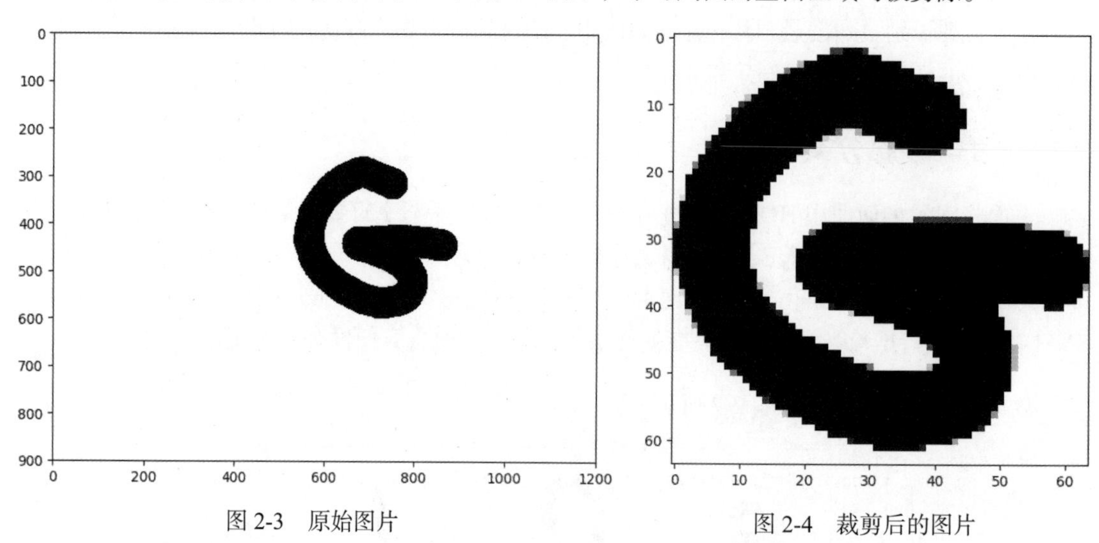

图 2-3　原始图片　　图 2-4　裁剪后的图片

数据处理代码如下：

```
# load_char.py
import numpy as np
from glob import glob
import os
from tqdm import tqdm
import re
```

```
from skimage.io import imread
from skimage.feature import hog
from skimage.transform import resize

img_paths = sorted(glob(r"D:\datasets\EnglishHnd\English\Hnd\Img\*\*.png"))

# 二值化，降低噪声干扰并减少运算量
def binary(img):
    # 二值化
    rows,cols = img.shape
    for i in range(rows):
        for j in range(cols):
            if img[i,j] < 0.5:
                img[i,j] = 0
            else:
                img[i,j] = 1
    return img

# 裁剪图片中的空白区域
def preprocess(img):
    width ,height = img.shape
    rows,cols = np.where(img < 1.)
    x_min,x_max = min(rows),max(rows)
    y_min,y_max = min(cols),max(cols)
    # 边长
    size = max(y_max - y_min,x_max - x_min)
    # 字符旁边留一定范围的空白
    x_empty = (size-(x_max - x_min)) // 2
    y_empty = (size-(y_max - y_min)) // 2
    # 裁剪图片
    img = img[max(x_min-x_empty,0):min(x_max+x_empty,width),max(y_min-y_empty,0):min(y_max+y_empty,
        height)]
    img = resize(img,(64,64))
    return img

# 提取特征
def hog_features(img_path):
    # 读取灰度图片
    img = imread(img_path,as_grey=True)
    img = binary(img)
    img = preprocess(img)
    # 提取 HOG 特征
    hog_feat = hog(img,orientations=9,pixels_per_cell=[5,5],cells_per_block=[3,3])
    return hog_feat

# 保存提取到的 HOG 特征
for img_path in tqdm(img_paths):
    np.save(re.sub(r".png",".npy",img_path),hog_features(img_path))
```

上述代码将图片以灰度图形式读入，再进行二值化和裁剪，便于提取特征。提取特征之后，将特征保存到本地文件中，这样在训练模型时就不需要重复读取图片了，可以减少内存消耗。

训练过程较为简单，与训练其他的 sklearn 模型类似，调用 `fit` 和 `predict` 两个函数即可完成训练及预测，相关代码如下：

```
# train_svm.py
from glob import glob
import numpy as np
from sklearn.svm import LinearSVC
from sklearn.model_selection import train_test_split
from tqdm import tqdm
import os

# 读取特征文件
feature_paths = sorted(glob(r"D:\datasets\EnglishHnd\English\Hnd\Img\*\*.npy"))
# 提取标签
labels = [os.path.split(os.path.dirname(im))[-1] for im in feature_paths]
# 将标签转化为数字 ID
label_set = sorted(list(set(labels)))
label_dict = dict(zip(label_set,[i for i in range(len(label_set))]))
label_ids = [label_dict[label] for label in labels]
# 将特征整合成矩阵
features = []
for feature_path in tqdm(feature_paths):
    feature = np.load(feature_path)
    features.append(feature)
features = np.array(features)
# 划分训练集与验证集
x_train,x_test,y_train,y_test = train_test_split(features,label_ids,test_size=0.15)

print("fitting")
clf = LinearSVC(multi_class="ovr",verbose=True,max_iter=10000)
# 训练模型
clf.fit(x_train,y_train)
# 预测结果
yp = clf.predict(x_test)
# 计算准确率
print(np.sum(yp == y_test)/len(y_test))
```

上述代码在提取了 HOG 特征之后，使用线性 SVM 进行建模及训练，多次迭代训练之后的最佳准确率为 73.52%。结果虽然不是太理想，但也证明了 HOG 能够用于处理简单的图像分类问题。

2.2　目标检测

目标检测可以使用 HOG+SVM 的方式实现。在单类别物体检测任务中，可以使用 OpenCV 的“特征点检测+特征描述”匹配方式快速检测目标，但是这种方式一般仅适用于单个物体检测。如果图片中存在多个同类别物体，就需要借助聚类方法来实现。

OpenCV 中的 ORB 检测器算法采用 FAST（features from accelerated segment test）算法来检测特征点，使用 BRIEF（binary robust independent elementary features）进行特征点描述（用于匹配特征点）。

其中 FAST 算法寻找角点的依据是：若某像素与其邻域内足够多的像素相差较大，则该像素可能是角点。

BRIEF 是特征描述算法，包括两个步骤：描述和匹配。

生成特征描述的过程如下。

(1) 为减少噪声干扰，对图像进行高斯滤波（方差为 2，高斯窗口为 9×9）。

(2) 以特征点为中心，取 S×S 的邻域窗口。在窗口内按一定规则选取一对（两个）点，比较二者像素的大小，进行如下二进制赋值：

$$z=\begin{cases}1 & \text{如果 } p(x_1)>p(x_2)\\ 0 & \text{如果 } p(x_1)<p(x_2)\end{cases}$$

其中 $p(x_1)$和 $p(x_2)$分别是两个点的像素值大小，z 是编码值。

(3) 在窗口中随机选取 N 对点，重复步骤(2)的二进制赋值，形成一个二进制编码，这个编码就是对特征点的描述，即特征描述子（一般情况下 N=256）。

特征的匹配过程如下。

(1) 将两个点的特征编码的每一位进行比对，如果相同位数小于 128 个，则两个点不匹配。

(2) 如果一个特征点有多个匹配的点，则取特征编码相同位数最多的点作为匹配点。

从上述对算法的描述中可以看到，ORB 检测器的匹配过程是针对整张图片的，所以无法区分图片中同类物体的不同个体。为了实现多物体检测，还需要用到聚类的方法，即先计算匹配点，然后将匹配点聚类，在每个聚类中寻找与目标物体最相似的物体。

这里可以自己做一张图片进行检测实验，检测代码如下：

```
import cv2
from matplotlib import pyplot as plt

# 最小匹配次数
MIN_MATCH_COUNT = 10
# 读取图片
img1 = cv2.imread("cv.jpg", 0)  # queryImage
img1 = cv2.resize(img1, (120, 120))
img2 = cv2.imread("cvs.jpg", 0)  # trainImage

# 创建 ORB 检测器
orb = cv2.ORB_create(10000, 1.2, nlevels=12, edgeThreshold=3)

# 寻找关键点和关键点的特征描述
kp1, des1 = orb.detectAndCompute(img1, None)
```

```
kp2, des2 = orb.detectAndCompute(img2, None)

import numpy as np
from sklearn.cluster import KMeans

# 对关键点进行聚类
x = np.array([kp2[0].pt])
for i in range(len(kp2)):
    x = np.append(x, [kp2[i].pt], axis=0)
x = x[1 : len(x)]
clf = Kmeans(n_clusters=3)
# 训练模型
clf.fit(x)
labels = clf.labels_
cluster_centers = clf.cluster_centers_
# 计算标签的数量
labels_unique = np.unique(labels)
n_clusters_ = len(labels_unique)
print("number of estimated clusters : %d" % n_clusters_)

# 按聚类将关键点加入列表中
s = [None] * n_clusters_
for i in range(n_clusters_):
    l = clf.labels_
    d, = np.where(l == i)
    print(d.__len__())
    s[i] = list(kp2[xx] for xx in d)

# 对每个聚类中的关键点进行验算
des2_ = des2
for i in range(n_clusters_):
    kp2 = s[i]
    l = clf.labels_
    d, = np.where(l == i)
    des2 = des2_[d,]
    # 定义匹配算法
    FLANN_INDEX_KDTREE = 0
    index_params = dict(algorithm=FLANN_INDEX_KDTREE, trees=5)
    search_params = dict(checks=50)
    flann = cv2.FlannBasedMatcher(index_params, search_params)
    des1 = np.float32(des1)
    des2 = np.float32(des2)
    # 开始匹配
    matches = flann.knnMatch(des1, des2, 2)
    # 保存所有匹配合格的点
    good = []
    for m, n in matches:
        if m.distance < 0.7 * n.distance:
            good.append(m)
    # 如果合格点超过 3 个，则认为匹配有效
    if len(good) > 3:
        src_pts = np.float32([kp1[m.queryIdx].pt for m in good]).reshape(-1, 1, 2)
        dst_pts = np.float32([kp2[m.trainIdx].pt for m in good]).reshape(-1, 1, 2)
        # 计算基准点到目标点的转换矩阵
```

```
    M, mask = cv2.findHomography(src_pts, dst_pts, cv2.RANSAC, 2)
    # 如果没有找到转换矩阵
    if M is None:
        print("No Homography")
    else:
        matchesMask = mask.ravel().tolist()
        h, w = img1.shape
        pts = np.float32([[0, 0], [0, h - 1], [w - 1, h - 1], [w - 1, 0]]).reshape(-1, 1, 2)
        dst = cv2.perspectiveTransform(pts, M)
        # 绘制检测框
        img2 = cv2.polylines(img2, [np.int32(dst)], True, 255, 3, cv2.LINE_AA)

        draw_params = dict(
            matchColor=(0, 255, 0),
            singlePointColor=None,
            matchesMask=matchesMask,
            flags=2,
        )
        # 绘制连接线
        img3 = cv2.drawMatches(img1, kp1, img2, kp2, good, None, **draw_params)

        plt.imshow(img3, "gray"), plt.show()
else:
    print("Not enough matches are found - %d/%d" % (len(good), MIN_MATCH_COUNT))
    matchesMask = None
```

上述代码实现了基于 ORB 算子的多物体检测功能，包含以下步骤。

(1) 利用 ORB 算子找到待检测图片中的关键点及其描述子。

(2) 对关键点进行聚类。

(3) 分别使用每个聚类中的关键点与源图片中的关键点进行匹配，得到变换矩阵。

(4) 根据变换矩阵得到物体检测框，找到物体检测框与关键点的对应关系。

(5) 将关键点的对应关系以及检测框绘出，结果如图 2-5 至图 2-7 所示。

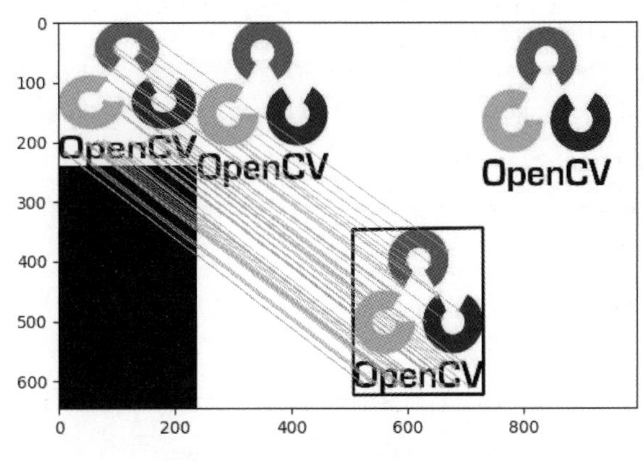

图 2-5 检测到第 1 个物体

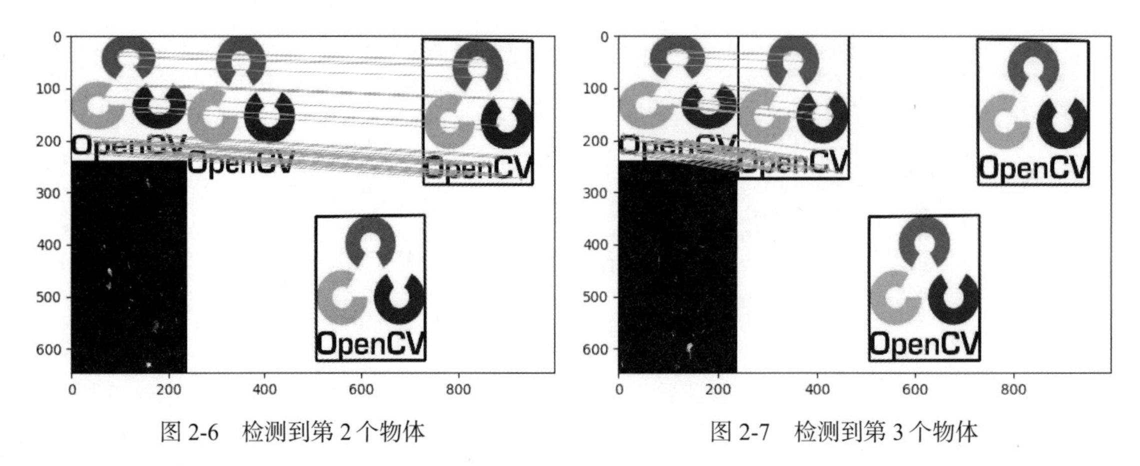

图 2-6　检测到第 2 个物体　　　　图 2-7　检测到第 3 个物体

我们发现待检测图片中的物体被全部检出，证明使用 ORB 算子进行多物体检测是可行的。上述算法有一个缺点：如果不知道图片中物体的数量，很难为 K-means 算法指定一个合理的聚类数量，读者可以自己尝试使用 DBSCAN 算法代替 K-means 算法进行上述检测试验。

2.3　图像分割

在 OpenCV 中，有两种常用的图像分割算法：一种是分水岭算法，一种是 GrabCut 算法。对于第 5 章会建立的太阳的数据集来说，使用 GrabCut 算法的效果更好一点。

以前面的自制图像分割数据集为例，从中任选一张，仅用几行代码就可以实现前景与背景的分割。

需要注意的是，在使用 GrabCut 算法时，用矩形框将物体所在的大致区域框出来，能获得更好的效果。

下面是使用 GrabCut 进行图像分割的代码：

```
import numpy as np
import cv2
from matplotlib import pyplot as plt

# 显示图片
def show(img):
    # 转换通道
    img_ = cv2.cvtColor(img,cv2.COLOR_BGR2RGB)
    plt.imshow(img_)
# 显示原始图片
img = cv2.imread("/data/object_detection_segment/object_detection/011.jpg")
show(img)
# 执行 grabcut 函数
```

```
def grabcut(img,mask,rect,iters=20):
    img_ = img.copy()
    bg_model = np.zeros((1,65),np.float64)
    fg_model = np.zeros((1,65),np.float64)
    cv2.grabCut(img.copy(),mask,rect,bg_model,fg_model,iters,cv2.GC_INIT_WITH_RECT)
    mask2 = np.where((mask==2)|(mask==0),0,1).astype('uint8')
    img_ = img*mask2[:,:,np.newaxis]
    return img_

mask = np.zeros(img.shape[:2],np.uint8)
rect = (40,40,250,260)
img_copy = img.copy()
# 绘制预设方框
cv2.rectangle(img_copy,rect[:2],rect[2:],(0,255,0),3)
show(img_copy)
img = grabcut(img,mask,rect)
show(img)
plt.show()
```

在上述代码中，我们设置了一个全为零的掩码（如果有简单标记过的掩码，能获得更好的效果），并绘制了一个矩形将目标物体所在的区域框选出来，最后将掩码和矩形都输入 GrabCut 算法进行前后景分割，如图 2-8 至图 2-10 所示。

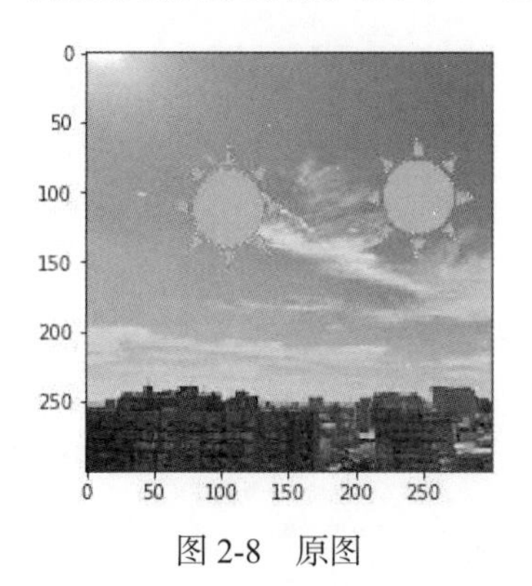

图 2-8　原图

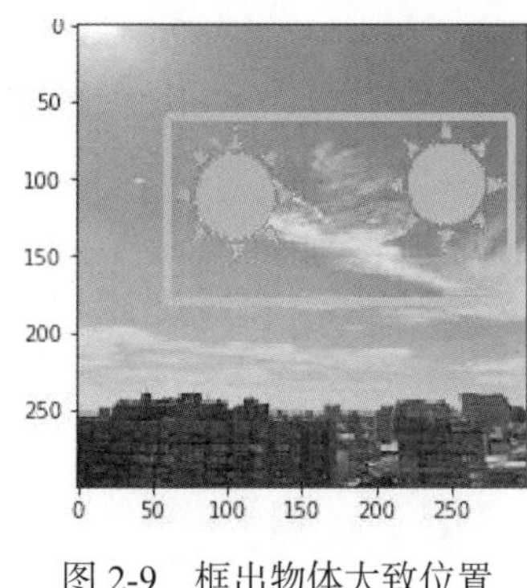

图 2-9　框出物体大致位置

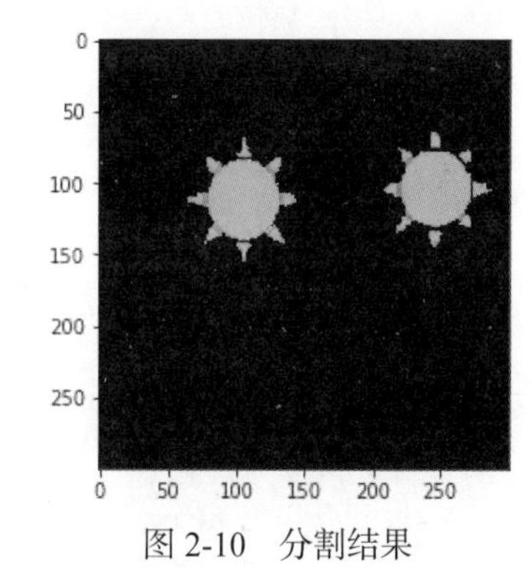

图 2-10　分割结果

2.4　图像搜索

图片所包含的特征能够生成一组“指纹”（不是唯一的），这些“指纹”可以进行比较。改变图片的大小、亮度甚至颜色，都不会改变它的散列值。

本节将介绍如何使用感知散列算法进行图像特征提取。感知散列算法是散列算法的一类，主要用来做相似图片的搜索工作，它的工作步骤如下。

(1) 对图片进行灰度处理。
(2) 缩小图片的尺寸。

(3) 简化图片的色彩，原本色彩的值域是[0, 255]，共 256 个值，简化色彩就是将色彩可选值的数量进行压缩。

(4) 计算像素均值。

(5) 根据像素均值将图片像素值置为 0 或 1。

(6) 使用汉明距离对比图像。

使用感知散列算法提取图片特征的代码如下：

```
import random
import matplotlib.pyplot as plt
import cv2
import numpy as np

def hash(img):
    # 灰度处理
    # img = cv2.cvtColor(img, cv2.COLOR_RGB2GRAY)
    # 缩小尺寸
    img = cv2.resize(img, (8, 8))
    # 简化色彩
    # 255 / 64 = 4
    img = (img / 4).astype(np.uint8) * 4
    # 计算均值
    m = np.mean(img)
    img[img <= m] = 0
    img[img > m] = 1
    print(img.shape)
    plt.imshow(img * 255, cmap="gray")
    return img.reshape(-1)

img1 = cv2.imread("img/panda1.jpg", 0)
img2 = cv2.imread("img/panda2.jpg", 0)
img3 = cv2.imread("img/husky1.jpg", 0)
# 计算图像的散列编码
hash_img1 = hash(img1)
hash_img2 = hash(img2)
hash_img3 = hash(img3)
# 计算图像之间的汉明距离
distance1 = np.sum(hash_img1 == hash_img2) / hash_img1.shape[0]
distance2 = np.sum(hash_img1 == hash_img3) / hash_img1.shape[0]
# 展示结果
plt.subplot(131)
plt.xticks([])
plt.yticks([])
plt.imshow(img1)
plt.title("source ")
plt.subplot(132)
plt.xticks([])
plt.yticks([])
plt.imshow(img2)
plt.title("distance: {}".format(distance1))
plt.subplot(133)
```

```
plt.xticks([])
plt.yticks([])
plt.imshow(img3)
plt.title("distance: {}".format(distance2))
plt.show()
```

上述代码计算了 3 张图片的散列值，并使用散列值比对了第一张图片和另两张图片的相似度。

图片比对结果如图 2-11 所示。

图 2-11 相似度比对

从比对结果来看，感知散列算法已经获得了图片的某种特征，具备了区分不同图片的能力。在得到图片特征之后，就可以借助前面提到的搜索算法进行图像搜索了。

2.5 小结

本章介绍了使用非深度学习方法解决图像分类、物体检测、图像分割和图像搜索的基本思路，主要包含以下知识点：

- HOG 特征提取原理；
- ORB 角点检测及特征描述原理；
- OpenCV 中图像分割方法的使用；
- 感知散列算法的基本思路。

第 3 章

深度学习与 PyTorch

深度学习原本只是一种实现机器学习的手段，用于解决机器学习中的分类、回归等问题。这几年，深度学习领域的技术发展非常迅猛，其内部理论体系越来越完善，逐渐被人们看作一种独立的学习方法。

深度学习在计算机视觉领域的研究可以追溯到 20 世纪 90 年代，早期模型使用的训练数据集规模较小，如 MNIST 数据集和 CIFAR 数据集的数据量都在十万级。模型参数数量也不大，然而因为神经网络训练的实现过程较为复杂，深度学习一直没有得到大规模的应用。互联网的发展让数据收集与管理变得更加容易（如百万级数据集 ImageNet 的出现），大数据时代的来临让深度学习模型的训练变得更加容易，也催生出了越来越复杂的模型算法。

由于算法复杂度的提高以及对模型精度越来越苛刻的要求，徒手搭建深度学习模型的方式已经不能满足工业应用的需求了，在这种条件下，深度学习框架应运而生。目前深度学习框架已经发展得较为成熟，用户可以借助各种框架轻松完成模型训练和部署。

PyTorch 是一个开源的深度学习框架。因为深度学习领域算法的更新换代速度实在太快，所以深度学习框架中一般不会提供太多现成的模型，而是会提供很多用于搭建模型的基础素材，方便用户跟进前沿技术，实现新模型。

3.1 框架介绍

深度学习框架已经发展了多年，目前用户量较大的深度学习框架主要有 4 个：TensorFlow、PyTorch、MXNet 和 Caffe。除了 Caffe 外，其余三大框架目前分别由 Google、Facebook 和 Amazon 三大互联网公司提供支持与维护。

- **TensorFlow**。TensorFlow 发布于 2015 年，现在已经发展成全世界使用人数最多、社区最为庞大的深度学习框架，在分布式训练、多平台部署方面备受好评。TensorFlow 1.*x* 使用的是静态图，也就是程序先创建好计算图，然后在运行的时候将数据输入计算图。静态图的调试过程比较复杂，一些错误难以发现，再加上 TensorFlow 的接口变化非常快，编程语法也很特殊，所以这个框架对初学者（尤其是喜爱 Python 语法的初学者）来说并不是十分友好。2017 年年底，TensorFlow 发布了动态图机制 Eager Execution，在 TensorFlow 2.0 中会将 Eager 模式设为主要模式，使用 TensorFlow 的门槛也变得越来越低。

- **PyTorch**。PyTorch 于 2017 年在 GitHub 上开源。虽然比 TensorFlow 晚了两年，但与 TensorFlow 不同，PyTorch 是一个动态图框架，编程方式更加灵活，用户在调试（debug）的过程中可以清晰地看到计算图中各个变量的值。PyTorch 发布后，因为其易用性而快速发展，已经成为了目前最受学术界青睐的框架，它的编码简单、调试方便并且各版本之间的接口差别不大，十分适合用来实现新的算法。PyTorch 的缺点是对模型部署方面的支持不够完善。
- **MXNet**。MXNet 起源于开源社区，它也是一个很容易上手的框架，特别是其推出了高级编程接口 Gluon，里面提供了不少很方便的网络搭建工具。在简便易用的同时，它对部署也有较好的支持，特别是多语言多平台的支持。MXNet 的缺点是其推广力度不够，文档不够完善，目前用户量不如 TensorFlow 和 PyTorch 多，开源项目也比较少。
- **Caffe**。Caffe 是一个比较老的轻量级框架，在图像处理方面有不少优秀的开源项目，学习 Caffe 可以增加对 C++的熟悉。另外，因为这个框架出现较早，其源代码已经被研究得比较透彻，对于想学习框架内部原理的同学来说，是一个非常不错的选择。Caffe 的缺点是没有自动求导功能，所以用它实现新的模型算法时难度很大。

作为深度学习的入门框架，上述 4 个框架都是不错的选择。如果只是出于学习深度学习的目的，建议从门槛最低的开始学习，学会之后接触其他框架就很容易上手了。而其中最适合用来实现算法、运行小型教学模型的框架就是 PyTorch 了。

在深度学习领域，也有类似 sklearn 这种可以直接调用模型的工具，比如基于 PyTorch 编写的 fastai 就是一个很容易掌握的深度学习工具，几乎不需要多少深度学习基础，甚至不需要很好的 Python 基础，就可以实现一些经典的任务。但是如果是做研究或者解决一些非常规问题的话，不建议使用 fastai，因为这个库封装太多，自定义一个简单的方法往往需要先继承并修改很多类才能实现。在 TensorFlow 基础上封装的 Keras 库也有这个问题，不过没有 fastai 这么严重。

目前其他框架（如 CNTK、Chainer 和百度的 PaddlePaddle）的用户量不如上述四大框架，读者在学有余力时也可以稍作了解。

图 3-1 是从 2017 年开始的百度搜索指数中各框架搜索指数变化（MXNet、CNTK、Darknet、fastai 和 Chainer 等框架在百度指数中都没有收录）。

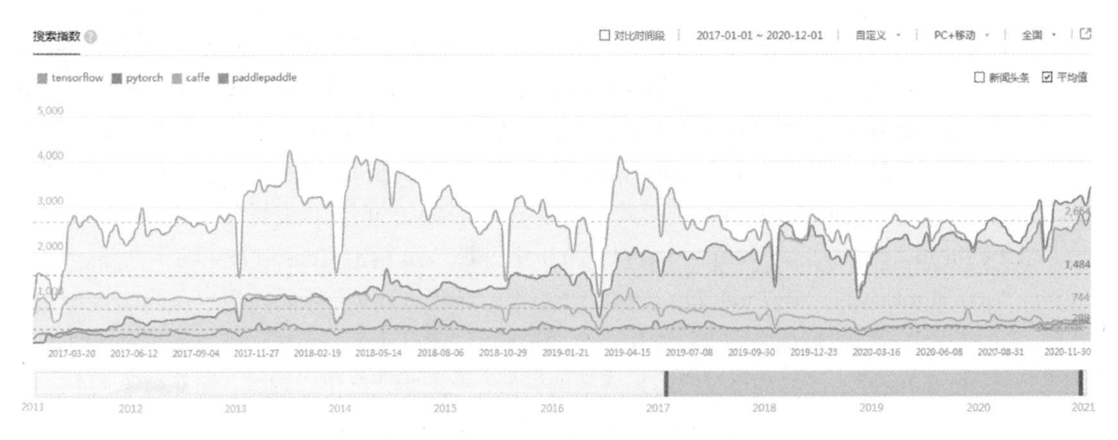

图 3-1　各种框架的搜索指数变化

从图 3-1 中可以看出，PyTorch 自面世以来，搜索热度呈上升趋势，已经逐步逼近 TensorFlow。

另外，从各个框架在 GitHub 上的 Star 数量来看（如图 3-2 所示），各框架的排名也基本与搜索指数相近。可以看到，TensorFlow 仍然是当之无愧的第一大框架。

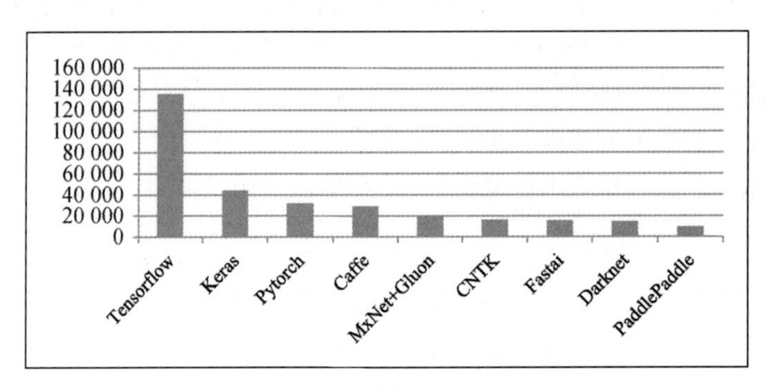

图 3-2　常见框架的 GitHub Star 数量

3.2　环境配置

PyTorch 官方提供了 Linux、Mac 和 Windows 三种环境下的安装包，且支持 Python 2.7、Python 3.5、Python 3.6 和 Python 3.7（Python 2 已在 2020 年停止更新，PyTorch 以后也不会再提供对 Python 2 的维护）。

如图 3-3 所示，安装前 PyTorch 官网会根据你的操作系统、安装工具、语言版本、CUDA 版本（版本 None 对应的是 CPU 版）给出正确的安装命令。

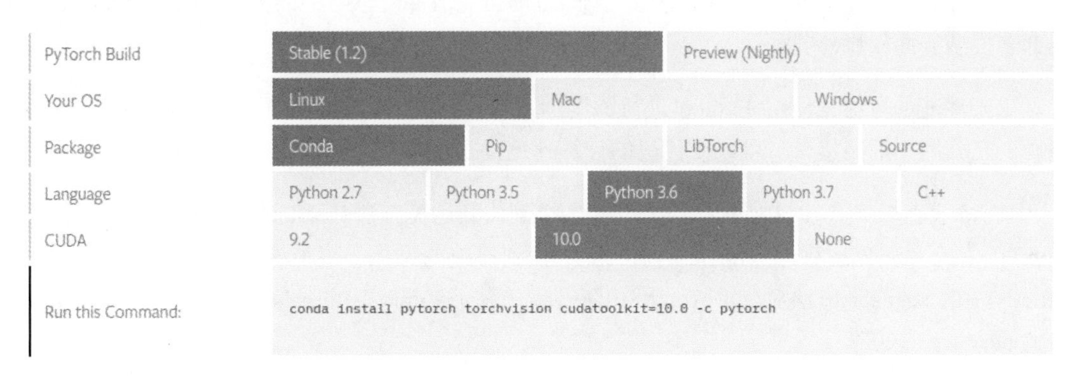

图 3-3　PyTorch 官网的安装引导

如果只需要安装 CPU 版本，可以在图 3-3 所示界面中选择 CUDA 为 None，下面的 Run this Command 中会给出对应的安装指令，比如“Linux+Conda+Python 3.6”环境下的安装指令为：

```
conda install pytorch torchvision cpuonly -c pytorch
```

“Linux+Pip+Python 3.6”环境下的安装指令为：

```
pip install torch==1.2.0+cpu torchvision==0.4.0+cpu -f
https://download.pytorch.org/whl/torch_stable.html
```

如果是安装 GPU 版，那么要根据需求选择 CUDA 版本。如果使用 conda 安装，那么可以将 CUDA 一并下载安装，如“Linux+Conda+Python 3.6+CUDA 10.0”环境下的安装指令为：

```
conda install pytorch torchvision cudatoolkit=10.0 -c pytorch
```

如果是 CUDA 8.0，只需将 `cudatoolkit` 版本修改一下即可：

```
conda install pytorch torchvision cudatoolkit=8.0 -c pytorch
```

若使用 pip 安装的话，需要另外安装 CUDA。安装好 CUDA 之后，使用如下指令即可安装 PyTorch：

```
pip install torch torchvision
```

PyTorch 目前的稳定版本为 1.2，建议读者使用 PyTorch 1.0 及以上版本。

3.3 运算基本单元

深度学习是一种计算密集型的任务，考虑到各种编程语言的性能，Python 并不适合做深度学习方面的编程。但是因为 Python 语法简洁，又能够很好地与 C、C++交互，所以几乎所有的深度学习框架都不约而同地选择使用 C++编写后端（底层代码），使用 Python 编写前端（编程接口）。对于一个算法工程师来说，使用 Python 一门语言即可完成深度学习中的大部分任务（目前 Python 在部署模型方面稍显薄弱）。

出于性能的考虑，使用 Python 进行深度学习计算需要尽可能利用框架提供的接口，并减少遍历。充分利用框架接口，可以使代码的计算速度提升十倍甚至百倍。

Tensor（张量）是 PyTorch 中数据的基本类型，其运算方法与 NumPy 的运算方法很接近，NumPy 中的大部分运算方法能在 PyTorch 中找到对应的方法，可能函数名会有所不同，比如 NumPy 中的 `reshape` 方法对应 PyTorch 中的 `view` 方法，NumPy 中的 `transpose` 方法对应 PyTorch 中的 `permute` 方法等。

PyTorch 作为一个深度学习框架，它的矩阵运算与 NumPy 的矩阵运算最大的不同就是 PyTorch 提供了自动求导和 GPU 运算功能。

3.3.1 Tensor 数据类型

PyTorch 中常用的 Tensor 数据类型如表 3-1 所示，其中每种数据类型都有 CPU 和 GPU 两种版本。

表 3-1 PyTorch 中的 Tensor 数据类型

数据类型	dtype	CPU Tensor	GPU Tensor
32 位浮点型	`torch.float32` or `torch.float`	`torch.FloatTensor`	`torch.cuda.FloatTensor`
64 位浮点型	`torch.float64` or `torch.double`	`torch.DoubleTensor`	`torch.cuda.DoubleTensor`
16 位浮点型	`torch.float16` or `torch.half`	`torch.HalfTensor`	`torch.cuda.HalfTensor`
8 位无符号整型	`torch.uint8`	`torch.ByteTensor`	`torch.cuda.ByteTensor`
8 位整型	`torch.int8`	`torch.CharTensor`	`torch.cuda.CharTensor`
16 位整型	`torch.int16` or `torch.short`	`torch.ShortTensor`	`torch.cuda.ShortTensor`
32 位整型	`torch.int32` or `torch.int`	`torch.IntTensor`	`torch.cuda.IntTensor`
64 位整型	`torch.int64` or `torch.long`	`torch.LongTensor`	`torch.cuda.LongTensor`
布尔型	`torch.bool`	`torch.BoolTensor`	`torch.cuda.BoolTensor`

其中较为常用的类型如下。

- 32 位浮点型：PyTorch 中神经网络相关运算默认使用该类型。
- 16 位浮点型：在混合精度训练中会用到该类型。
- 8 位无符号整型：在筛选元素时得到的掩码（01 形式）是该类型。
- 64 位整型：涉及类别、序号等整型计算使用该类型。

PyTorch 中 Tensor 的操作非常多，大部分操作都能在 NumPy 中找到与之对应的，因此对熟悉 NumPy 的用户来说，上手 PyTorch 非常容易，这里只做简单介绍，更复杂的操作读者可以自己去探索。

3.3.2　Tensor 与 ndarray

`torch.from_numpy` 可以将 ndarray 直接转换为相应类型的 Tensor，要将 Tensor 转换回相应类型的 ndarray 只需调用 `numpy` 方法即可，具体代码如下：

```
>>> import torch
>>> import numpy as np
>>> a = np.ones((2,2))
>>> type(a)
<class 'numpy.ndarray'>
>>> b = torch.from_numpy(a)
>>> type(b)
<class 'torch.Tensor'>
>>> c = b.numpy()
>>> type(c)
<class 'numpy.ndarray'>
>>> a.dtype
dtype('float64')
>>> b.type()
'torch.DoubleTensor'
>>> c.dtype
dtype('float64')
```

在上述代码中，`float64` 类型的 ndarray 转换成 Tensor 后，变成了 `DoubleTensor` 类型。

3.3.3　CPU 与 GPU 运算

神经网络计算过程可以选择在 CPU 或 GPU 上进行，其中 GPU 的多核心设计更适合进行并行运算，所以在训练规模较大的神经网路时，往往会使用 GPU。目前，大多数深度学习框架的 GPU 计算功能都是在 NVIDIA 的 CUDA 的基础上开发的，所以框架中含有 CUDA 的函数或变量都与 GPU 运算有关。直接调用 Tensor 的 `cuda` 方法可以将 CPU 中的 Tensor 转移到 GPU 上，即从内存转移到显存上，使用方法如下：

```
>>> b.type()
'torch.DoubleTensor'
```

```
>>> b = b.cuda()
>>> b.type()
'torch.cuda.DoubleTensor'
```

此外，还可以使用 Tensor 中的 `to` 方法将 Tensor 在 CPU 和 GPU 之间自由转移，使用方法如下：

```
>>> device_c = torch.device("cpu")
>>> device_g = torch.device("cuda")
>>> b = b.to(device_c)
>>> b.type()
'torch.DoubleTensor'
>>> b = b.to(device_g)
>>> b.type()
'torch.cuda.DoubleTensor'
```

在第一次运行 `b.cuda` 时，明显会感觉到代码的运行时间略长，这是因为第一次调用 `cuda` 时，会启动电脑中安装的 CUDA 程序，CUDA 程序会占用一定的显存（500MB 左右）和一定的内存（1GB~2GB），使用 `nvidia-smi` 指令可以查看显存占用情况。如图 3-4 所示，仅仅是将一个数字传入到显存，就出现了 449MB 的显存占用。

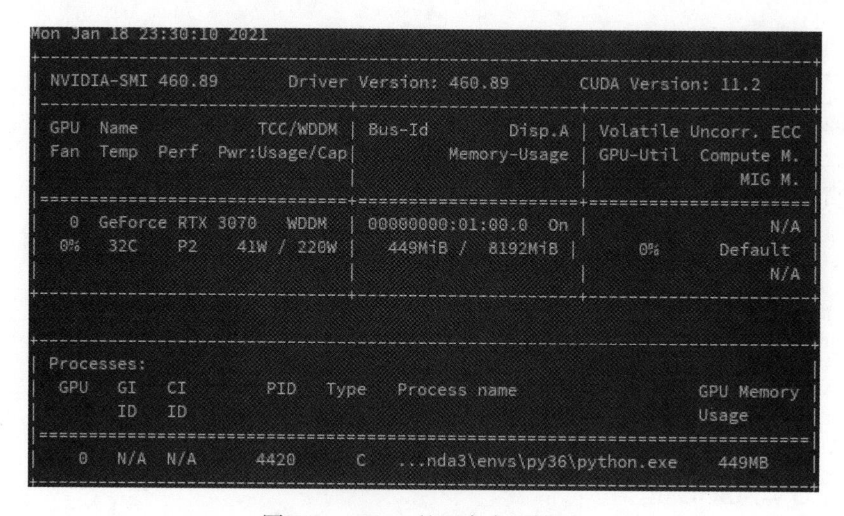

图 3-4　CUDA 的显存占用情况

内存占用情况可以使用下面的指令查询：

```
ps -aux | grep python
```

得到结果：

```
dai       4196  0.4 27.5 24559504 2237744 pts/4 Sl+ 13:13   0:05 python
```

其中第 3 个数字（`27.5`）是内存占用百分比，使用 `free -h` 命令可以看到这台计算机的内存是 7.7GB：

```
              total        used        free      shared  buff/cache   available
Mem:           7.7G        3.4G        2.5G        133M        1.8G        3.9G
Swap:          7.4G          0B        7.4G
```

因此可以计算出，启动 CUDA 程序后 Python 占用了 2.1175GB 的内存。在启动 CUDA 之前的内存也可以通过上述指令查到：

```
dai       8629  2.3  1.7 1359708 141532 pts/4  S+   13:38   0:00 python
```

可见，仅仅是 b.cuda 这一步操作就增加了 1.98GB 的内存消耗。所以进行深度学习的研究除了需要一块支持 CUDA 的 GPU 外，足够的内存也是必不可少的。

将 Tensor 移动到显存之后，如果再想转换成 ndarray，就需要先将 CUDA Tensor 转成普通的 Tensor，方法如下：

```
>>> b = b.cuda()
>>> b.cpu().numpy()
array([[1., 1.],
       [1., 1.]], dtype=float32)
```

3.3.4 PyTorch 实现 K-means

下面是一个参照 NumPy 的方式用 PyTorch 实现的 K-means 聚类算法，其中借鉴了 sklearn 中的 K-means++初始化方法，K-means++初始化方法的思路如下。

(1) 随机选择一个数据点作为初始中心点。

(2) 选择与该点距离较远且未被选中的点作为下一个初始中心点。

(3) 重复前两步，直到找到所有的初始点。

PyTorch 版的 K-means 算法实现代码如下：

```
# Pytorch_kmeans.py
import torch
import numpy as np
import matplotlib.pyplot as plt
from sklearn.datasets import make_blobs
from sklearn.cluster import KMeans

# 选择设备
if torch.cuda.is_available():
    device = torch.device("cuda:0")
else:
    device = torch.device("cpu")

# 随机矩阵
n_clusters = 4
# 生成数据集
data = make_blobs(n_samples=1000, n_features=2, centers=n_clusters)
matrix = torch.from_numpy(data[0]).to(device).float()
```

```
target = data[1]
# 创建 KMEANS 类
class KMEANS:
    def __init__(
        self, n_clusters=n_clusters, max_iter=None, verbose=False, show=True
    ):
        """
        n_clusters: int 聚类中心数量
        max_iter: int 最大迭代次数
        verbose: bool 是否显示聚类进度
        show: bool 是否展示聚类结果
        """
        self.n_clusters = n_clusters
        # 数据点标签
        self.labels = None
        # 数据之间的距离矩阵
        self.dists = None  # shape: [x.shape[0],n_cluster]
        # 聚类中心点
        self.centers = None
        # 两次聚类距离的差值
        self.variation = torch.Tensor([float("Inf")]).to(device)
        self.verbose = verbose
        self.started = False
        self.max_iter = max_iter
        self.count = 0
        self.show = show

    # 训练模型
    def fit(self, x):
        # 从 x 中随机选择 n_clusters 个样本作为初始的聚类中心
        self.plus(x)
        while True:
            # 聚类标记
            self.nearest_center(x)
            # 更新中心点
            self.update_center(x)
            if self.verbose:
                print(self.variation, torch.argmin(self.dists, (0)))
            if torch.abs(self.variation) < 1e-3 and self.max_iter is None:
                break
            elif self.max_iter is not None and self.count == self.max_iter:
                break
            self.count += 1
        if self.show:
            self.show_result(x)

    # 寻找距离各数据点最近的中心点，打上标签
    def nearest_center(self, x):
        labels = torch.empty((x.shape[0],)).long().to(device)
        dists = torch.empty((0, self.n_clusters)).to(device)
        # 计算聚类和最近中心点
        for i, sample in enumerate(x):
            dist = torch.sum(
                torch.mul(sample - self.centers, sample - self.centers), (1)
            )
```

```
            labels[i] = torch.argmin(dist)
            dists = torch.cat([dists, dist.unsqueeze(0)], (0))
        self.labels = labels
        if self.started:
            self.variation = torch.sum(self.dists - dists)
        self.dists = dists
        self.started = True

    # 更新聚类中心
    def update_center(self, x):
        centers = torch.empty((0, x.shape[1])).to(device)
        for i in range(self.n_clusters):
            # 选出当前聚类中的所有点
            mask = self.labels == i
            cluster_samples = x[mask]
            centers = torch.cat(
                [centers, torch.mean(cluster_samples, (0)).unsqueeze(0)], (0)
            )
        self.centers = centers

    # 展示聚类结果
    def show_result(self, x):
        markers = ["o", "s", "v", "p"]
        if x.shape[1] != 2 or len(set(self.labels.numpy())) > 4:
            raise Exception("只能展示二维数据的聚合结果！")
        print("len", len(set(list(self.labels))))
        for i, label in enumerate(set(list(self.labels.numpy()))):
            samples = x[self.labels == label]
            # print([s[0].item() for s in samples])
            plt.scatter(
                [s[0].item() for s in samples],
                [s[1].item() for s in samples],
                marker=markers[i],
            )
        plt.show()

    # K-means++聚类中心初始化
    def plus(self, x):
        num_samples = x.shape[0]
        dim = x.shape[1:]

        # 随机选择一个中心点
        init_row = torch.randint(0, x.shape[0], (1,)).to(device)
        init_points = x[init_row]
        self.centers = init_points

        for i in range(self.n_clusters - 1):
            distances = []
            for row in x:
                # 记录下所有点到当前所有的中心点的最短距离
                distances.append(
                    torch.min(torch.norm(row - self.centers, dim=1))
                )
            # 使用蒙特卡罗算法选取下一个点，距离越长越容易被选择到
            temp = torch.sum(torch.Tensor(distances)) * torch.rand(1)
            for j in range(num_samples):
                temp -= distances[j]
```

```
                if temp < 0:
                    self.centers = torch.cat(
                        [self.centers, x[j].unsqueeze(0)], dim=0
                    )
                    break

if __name__ == "__main__":
    import torch.nn as nn
    import time
    # 计算模型迭代时间
    a = time.time()
    clf = KMEANS(verbose=False)
    clf.fit(matrix)
    b = time.time()
    print("total time:{}s ,speed:{}iter/s".format(b - a, (b - a) / k.count))


    markers = ["o", "s", "v", "p"]

# 不同聚类使用不同的形状绘制
    for i, label in enumerate(set(clf.labels_)):
        samples = matrix.numpy()[clf.labels_ == label]
        plt.scatter(
            [s[0].item() for s in samples],
            [s[1].item() for s in samples],
            marker=markers[i],
        )
    plt.show()
```

上述代码仿照 sklearn 中的接口，使用 PyTorch 构建了一个 `KMEANS` 类，并使用了 K-means++ 初始化策略，使初始的聚类中心之间的距离尽量远，这样能够优化最终模型的拟合效果。建立模型之后，使用这个模型对 `make_blobs` 的生成数据进行聚类，并统计了聚类的单次迭代次数。

聚类结果如图 3-5 所示。

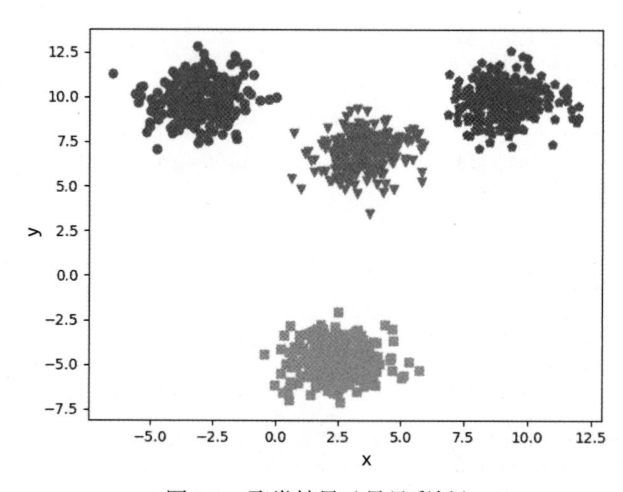

图 3-5　聚类结果（另见彩插）

利用上述代码，可以很轻松地将本来只能在 CPU 上运行的 K-means 算法移植到 GPU 上，显著提升大规模矩阵运算的速度。尝试不断提高矩阵的维度，可以得到 CPU 和 GPU 下运行不同规模 K-means 的速度对比，如图 3-6 所示。

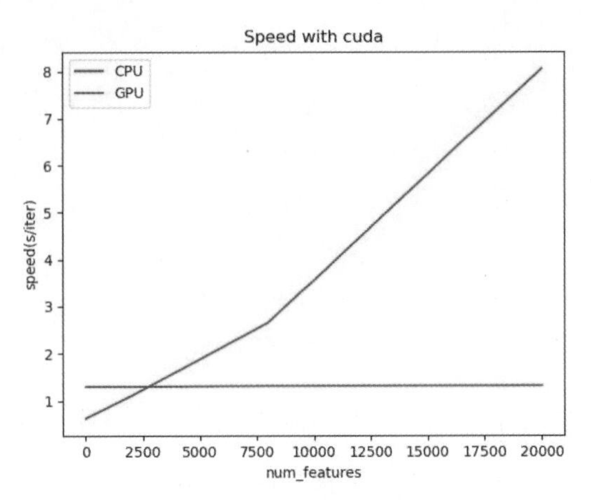

图 3-6 CPU 与 GPU 速度差别（另见彩插）

由图 3-6 可知，因为数据转移（从 CPU 转移到 GPU）的开销，当特征维度小于 2500 时，CPU 在速度上更有优势，而当数据维度超过 2500 后，CPU 的计算时间（每个 iter 消耗的时间）急剧上升，GPU 却没有什么变化。说明 GPU 更适合处理高维数据。

3.4 自动求导

深度学习模型训练的核心就是反向传播，反向传播可以看成微积分链式求导法则的另一种称呼，不同于早期深度学习框架（如 Caffe）需要按层定义反向传播函数，现阶段的三大框架（TensorFlow、PyTorch 和 MXNet）都采取了计算图的设计，提供了自动求导功能。

在 PyTorch 中，每次前向传播都会自动构建一个计算图，里面会包含模型的所有变量之间的运算关系。在进行反向传播时，框架会根据计算图进行梯度的传导。

以如下计算式为例：

$$\begin{cases} y_1 = a \times x_1 + b \\ y_2 = c \times x_2 + d \\ z = y_1 + y_2 \end{cases}$$

框架会根据计算过程搭建出如图 3-7 所示的计算图，其中 x_1、x_2 可以看成模型中的输入数据，而 a、b、c、d 可以看成模型中的参数，y_1、y_2 可以看成模型的中间计算结果，z 是模型输出结果。

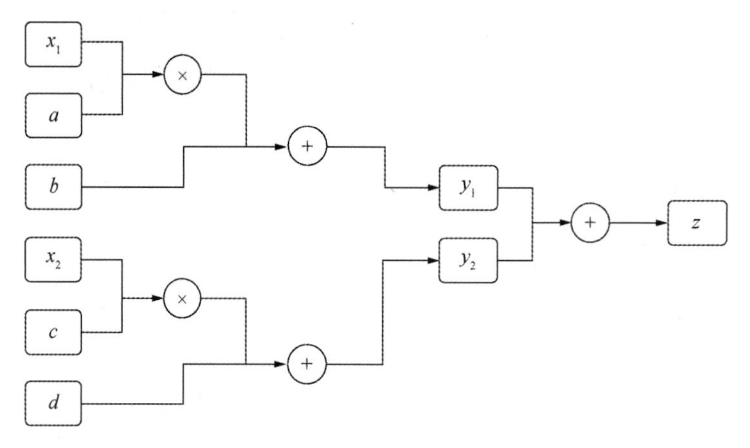

图 3-7 计算图示意

在反向传播过程中，会先将 z 与数据的真实标签进行比对，计算得到损失，然后根据损失计算 z 的梯度 $\frac{\partial \text{loss}}{\partial z}$，再根据计算图去计算参数的梯度，其中 a 的梯度如下：

$$\frac{\partial \text{loss}}{\partial a}=\frac{\partial \text{loss}}{\partial z}\times\frac{\partial z}{\partial y_1}\times\frac{\partial y_1}{\partial a}$$

得到梯度之后，再根据这个梯度，按一定步长更新参数。

在 PyTorch 中，每个 Tensor 都有一个标志：`requires_grad`。对于新创建的 Tensor，默认 `requires_grad = False`，即不计算梯度；对于需要计算梯度的 Tensor，可以将其 `requires_grad` 属性改为 `True` 或者调用 Tensor 的 `requires_grad_`方法。查看 Tensor 是否需要计算梯度的代码如下：

```
>>> t = torch.zeros((2,2),requires_grad=True)
>>> t.requires_grad
True
>>> f = torch.zeros((2,2))
>>> f.requires_grad
False
>>> f.requires_grad_()
tensor([[0., 0.],
        [0., 0.]], requires_grad=True)
```

在对 Tensor 进行计算后，还要对最终结果进行 `backward` 运算。PyTorch 会自动计算并记录计算图中与该结果相关的所有 `requires_grad` 属性为 `True` 的 Tensor 的梯度。使用 `backward` 时需要注意以下 3 点。

- `backward` 只有零维 Tensor（只包含 1 个数字）才可以使用。

- PyTorch的计算图为动态图,每次进行前向传播都会重新构建计算图,所以在计算 backward 后,会自动删除与该 Tensor 相关的计算图。如果需要连续多次计算 backward,可以设置 retain_graph 参数为 True。
- 对于带有梯度的 Tensor,想要转成 NumPy 中的 ndarray,就要先取 Tensor 中的数据,或者利用 detach 方法消除梯度之后才能转换。

下面是使用 PyTorch 进行反向传播以及查看 Tensor 梯度的代码:

```
>>> a = torch.ones((2,2),requires_grad = True)
>>> b = a.pow(2).sum()
>>> b.backward(retain_graph=True)
>>> a.grad
tensor([[2., 2.],
        [2., 2.]])
>>> # 反向传播
>>> b.backward(retain_graph=True)
>>> a.grad
tensor([[4., 4.],
        [4., 4.]])
>>> # 进行第二次反向传播
>>> b.backward()
>>> a.grad
tensor([[6., 6.],
        [6., 6.]])
# 转换成 NumPy
>>> a.data.cpu().numpy()
array([[1., 1.],
       [1., 1.]], dtype=float32)
>>> a.cpu().data.numpy()
array([[1., 1.],
       [1., 1.]], dtype=float32)
>>> # detach()可以用于截断计算图和消除梯度
>>> a.detach().cpu().numpy()
array([[1., 1.],
       [1., 1.]], dtype=float32)
```

在训练模型的过程中,只要降低梯度清零的频率,就可以利用这种多次累计梯度的方式在较小的显存下实现较大的 batchsize。

读者在阅读早期 PyTorch 代码时,可能会看到 Variable 类型的变量。在 PyTorch 0.4 版本以后,Variable 就和 Tensor 合并了,遇到这种代码,只要把 Variable 看成 Tensor 即可。

3.5 数据加载

在训练模型时,我们通常每次输入一定数量的数据给模型,这个数量的设定需要一定的经验,主要需要考虑两方面的因素。

一是计算效率。因为 Python 语言的性能较差，同时 GPU 比 CPU 更适合做并行计算，所以在训练过程中需要尽量采用并行计算，减少串行计算，因此批次（batch）不宜过小，但是如果批次过大，又会导致数据加载缓慢或内存不足等问题。

二是批次数量。合适的批次数量可以使计算出的梯度更符合数据集特征，提高梯度更新方向的准确性，批次数量太小容易导致模型准确率波动，批次数量太大容易导致模型陷入局部最优值。

为了进行并行训练，可以使用 PyTorch 的数据加载模块，它位于 `torch.utils.data` 下，其中包含了最常用的两个数据类：`Dataset` 和 `DataLoader`。

3.5.1 Dataset

PyTorch 中的提供了两种 `Dataset`，一种是 `Dataset`，另一种是 `IterableDataset`（随 PyTorch 1.2.0 推出）。

在加载数据的过程中，需要借助 PyTorch 提供的 `Dataset` 类和 `DataLoader` 类。在构建 `Dataset` 子类的时候，一般来说只需要定义`__init__`、`__get_item__`和`__len__`这 3 个方法，它们的作用分别如下。

- **`__init__`**：初始化类。
- **`__get_item__`**：提取 `Dataset` 中的元素，通常是元组形式，如`(input,target)`。
- **`__len__`**：在对 `Dataset` 取 `len` 时，返回 `Dataset` 中的元素个数。

另外我们需要注意如下几点。

- 最好在 `Dataset` 中区分训练集和验证集。训练集用于训练模型、优化模型参数，验证集用于在训练过程中实时验证训练效果，必要的时候还可以从验证集中再抽出一部分数据作为测试集，用于模型展示。
- 在建立 `Dataset` 的过程中，可以定义数据处理及数据增强方法（`transform`）。数据处理方法一般用于图片格式转化，将图片数据转化为 PyTorch 可用的 Tensor；数据增强操作就是给原始输入数据添加一定的随机扰动，以增强模型的泛化能力。
- 在将标签转为 `id` 的过程中，不要出现随机操作，否则容易出现标签与 `id` 不对应的问题，这是新手很容易犯的错误。
- 尽量不要在`__getitem__`方法中使用会改变 `Dataset` 类的属性的操作，容易造成数据加载过程中的混乱。

另外 `IterableDataset` 是一个迭代器，需要重写`__iter__`方法，通过`__iter__`方法获得下一条数据。

3.5.2 DataLoader

DataLoader 提供了将数据整合成一个个批次的方法，用于进行模型批量运算。DataLoader 中有如下几个需要注意的参数。

- **batch_size**：1 个批次数据中的样本数量。
- **shuffle**：打乱数据，避免模型陷入局部最优的情况，在定义了 sampler 之后，这个参数就无法使用了。
- **sampler**：采样器，如果有特殊的数据整合需求，可以自定义一个 sampler，在 sampler 中返回每个批次的数据下标列表。
- **pin_memory**：将数据传入 CUDA 的 Pinned Memory，方便更快地传入 GPU 中。
- **collate_fn**：进一步处理打包 sampler 筛选出来的一组组数据。
- **num_workers**：采用多进程方式加载，如果 CPU 能力较强，可以选择这种方法。
- **drop_last**：在样本总数不能被批次大小整除的情况下，最后一个批次的样本数量可能会与前面的批次不一致，若模型要求每个批次的样本数量一致，可以将 drop_last 设置为 True。

在训练过程中，建议使用 DataLoader 封装数据，不仅操作方便，还可以通过设置 batch_size 的大小控制每次提取的数据量。一来可以避免将所有数据加入内存，二来通过设置合理的 batch_size，可以加快模型的收敛速度，优化训练效果。

shuffle 参数用于打乱数据顺序，如果在训练过程中按顺序加载数据，那么当某个 batch_size 的数据都属于同一类时（即数据极度不平衡时），不利于模型训练。

下面是建立一个简单 DataLoader 的步骤：

```
>>> from torch.utils.data import Dataset,DataLoader
>>> import numpy as np
>>> class Data(Dataset):
...     def __init__(self):
...         # 创建数据
...         self.x = np.linspace(0,100)
...         self.y = np.linspace(0,100)
...     def __getitem__(self,index):
...         # 通过 index 从 self.x 和 self.y 中取数据
...         x = self.x[index]
...         y = self.y[index]
...         return x,y
...     def __len__(self):
...         return len(self.x)
...
>>> data = Data()
>>> # 可以直接对 Dataset 对象取下标
>>> print("data index 10 : ",data[10])
```

```
>>> dataloader = DataLoader(data,batch_size = 8,shuffle=True)
>>> for x,y in dataloader:
...     print("x",x)
...     print("y",y)
```

上述代码先定义了一个继承自 torch.utils.data.Dataset 的类，然后将其实例化并添加到 DataLoader 中，之后便可以按批次遍历整个数据集了。输出结果为：

```
data index 10 :  (20.408163265306122, 20.408163265306122)
x tensor([ 0.0000, 63.2653,  6.1224, 95.9184, 26.5306, 89.7959, 79.5918, 85.7143],
       dtype=torch.float64)
y tensor([ 0.0000, 63.2653,  6.1224, 95.9184, 26.5306, 89.7959, 79.5918, 85.7143],
       dtype=torch.float64)
x tensor([55.1020, 20.4082, 14.2857, 40.8163, 46.9388, 32.6531, 91.8367, 42.8571],
       dtype=torch.float64)
y tensor([55.1020, 20.4082, 14.2857, 40.8163, 46.9388, 32.6531, 91.8367, 42.8571],
       dtype=torch.float64)
x tensor([65.3061, 67.3469,  2.0408, 34.6939,  8.1633, 28.5714,  4.0816, 36.7347],
       dtype=torch.float64)
y tensor([65.3061, 67.3469,  2.0408, 34.6939,  8.1633, 28.5714,  4.0816, 36.7347],
       dtype=torch.float64)
x tensor([57.1429, 77.5510, 53.0612, 51.0204, 61.2245, 71.4286, 10.2041, 12.2449],
       dtype=torch.float64)
y tensor([57.1429, 77.5510, 53.0612, 51.0204, 61.2245, 71.4286, 10.2041, 12.2449],
       dtype=torch.float64)
x tensor([69.3878, 18.3673, 93.8776, 81.6327, 75.5102, 16.3265, 30.6122, 48.9796],
       dtype=torch.float64)
y tensor([69.3878, 18.3673, 93.8776, 81.6327, 75.5102, 16.3265, 30.6122, 48.9796],
       dtype=torch.float64)
x tensor([100.0000,  87.7551,  38.7755,  44.8980,  97.9592,  22.4490,  73.4694,
         24.4898], dtype=torch.float64)
y tensor([100.0000,  87.7551,  38.7755,  44.8980,  97.9592,  22.4490,  73.4694,
         24.4898], dtype=torch.float64)
x tensor([83.6735, 59.1837], dtype=torch.float64)
y tensor([83.6735, 59.1837], dtype=torch.float64)
```

经过 DataLoader 封装之后，数据变成了多个批次（batch_size 个数据为一组），最后不足 batch_size 个数的两个样本（[83.6735, 59.1837]）单独作为一个批次。

3.6　神经网络工具包

神经网络模型通常会包含多个子模块，我们称之为层。本节将会介绍不同的层在神经网络中发挥的作用，以及如何借助框架来组合网络层，搭建神经网络模型。

torch.nn 模块中包含了与神经网络直接相关的类（继承自 torch.nn.Module 类）和函数。大多数神经网络类会有一个对应的函数，比如 torch.nn.Conv2d 类有一个对应的 torch.nn.functional.conv2d 函数，二者的调用速度差不多，那么使用的时候如何做选择呢？一般来说有如下三大原则。

(1) 如果要使用的功能是带有可学习参数的，比如卷积层，最好是使用 Conv2d 类，并且要在网络的__init__函数中定义，这样 Conv2d 中的参数就会自动被纳入整个网络的参数中去；

(2) 如果是没有可学习参数的功能，比如 ReLU 激活层，两种方式可以任选；

(3) 如果网络中需要对权重进行某种特殊处理，使用 torch.nn.functional 来实现更加方便。

如果使用 torch.nn.functional 中的函数来定义带参数的网络层，需要在__init__方法中用 torch.nn.Parameter 对可学习的权重进行封装，然后再传入函数，这样也能起到类似 torch.nn.Module 的效果。这种方法在自己定义网络层的时候有可能会用到。

3.6.1 Module 模块

nn.Module 是 PyTorch 中所有网络模型的父类，下文中即将介绍的网络层都继承自 nn.Module，如果是自己定义网络模型的话，也需要继承这个类，并且要自己实现 forward 方法，因为 nn.Module 中只是定义了 forward 方法，没有实现它。

定义模型的代码如下：

```
>>> class net(nn.Module):
...     def __init__(self):
...         super(net,self).__init__()
...         self.fc1 = nn.Linear(1,10)
...         self.fc2 = nn.Linear(10,1)
...     def forward(self,x):
...         # 在 forward 中依次进行两个线性层的前向推理
...         x = self.fc1(x)
...         x = self.fc2(x)
...         return x
...
>>> net()
net(
  (fc1): Linear(in_features=1, out_features=10, bias=True)
  (fc2): Linear(in_features=10, out_features=1, bias=True)
)
```

在定义模型时，需要先在子类的__init__方法中初始化父类的__init__方法，从 nn.Module 类的源码中可以看到，其初始化方法会创建几个模型参数，并把模型设置为训练模式：

```
def __init__(self):
self._construct()
self.training = True

def _construct(self):
    # nn.Module 中的构造函数
torch._C._log_api_usage_once("python.nn_module")
self._backend = thnn_backend
self._parameters = OrderedDict()
self._buffers = OrderedDict()
```

```
self._backward_hooks = OrderedDict()
self._forward_hooks = OrderedDict()
self._forward_pre_hooks = OrderedDict()
self._state_dict_hooks = OrderedDict()
self._load_state_dict_pre_hooks = OrderedDict()
self._modules = OrderedDict()
```

如果网络模型中包含 PyTorch 中未定义的模型结构，那么可以使用如下方法构建模型：

```
>>> class net(nn.Module):
...     def __init__(self):
...         super(net,self).__init__()
...         # 将w和b定义为模型参数
...         self.w = nn.Parameter(torch.ones((1,1)))
...         self.b = nn.Parameter(torch.ones((1,1)))
...     def forward(self,x):
...         return self.w * x + self.b
...
>>> 提取网络的参数字典
>>> net().state_dict()
OrderedDict([('w', tensor([[1.]])), ('b', tensor([[1.]]))])
```

PyTorch 中的模型参数为 `OrderedDict` 格式，在进行模型保存和加载的过程中，如果出现不匹配的情况，可以手动修改 `OrderedDict` 的内容。

3.6.2　线性层

线性层也叫全连接层，使用 `nn.Linear` 类实现，其内部是简单的矩阵运算。线性层在神经网络模型中可以充当分类器，既可以放在网络的输出部分，也可以充当维度转换器，比如自然语言处理中的注意力模型就经常利用线性层进行维度转换。

`nn.Linear` 只有两个必须的参数：输入维度和输出维度。需要注意的是，线性层只会改变 Tensor 的最后一个维度：

```
>>> a = torch.rand((3,3,3))
>>> m = torch.nn.Linear(3,10)
>>> b = m(a)
>>> b.shape
torch.Size([3, 3, 10])
```

3.6.3　卷积层

卷积就是使用一个卷积核在图片上进行扫描，每扫描一步就将相应位置的像素与卷积核元素对应相乘并相加。

卷积层使用了 `nn.Conv2d` 类（通常使用二维卷积，在特殊任务中也可能会使用一维卷积或者三维卷积），`nn.Conv2d` 类中经常会使用到的参数如下。

- **in_channels**：输入的特征图的通道数量。
- **out_channels**：输出的特征图的通道数量。
- **kernel_size**：卷积核的尺寸。
- **stride**：卷积核滑动的步长。
- **padding**：在输入卷积图周围补零的数量。

经过卷积运算，图片的尺寸可能会发生变化，尺寸变化公式为：

$$\text{outputsize} = \frac{\text{inputsize} - \text{kernelsize} + 2 \times \text{padding}}{\text{stride}} + 1$$

nn.Conv2d 的调用方法如下：

```
>>> m = torch.nn.Conv2d(3,16,3,1,1)
>>> # 生成 0 和 1 之间的随机数据矩阵
>>> a = torch.rand((1,3,100,100))
>>> # 将 a 输入模型 m 中进行计算
>>> b = m(a)
>>> b.shape
torch.Size([1, 16, 100, 100])
```

nn.Conv2d 只能接受四维的输入数据，4 个维度分别对应着特征图的数量（N）、通道（C）、高（H）和宽（W）。

卷积层相比线性层有一个显著的优势，就是在卷积运算中存在对相邻像素的运算，因此在训练过程中，可以更好地处理相邻像素之间的关系。而线性层中的每个像素之间是相互独立的，显然不符合图像处理的原则。

卷积运算的作用有两个：减少神经网络的运算量和提取特征。卷积网络的特征提取过程与传统人工图片特征提取算法 HOG 有点相似，HOG 使用 block 滑窗提取梯度信息特征，卷积使用卷积核滑窗提取特征，图片中的像素都会被相同的卷积核扫描到，这叫作权值共享。这样操作相比全连接层而言，大大减少了参数量。

卷积层提取特征的效果可以用一个简单的例子来演示，原始图片与卷积后的图片如图 3-8 和图 3-9 所示，相关代码如下：

```
>>> import torch
>>> from torch import nn
>>> from PIL import Image
>>> from torchvision import transforms
>>> img_path = "a.jpg"
>>> img = Image.open(img_path).convert("L")
>>> # 实现 Tensor 与 PILImage 对象之间的互转
... to_tensor = transforms.ToTensor()
```

```
>>> to_img = transforms.ToPILImage()
>>> # 显示图片
... img.show()
>>> # 将图片转为 Tensor
... img = to_tensor(img)
>>> # 增加一个维度，便于卷积运算
... img = torch.unsqueeze(img,0)
>>> # 定义一个 3×3 的卷积核，将 padding 设为 1 是为了保持图片尺寸不变
... c = nn.Conv2d(1,1,kernel_size=3,padding=1)

>>> # 将卷积参数替换成用于边缘检测的 sobel 算子(此处为 y 方向检测算子)
... # weight 需要定义成 torch.nn.Parameter()对象
>>> c.weight = torch.nn.Parameter(torch.Tensor(
...     [[[[-1,0,1],[-2,0,2],[-1,0,1]]]]
... ))
>>>
>>> # 卷积运算
... img = c(img)
>>> # 减少一个维度，便于转回图片
... img = torch.squeeze(img,0)
>>> img = to_img(img)
>>> # 展示卷积后的图片
... img.show()
```

图 3-8　原始图片

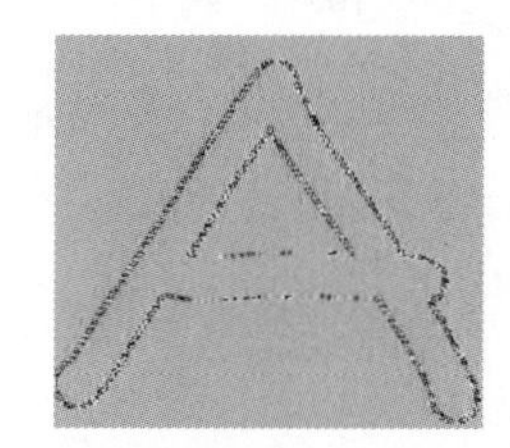

图 3-9　卷积后图片

从图 3-8 和图 3-9 中可以看出，卷积操作提取出了图形的大致边缘轮廓。在训练模型的过程中，模型会不断调整卷积核中的参数，使其能够提取出更多的特征。这种自动优化得到的卷积核相比人工构造的卷积核（如上面的 sobal 算子），往往能够提取更多更复杂的特征。这个特性造就了卷积神经网络的强大性能。

3.6.4　池化层

池化层主要用于特征压缩，以减少运算量，其效果类似于 PIL.Image 对象的 resize 方法，我们可以用一张图片演示一下 Maxpool2d 的作用：

```
>>> img_path = "a.jpg"
>>> m = nn.MaxPool2d(kernel_size=4,stride=4)
>>> img = Image.open(img_path).convert("L")
>>> img.resize((50,50))
>>> img.show()
>>> # 将图片转为 Tensor
```

```
>>> img = to_tensor(img)
>>> # 添加一个维度才能符合模型的输入要求
>>> img = torch.unsqueeze(img,0)
>>> img = m(img)
>>> img = torch.squeeze(img,0)
>>> img = to_img(img)
>>> img.show()
```

原始图片与池化后的图片分别如图 3-10 和图 3-11 所示，通过对比我们可以看出，经池化计算之后，图片的尺寸下降导致清晰度下降，这样可以减少神经网络的运算量。在卷积神经网络的设计中，特征图的尺寸逐渐缩小的同时，特征图的通道数量会逐渐增大，特征图的总信息量仍在增大，并不会因尺寸缩小而造成信息损失。

图 3-10 原始图片

图 3-11 池化后的图片

3.6.5 BatchNorm 层

BatchNorm 的设计初衷是解决深度神经网络计算过程中数据分布变化的问题。尤其是经过类似 ReLU 这样的激活函数计算之后，数据分布会发生很大的变化，而每一层的输出数据分布都不同，这会给训练带来很大的困难，并且输出值的尺度变化过大也会对训练产生影响（参考回归问题中的归一化）。因此引入了 BatchNorm 进行批量归一化，并且加入了可学习的参数，尽可能保留数据的特征。

BatchNorm 通常作用于特征图，不改变特征图的形状，且只有一个需要设定的参数，即 `num_features`，它对应着特征图（N, C, H, W）中的通道 C，使用方法如下：

```
>>> m = torch.nn.BatchNorm2d(16)
>>> a = torch.rand((1,16,100,100))
>>> b = m(a)
>>> b.shape
torch.Size([1, 16, 100, 100])
```

3.6.6 激活层

激活函数通常是非线性函数，在神经网络中添加激活函数是为了让神经网络具备学习非线性关系的能力。如果没有激活层，无论网络迭代多少层，都只能表示线性关系。

在一个两层的全连接网络中如果没有激活函数，网络的计算过程可以表述成：

$$z_k = b_k + \sum_i y_j w_j = b_k + \sum_j (b_j + \sum_i x_i w_i) w_j = b_k + \sum_j b_j + \sum_j \sum_j x_i w_i w_j$$

这显然还是一个线性方程的形式，与一层的全连接层并无太大差异，表达能力十分有限。一个经典的例子就是没有激活函数的全连接网络模型无法拟合异或关系，只有添加了非线性激活函数之后才能解决复杂的问题。

常用的激活函数有如下几种，我们可以根据公式轻松地绘制出函数图像。

1. Sigmoid 函数

Sigmoid 函数的公式为：

$$S(x) = \frac{1}{1 + \mathrm{e}^{-x}}$$

其函数图像可以通过如下代码绘制，绘制出的图像如图 3-12 所示：

```
>>> import matplotlib.pyplot as plt
>>> import numpy as np
>>> y = 1 / (1+np.exp(-x))
>>> plt.plot(x,y)
[<matplotlib.lines.Line2D object at 0x000000000DEA9908>]
>>> plt.show()
```

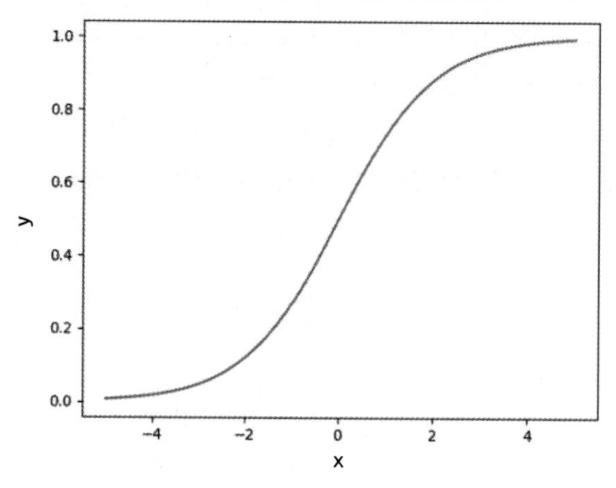

图 3-12　Sigmoid 函数图像

Sigmoid 函数也叫 Logistics 函数，输出值在(0, 1)范围内，能将任意实数映射到(0, 1)，可以作为二分类问题最终输出层的激活函数。Sigmoid 函数的缺点是在输入数值较大的情况下，梯度会变得很小，导致模型收敛缓慢，甚至可能出现梯度弥散问题，无法收敛。

2. Tanh 函数

Tanh 函数的公式为：

$$f(x)=\frac{e^{x}-e^{-x}}{e^{x}+e^{-x}}$$

其函数图像可以通过如下代码绘制，绘制出的图像如图 3-13 所示：

```
>>> y = (np.exp(x) - np.exp(-x)) / (np.exp(x) + np.exp(-x))
>>> plt.plot(x,y)
[<matplotlib.lines.Line2D object at 0x0000000009D919E8>]
>>> plt.show()
```

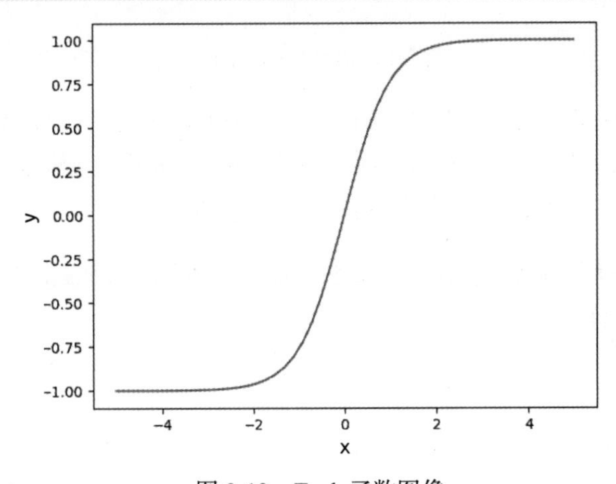

图 3-13 Tanh 函数图像

Tanh 函数图像也称为双曲正切曲线，与 Sigmoid 函数相比，虽然它也存在梯度弥散问题，但是因为 Tanh 函数图像是关于原点对称的，所以在实际应用中，Tanh 函数要比 Sigmoid 函数更好。

3. ReLU 函数

ReLU 函数的公式为：

$$f(x)=\max(0, x)$$

其函数图像可以通过如下代码绘制，图像如图 3-14 所示：

```
>>> y = [max(0,item) for item in x]
>>> plt.plot(x,y)
[<matplotlib.lines.Line2D object at 0x000000000A0A7278>]
>>> plt.show()
```

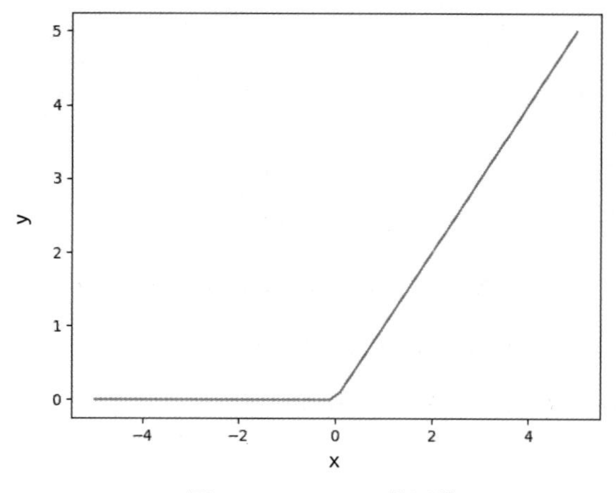

图 3-14　ReLU 函数图像

ReLU 是一个分段函数，又称线性整流函数，x=0 右侧是一个正比例函数，x=0 左侧是一个常值函数。在 ReLU 函数图像中，所有正数对应的梯度都相等，不会遇到类似 Sigmoid 和 Tanh 的困难，所以在训练的时候模型收敛速度会快很多。

ReLU 函数的缺点就是训练过程中网络会变得稀疏，部分网络结点的梯度可能一直是 0，永远不会更新，这种结点称为死亡结点。

4. LeakyReLU

为了避免出现死亡结点，LeakyReLU 函数给所有的负数赋予了一个非零斜率，其公式为：

$$y=\begin{cases} x_i,\ x_i \geqslant 0 \\ \dfrac{x_i}{a_i},\ x_i < 0 \end{cases}$$

LeakyReLU 的函数图像可以通过如下代码绘制，图像如图 3-15 所示：

```
>>> def f(x):
...     if x >= 0:
...         return x
...     else:
...         return x / 5
...
>>> y = [f(item) for item in x]
>>> plt.plot(x,y)
[<matplotlib.lines.Line2D object at 0x000000000E472780>]
>>> plt.show()
```

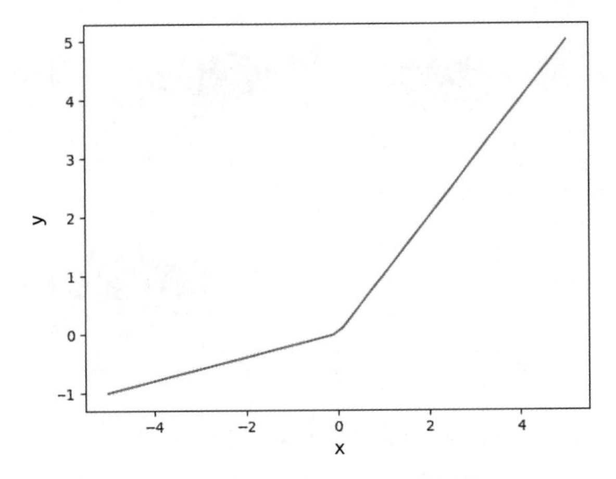

图 3-15 LeakyReLU 函数图像

5. Softmax 函数

Softmax 函数的公式是：

$$f(x)=\frac{\mathrm{e}^{x_j}}{\sum_{i=1}^{N}\mathrm{e}^{x_i}}$$

Softmax 函数适用于输出多分类神经网络，将网络输出结点的值映射成结点的概率值（所有结点值的总和映射成 1）。下面将通过一个简单的例子来演示一下激活层的作用（此例使用 Jupyter Notebook 编写）。

首先通过 sklearn 中的 `make_blobs` 函数创建一个简单的数据集：

```
In:
from sklearn.datasets import make_blobs
import matplotlib.pyplot as plt
%matplotlib inline
# 生成数据
x,y = make_blobs(n_samples=500, centers=4, n_features=2,cluster_std = 1.2,random_state = 10)
# 不同聚类采用不同的颜色和标记符号
markers = ['o','v','x','.']
colors = ['r','g','y','b']
for i,label in enumerate(y):
    plt.scatter(x[i,0],x[i,1],marker=markers[label],color =colors[label])
```

得到的数据集如图 3-16 所示。

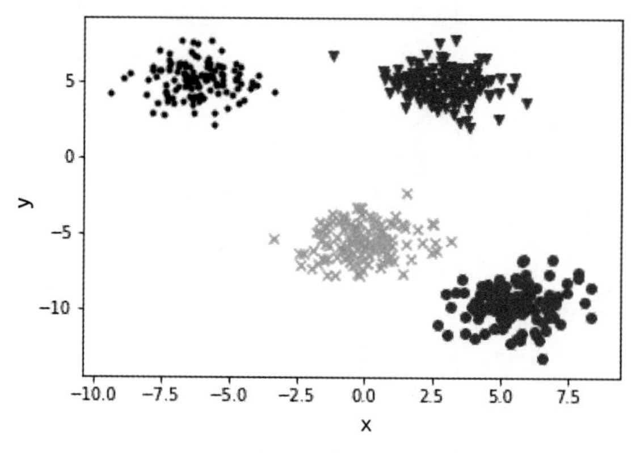

图 3-16　生成的数据集（另见彩插）

为了提高模型拟合的难度，这里可以将 4 个数据集合并成两个：

```
In:
y[y == 3] = 0
y[y == 2] = 1
for i,label in enumerate(y):
    plt.scatter(x[i,0],x[i,1],marker=markers[label],color = colors[label])
```

这样合并之后的两个数据集形成了如图 3-17 所示的关系。

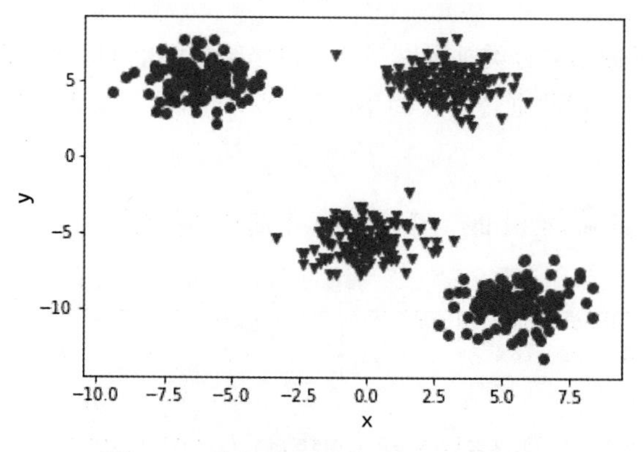

图 3-17　数据集合并结果（另见彩插）

接下来，建立一个包含两个全连接层的模型来学习这个数据集，代码如下：

```
In:
from torch import nn

# 搭建一个带有两个线性层和一个激活层的网络模型
class net(nn.Module):
    def __init__(self,sig = True):
        # sig: 是否包含 Sigmoid 激活层
        super(net,self).__init__()
```

```
        self.fc1 = nn.Linear(2,10)
        self.sig = sig
        if self.sig:
            self.act = nn.Sigmoid()
        self.fc2 = nn.Linear(10,2)
    def forward(self,x):
        if self.sig:
            return self.fc2(self.act(self.fc1(x)))
        else:
            return self.fc2(self.fc1(x))
import torch
data = torch.from_numpy(x).float()
model = net(sig=True)
losses = []
criteron = nn.CrossEntropyLoss()
optimizer = torch.optim.SGD(model.parameters(),lr = 0.1)
y = torch.from_numpy(y).long()
# 训练 1000 次
for i in range(1000):
    out = model(data)
    # 清空梯度
    optimizer.zero_grad()
    # 计算损失
    loss = criteron(out,y)
    # 反向传播
    loss.backward()
    # 更新参数
    optimizer.step()
    if i % 100 == 0:
        losses.append(loss.item())
label = torch.argmax(out,dim = 1)
plt.plot(losses)
```

没有激活层的全连接网络模型和有激活层的全连接网络模型训练过程中的损失变化曲线分别如图 3-18 和图 3-19 所示。

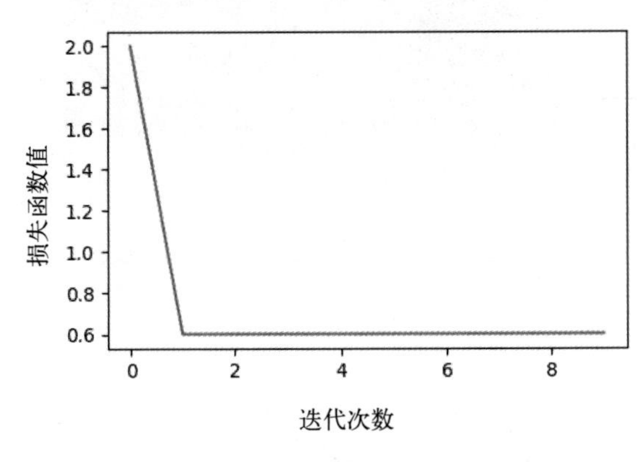

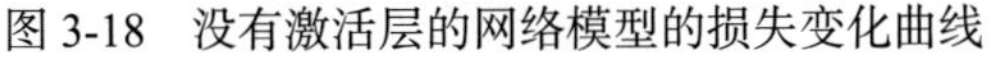
图 3-18 没有激活层的网络模型的损失变化曲线

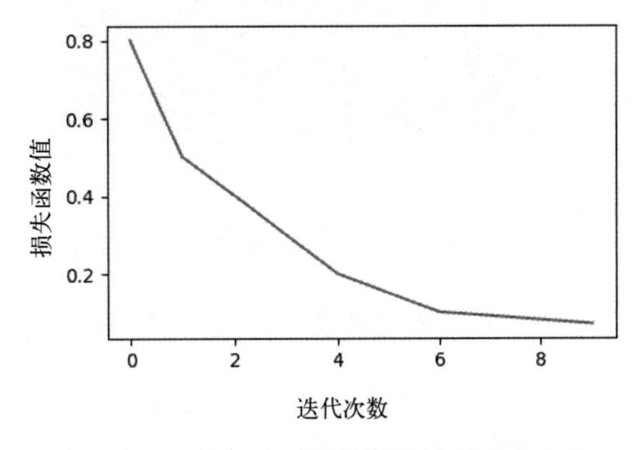

图 3-19 有激活层的网络模型的损失变化曲线

没有激活层的模型最终的损失远高于有激活层的模型，可见没有激活层的模型并不具备拟合该数据集的能力。

为了更细致地比较两种模型的差异，可以绘制出模型的分类界面，绘制分类界面的代码如下：

```
In:
import numpy as np
data = np.zeros((10000,2))
cnt = 0
scale = 1
# 创建密集点阵
for i,m in enumerate(np.linspace(-15*scale,10*scale,100)):
    for j,n in enumerate(np.linspace(-10*scale,10*scale,100)):
        data[cnt,:] = [n,m]
        cnt += 1
data = torch.from_numpy(data).float()
out = model(data)
label = torch.argmax(out,dim = 1)
# 根据模型计算结果，将密集点阵中的点绘制成不同的颜色
for i,l in enumerate(label.data.numpy()):
    plt.scatter(data[i,0],data[i,1],marker=markers[l],color = colors[l])
```

得到的两个模型的分类界面如图 3-20 和图 3-21 所示。我们可以看到，没有激活层的神经网络的分类界面总是直线，难以拟合复杂的数据，添加了非线性激活函数之后，模型的分类界面变成了曲线，从而获得了拟合复杂数据的能力。

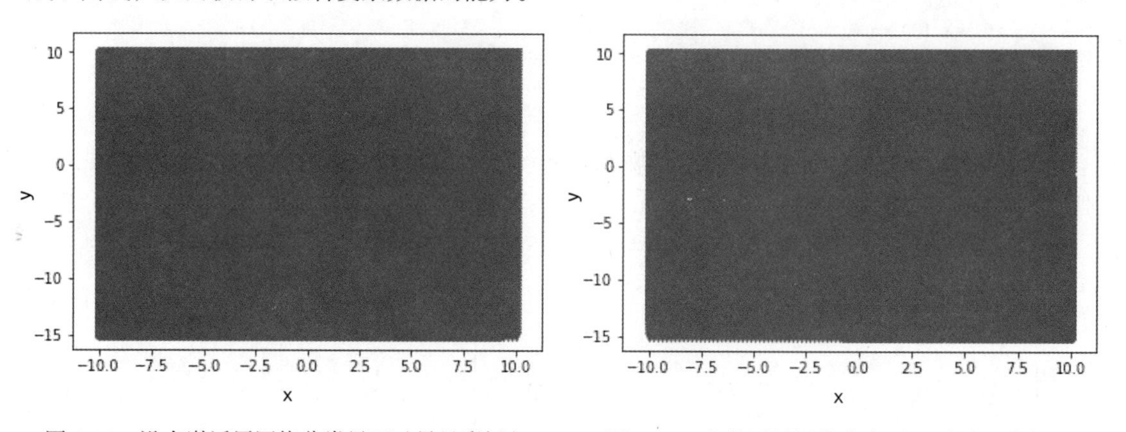

图 3-20　没有激活层网络分类界面（另见彩插）　　图 3-21　有激活层网络分类界面（另见彩插）

3.6.7　神经网络各层输出的可视化

可能读者对上面介绍的神经网络的功能还有些疑惑，为了加深大家对神经网络各层作用的理解，我们使用在 ImageNet 上进行预训练的模型进行一次推理，从中抽出一些特征图（也就是中间的计算结果）进行可视化。

下面选择经过预训练的 ResNet-18 的前几层（刚好包括了 Conv、BatchNorm、ReLU 和 Max Pooling 4 种操作）的输出特征进行可视化展示，为了有更好的可视化效果，这里仅提取前 4 个通道：

```
>>> from torchvision.models import resnet18
>>> from torchvision import transforms
>>> from PIL import Image
>>> import matplotlib.pyplot as plt
>>> totensor = transforms.ToTensor()
>>> toimg = transforms.ToPILImage()
>>> net = resnet18(pretrained=True)
>>> img = Image.open("/data/super_resolution/bf.jpg")
>>> img_tensor = totensor(img).unsqueeze(0)
>>> img.show()
```

原始图片是一张蝴蝶的图片，如图 3-22 所示。

图 3-22　蝴蝶图片

先计算 ResNet-18 的第一层卷积：

```
>>> f1 = net.conv1(img_tensor)
>>> plt.figure(figsize=(10,10))
>>> for p in range(4):
...     f1_img_tensor = f1[0,p,:,:]
...     f1_img = toimg(f1_img_tensor)
>>>     plt.subplot(220 + p + 1)
>>>     plt.imshow(f1_img)
>>> plt.show()
```

第一层卷积结果如图 3-23 所示，4 个特征图的计算结果差别很大，除了左下角的特征图，其他 3 个结果很好地保留了蝴蝶的形状特征。至于为何左下角的特征图会出现这种情况，读者看过后面神经网络剪枝的内容之后，就会有所了解。

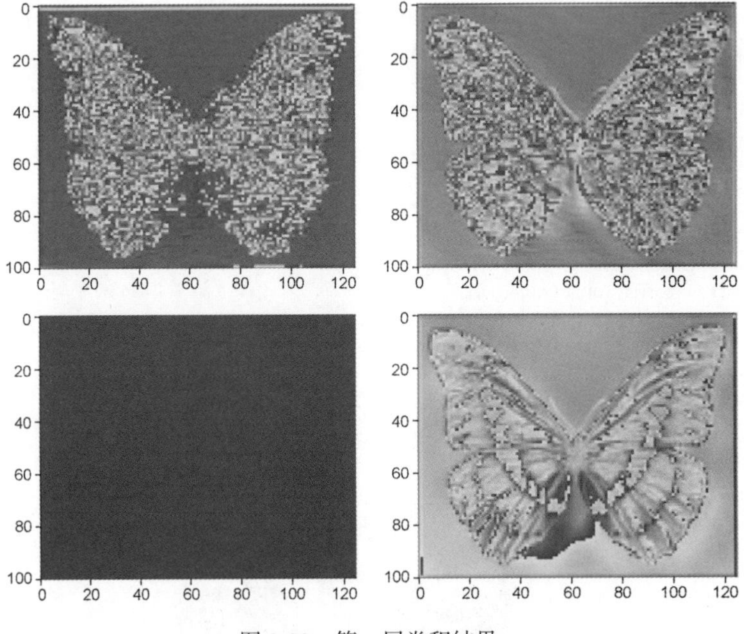

图 3-23　第一层卷积结果

然后计算 BatchNorm：

```
>>> f2 = net.bn1(f1)
>>> plt.figure(figsize=(10,10))
>>> for p in range(4):
...     f2_img_tensor = f2[0,p,:,:]
...     f2_img = toimg(f2_img_tensor)
...     plt.subplot(220 + p + 1)
...     plt.imshow(f2_img)
>>> plt.show()
```

计算结果如图 3-24 所示，经过 BatchNorm 后，特征图的色差变小了，也就是特征图中的数据尺度被压缩了。

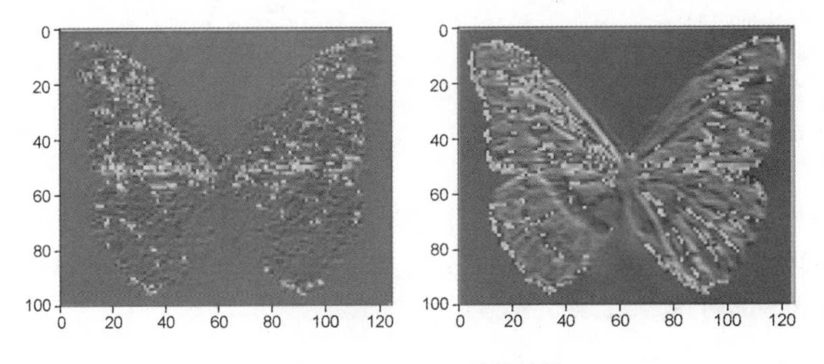

图 3-24　BatchNorm 计算结果

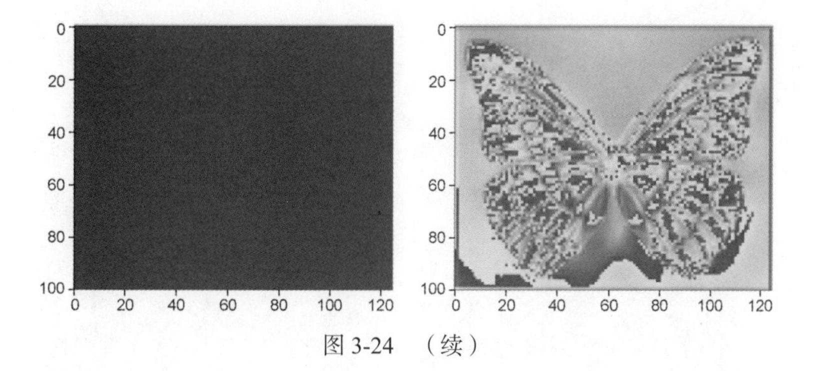

图 3-24 （续）

接着计算 ReLU：

```
>>> f3 = net.relu(f2)
>>> plt.figure(figsize=(10,10))
>>> for p in range(4):
...     f3_img_tensor = f3[0,p,:,:]
...     f3_img = toimg(f3_img_tensor)
...     plt.subplot(220 + p + 1)
...     plt.imshow(f3_img)
>>> plt.show()
```

计算结果如图 3-25 所示。经过 ReLU 计算之后，很多像素变成了 0（黑色），特别是右下角的图片。

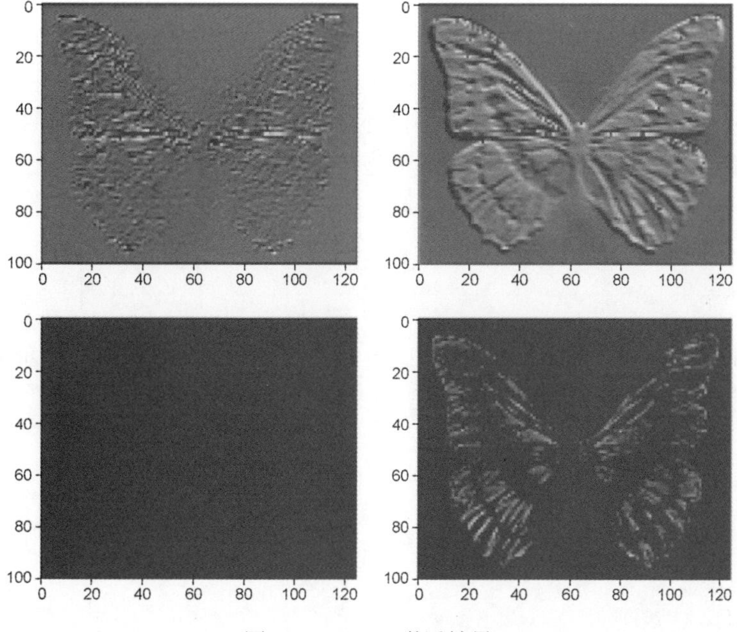

图 3-25 ReLU 激活结果

最后池化层的计算结果如图 3-26 所示，图片的尺寸被压缩（从坐标轴刻度可以看出），清晰度也明显下降。

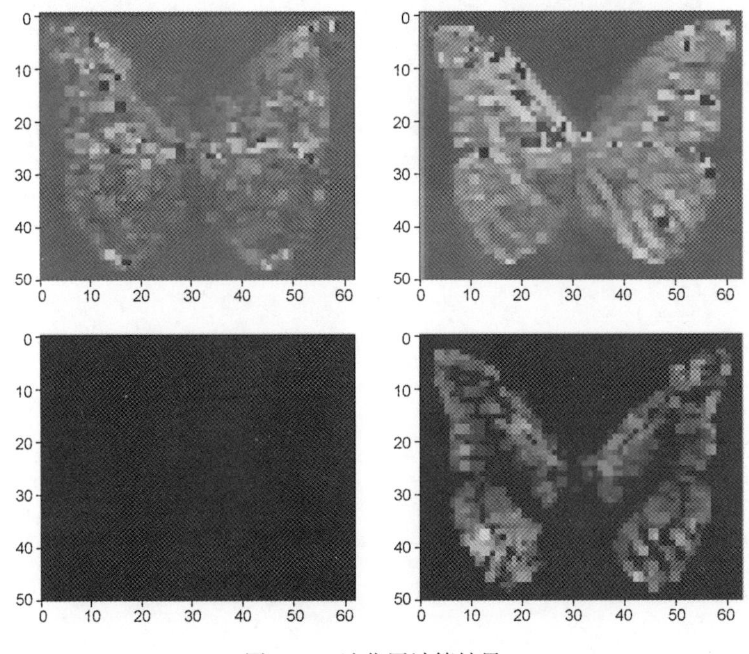

图 3-26　池化层计算结果

3.6.8　循环神经网络

线性层搭配卷积层已经能很好地解决图像处理问题，但是在自然语言处理和时间序列预测方面，其效果却不如人意。有一个重要的原因就是线性层和卷积层的每一个输出都是相互独立的，也就是下一个输出不会受到上一个输出的影响，这显然不符合序列数据的特性。而循环神经网络（recurrent neural network，RNN）通过循环输入的方式，可以在两次输出之间建立联系，形成上下文通顺的预测结果。

PyTorch 的 nn 模块中提供了 RNN、GRU、LSTM 等模块，其中 RNN 的输入是 input 和 hidden，定义时需要先指定 input_size 和 hidden_size。定义并调用 RNN 的代码如下：

```
>>> rnn = torch.nn.RNN(10,20)
>>> x = torch.randn((2,2,10))
>>> output,hidden = rnn(x)
>>> output.shape
torch.Size([2, 2, 20])
>>> hidden.shape
torch.Size([1, 2, 20])
```

输入的 Tensor 形状默认是(seq_len, batch_size, input_size)；初始的 hidden 形状是(num_layers * num_directions, batch, hidden_size)，也可以将其设置为 None；输出的 output 形状是(seq_len, batch, num_directions * hidden_size)；输出的 hidden 形状是(num_layers * num_directions, batch, hidden_size)。其中：

- seq_len 是序列长度；
- batch_size 是批次数量；
- input_size 是输入 Tensor 的维度；
- hidden_size 是隐藏层维度；
- num_layers 是 RNN 层数；
- num_directions 是 RNN 方向数量（正向、反向）。

GRU 的输入输出与 RNN 一致，不同的是 GRU 内部添加了控制门，可以保存更长的时间序列信息。

LSTM 的输入输出格式如下。

- 输入数据格式
  - input(seq_len, batch, input_size)
  - h0(num_layers * num_directions, batch, hidden_size)
  - c0(num_layers * num_directions, batch, hidden_size)

  其中 h0 和 c0 不是必须参数。
- 输出数据格式
  - output(seq_len, batch, hidden_size * num_directions)
  - hn(num_layers * num_directions, batch, hidden_size)
  - cn(num_layers * num_directions, batch, hidden_size)

与 RNN 和 GRU 不同，LSTM 需要额外输入和输出一个记忆元 c，其调用方法如下：

```
>>> lstm = torch.nn.LSTM(10,20)
>>> x = torch.randn((2,2,10))
>>> output,(hn,cn) = lstm(x)
>>> output.shape
torch.Size([2, 2, 20])
>>> hn.shape
torch.Size([1, 2, 20])
>>> cn.shape
torch.Size([1, 2, 20])
```

3.6.9 Sequential 和 ModuleList

近些年来，深度学习模型的层数越来越多，如果每次定义模型都要一层一层地写 `forward`，那就太麻烦了，而且还容易出错。为了解决这个问题，PyTorch 提供了 Sequential 和 ModuleList 来处理网络模型中的重复单元。

比如我要使用 Sequential 定义一个 10 层的全连接网络，可以使用以下代码实现：

```
>>> model = nn.Sequential(
...     nn.Linear(10,10),
...     nn.Linear(10,10),
...     nn.Linear(10,10),
...     nn.Linear(10,10),
...     nn.Linear(10,10),
...     nn.Linear(10,10),
...     nn.Linear(10,10),
...     nn.Linear(10,10),
...     nn.Linear(10,10),
...     nn.Linear(10,10),
... )
>>> model
Sequential(
  (0): Linear(in_features=10, out_features=10, bias=True)
  (1): Linear(in_features=10, out_features=10, bias=True)
  (2): Linear(in_features=10, out_features=10, bias=True)
  (3): Linear(in_features=10, out_features=10, bias=True)
  (4): Linear(in_features=10, out_features=10, bias=True)
  (5): Linear(in_features=10, out_features=10, bias=True)
  (6): Linear(in_features=10, out_features=10, bias=True)
  (7): Linear(in_features=10, out_features=10, bias=True)
  (8): Linear(in_features=10, out_features=10, bias=True)
  (9): Linear(in_features=10, out_features=10, bias=True)
)
```

也可以直接向 Sequential 提供一个 `OrderedDict`：

```
>>> model = nn.Sequential(OrderedDict([
...         ('linear{}'.format(i + 1), nn.Linear(10,10)) for i in range(10)
...     ]))
>>> model
Sequential(
  (linear1): Linear(in_features=10, out_features=10, bias=True)
  (linear2): Linear(in_features=10, out_features=10, bias=True)
  (linear3): Linear(in_features=10, out_features=10, bias=True)
  (linear4): Linear(in_features=10, out_features=10, bias=True)
  (linear5): Linear(in_features=10, out_features=10, bias=True)
  (linear6): Linear(in_features=10, out_features=10, bias=True)
  (linear7): Linear(in_features=10, out_features=10, bias=True)
  (linear8): Linear(in_features=10, out_features=10, bias=True)
  (linear9): Linear(in_features=10, out_features=10, bias=True)
  (linear10): Linear(in_features=10, out_features=10, bias=True)
)
```

ModuleList 的构建方法更加方便，可以直接传入一个 list：

```
model = nn.ModuleList([nn.Linear(10, 10) for i in range(10)])
```

ModuleList 和 Sequential 最大的不同就是，Sequential 得到的是一个模型，可以直接进行 forward 计算；但是 ModuleList 返回的不是一个模型，不能直接调用 forward，通常会将其放在模型中作为一个子模块使用，要进行 forward 计算的话，需要遍历 ModuleList，逐层计算。

与 ModuleList 类似的还有 ModuleDict，可以通过如下方式初始化：

```
model = nn.ModuleDict({'linear{}'.format(i + 1): nn.Linear(10,10) for i in range(10)})
>>> model
ModuleDict(
  (linear1): Linear(in_features=10, out_features=10, bias=True)
  (linear10): Linear(in_features=10, out_features=10, bias=True)
  (linear2): Linear(in_features=10, out_features=10, bias=True)
  (linear3): Linear(in_features=10, out_features=10, bias=True)
  (linear4): Linear(in_features=10, out_features=10, bias=True)
  (linear5): Linear(in_features=10, out_features=10, bias=True)
  (linear6): Linear(in_features=10, out_features=10, bias=True)
  (linear7): Linear(in_features=10, out_features=10, bias=True)
  (linear8): Linear(in_features=10, out_features=10, bias=True)
  (linear9): Linear(in_features=10, out_features=10, bias=True)
)
```

但是要注意 ModuleDict 和字典一样，是无序的，比如上面代码中输出的 linear10 放在了 linear2 的前面。

3.6.10 损失函数

损失函数是描述模型预测值和真实值之间不一致程度的函数，PyTorch 提供了很多损失函数，损失函数的接受参数一般为(predict_label, true_label)形式。神经网络的优化目标就是使损失函数越来越小，其中常用的主要是回归损失函数和分类损失函数，一些更复杂任务的损失函数可以通过修改或组合上述两类损失函数得到。

❑ 回归损失函数

- **L1Loss**：就是 sklearn 中的 MAE（绝对平均误差），不过 L1Loss 可以选择 sum 模式，就变成了绝对误差和了。
- **MSELoss**：对应 sklearn 中的 MSE（均方误差），与 L1Loss 一样，也有 mean 和 sum 两种模式。

❑ 分类损失函数

- **CrossEntropyLoss**：交叉熵损失函数，接受的 predict_labe 为 N×C×D1×D2……形式，true_label 为 N×D1×D2……形式，其中 N 为 batchsize，C 为分类的类别数。

为什么分类问题不直接使用 MSELoss 或者 L1Loss 作为损失函数呢？这点要从交叉熵的公式来分析，交叉熵的公式是：

$$L=-\left[\sum_{i=1}^{N} y_i \log(\hat{y}_i)+(1-y_i)\log(1-\hat{y}_i)\right]$$

换成二分类中的单样本形式就是：

$$L=-\left[y\log(\hat{y}_i)+(1-y)\log(1-\hat{y})\right]$$

对于标签为 0 的样本，其损失函数变成：

$$L=-\log(1-\hat{y})$$

其图像如图 3-27 所示。

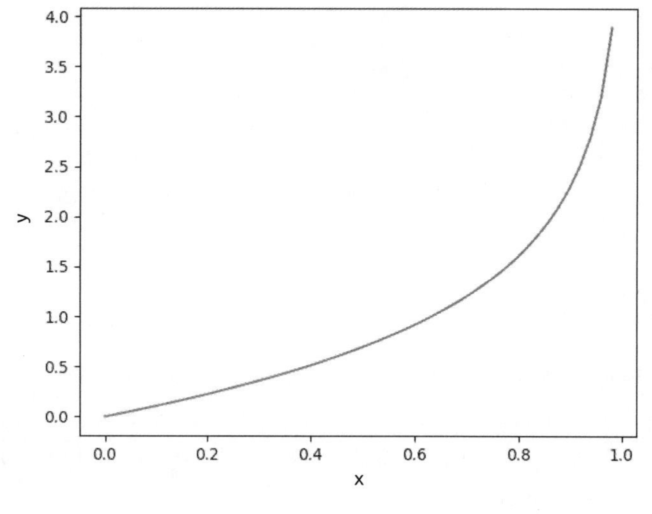

图 3-27　交叉熵图像 y=0

显然，当预测值接近于 1 的时候，梯度最大，也就是损失值越大的时候梯度越大。同样地，当标签为 1 时，其损失函数变成：

$$L=-\log(\hat{y})$$

图像如图 3-28 所示，同样具备损失越大，梯度越大的特征。

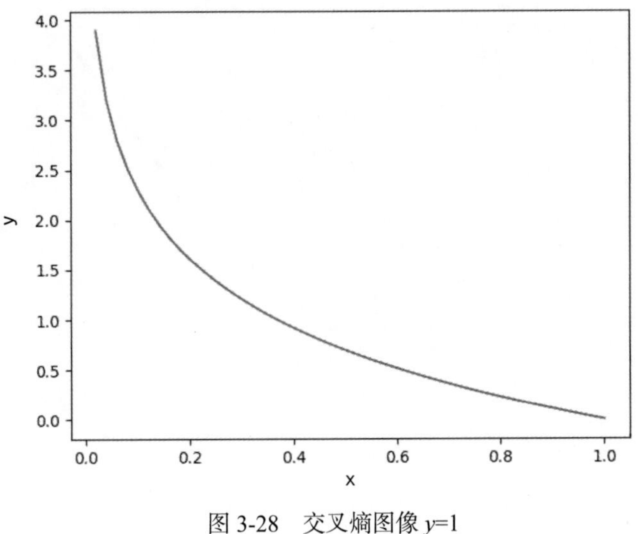

图 3-28 交叉熵图像 y=1

这个特征对于损失函数来说是一种非常优秀的特征，可以极大地加速训练初期模型的收敛速度。

反观 MSE，标签为 1 时的损失函数如图 3-29 所示。

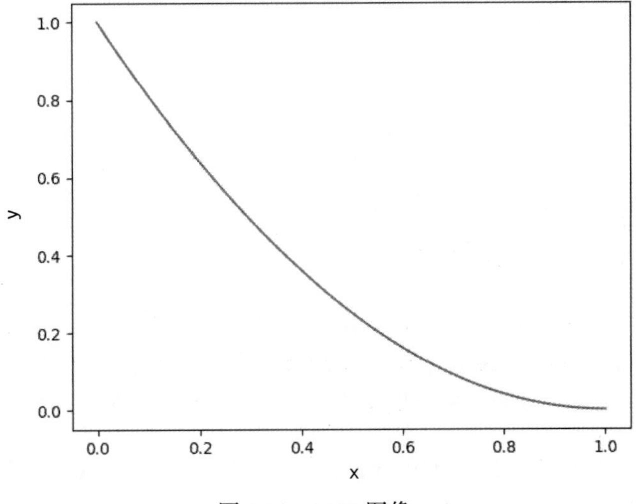

图 3-29 MSE 图像 y=1

标签为 0 时的损失函数如图 3-30 所示。

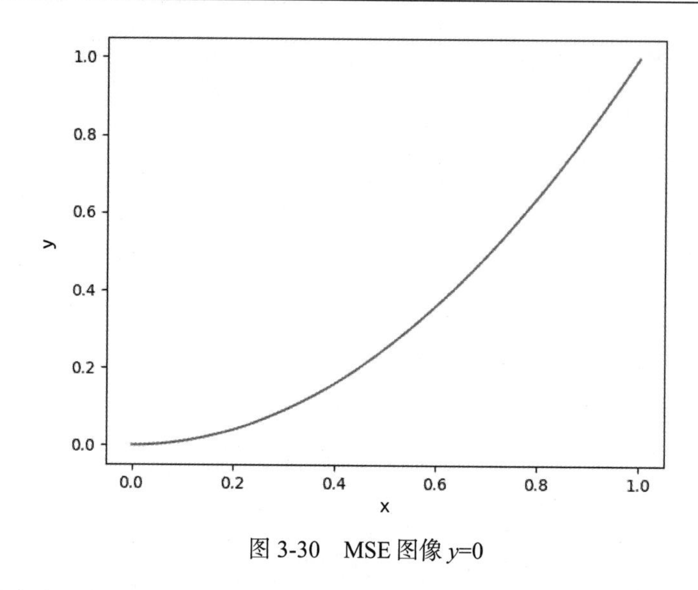

图 3-30 MSE 图像 y=0

虽然也有类似交叉熵的损失越大，梯度越大的属性，但是图像远不如交叉熵陡峭，如果再配上 Sigmoid 这种在值越大梯度约平缓的激活函数，那么这种趋势就基本被抵消了，训练的难度就会增加。

3.7 模型优化器 optim

optim 包含了众多模型优化器，常用的有 SGD、Momentum、Adadelta、RMSprop、Adam 等。这些优化器的作用是在得到模型中的参数梯度之后，根据各自的规则来更新模型参数。

3.7.1 optim 用法

调用优化器时，常用的方法只有两个。

- **`optimizer.zero_grad`**：用于清空 `optimizer` 包含的参数的梯度，如果包含的是整个模型的参数，也可以使用 `model.zero_grad` 来实现清空梯度的功能。
- **`optimizer.step`**：更新参数，即根据梯度和学习率计算更新值，然后修改模型参数。

比较常用的优化器有 SGD（带有 momentum 参数的）、Adam、Adelta，等等，具体选择哪个优化器可以根据模型与数据的实际情况而定。

3.7.2 优化器的选择

为什么有了随机梯度下降法之后，还出现了这么多的优化器呢？这要从随机梯度下降法遇到的困难说起。

读者最熟悉的优化方法可能是随机梯度下降法（SGD），随机梯度下降算法的公式为：

$$w = w - \mathrm{lr} \times \mathbf{grad}$$

这种方法比较容易陷入局部最优点或者鞍点，因为一旦梯度变成了 0，模型就无法继续优化了。因此随着深度学习的模型越来越复杂、数据量越来越大，出现了各式各样的优化方法。比如 Momentum 算法在梯度下降的基础上加入了一个动量，使得梯度为零的时候，模型参数仍然能进行小步幅的更新。

为了比较这两种算法的区别，可以自己构建一个带有局部最优点的损失函数，如图 3-31 所示：

```
>>> x = np.linspace(-10,10,100)
>>> y = x ** 2 + 15 * np.sin(x)
>>> plt.plot(x,y)
[<matplotlib.lines.Line2D object at 0x7f27f8347ba8>]
>>> plt.show()
```

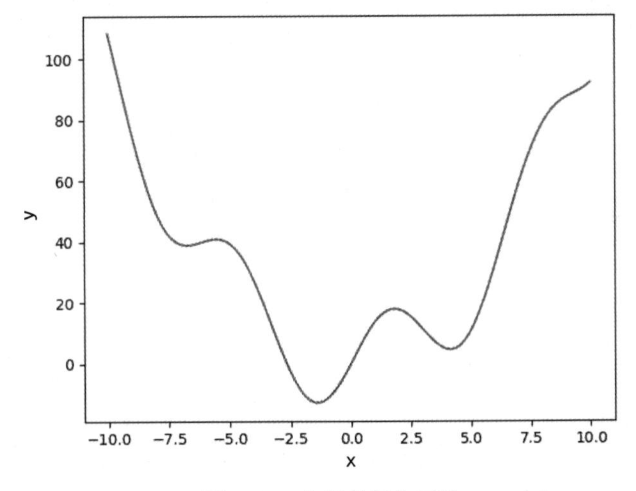

图 3-31 自定义损失函数

自定义损失函数的公式为 $y=x^2+15\times\sin(x)$，在 $w=-7$ 和 $w=4$ 附近有两个局部最优点。为了更好地展示 w 在整个曲线上的优化过程，可以先尝试从右边开始优化，将 w 的初始值设置为 10，使用 SGD 优化器进行优化，记录下 w 的更新过程，并绘制出 w 的变化图像，参数更新代码如下：

```
>>> w = torch.Tensor([10])
>>> w.requires_grad = True
>>> # 将 w 加入 SGD 优化器中，注意优化器只能接受可迭代对象，所以这里把 w 加入了列表
>>> optimizer = optim.SGD([w],lr = 0.01)
>>> def loss(x):
...     return x ** 2 + 15 * torch.sin(x)
...
>>> # 用于记录 w 的参数更新记录，统计带梯度的 Tensor 时，需要取 item
>>> update_log = []
```

```
>>> for i in range(100):
...     optimizer.zero_grad()
...     l = loss(w)
...     l.backward()
...     optimizer.step()
...     update_log.append(w.item())
...
>>> plt.plot(update_log)
[<matplotlib.lines.Line2D object at 0x7f27f8c23cc0>]
>>> plt.show()
```

上述代码将参数 w 加入优化器，并使用 w 来计算损失函数的值 l，再对 l 进行 backward 计算，得到 w 的梯度，最后优化器会根据 w 的梯度来更新 w 的值。如此循环 100 遍，w 在每一步的更新轨迹如图 3-32 所示。

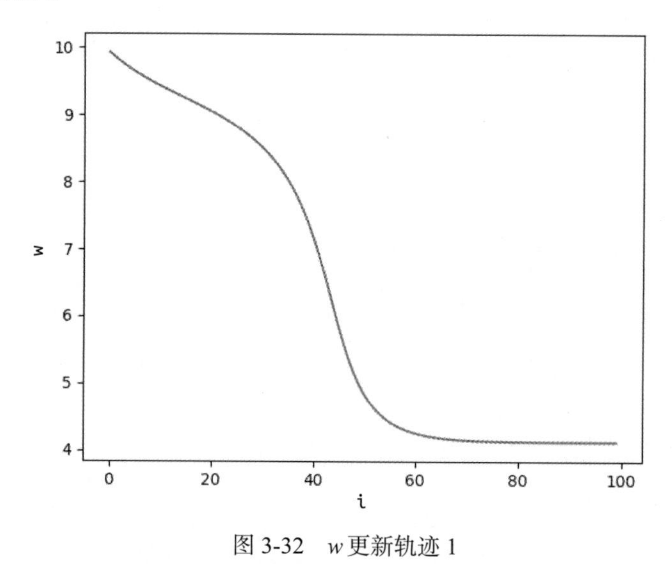

图 3-32　w 更新轨迹 1

从图 3-32 中可以看到，因为每次更新的步长比例保持不变，所以 w 的更新曲线基本与损失函数图像的梯度一致，损失函数陡峭的地方，w 更新速度快，损失函数平缓的地方，w 更新速度慢。

在迭代了 60 次之后，w 的值最终维持在 4 左右，说明 w 最终停留在了右边的局部最优点。可见在这个例子中，w 很容易陷入我们预先设置好的局部最优点。

如果从左边开始搜索的话会怎样呢？为了进一步验证我们的猜想，可以将上面代码中的 w 改成–10，再进行一次实验，修改代码如下：

```
>>> w = torch.Tensor(-[10])
>>> w.requires_grad = True
```

更新轨迹如图 3-33 所示，可以看到，w 从–10 开始，稳步更新，迭代 40 次之后，w 值稳定

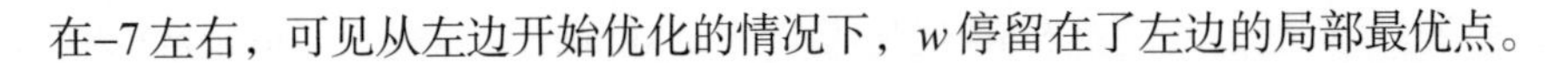
在–7 左右，可见从左边开始优化的情况下，w 停留在了左边的局部最优点。

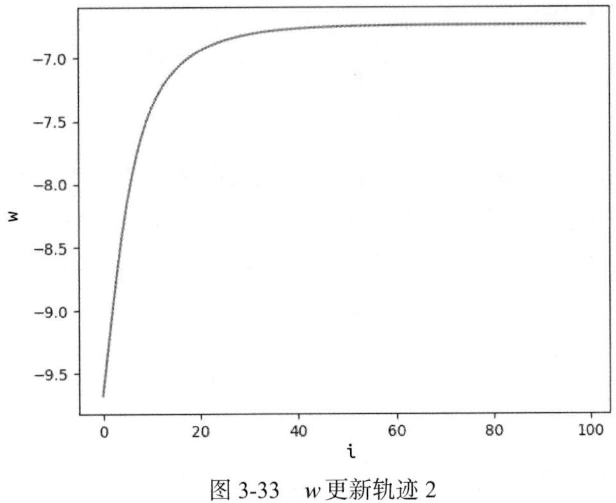

图 3-33 w 更新轨迹 2

可能仍有不服气的读者想坚持使用 SGD（不带 Momentum 参数）优化器来完成这个实验，那么为了跳过这两个局部最优点，可以把学习率调大一点，即把优化器改成这样（读者可以自己进行实验验证，想要越过局部最优点，学习率就要调到 0.1 以上，这种情况下会出现大范围振荡）：

```
>>> optimizer = optim.SGD([w],lr = 0.2)
```

然后可以得到如图 3-34 所示的更新曲线，我们看到 w 已经越过了左边的局部最优点，到达了中间的全局最优点附近（–3~1 的范围内），但是在全局最优点周边出现了大范围的振荡，这种情况显然不是我们想要的。

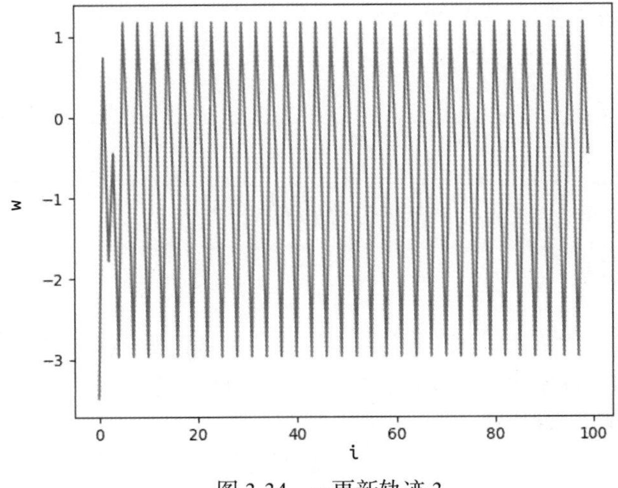

图 3-34 w 更新轨迹 3

为了能更顺利地解决这个问题，我们在 SGD 优化器中加入 Momentum 参数，Momentum 参数更新的策略包含两个公式：

$$\begin{cases} \boldsymbol{v}_t = -l \times \mathbf{grad} + \mathrm{alpha} \times \boldsymbol{v}_{t-1} \\ \boldsymbol{w} = \boldsymbol{w} + \boldsymbol{v}_t \end{cases}$$

从公式中可以看到，Momentum 中每一步的参数更新值都与上一步的更新值和梯度相关，也就是说，即使到达了梯度为 0 的点或者突然遇到了梯度变向的区域，Momentum 算法也不会立刻停止或回头，而是会继续向前更新一段。这种特性给了 Momentum 越过局部最优点的能力。

下面我们将公式中的 alpha 设置为 0.9，再做一次实验：

```
>>> optimizer = optim.SGD([w],lr = 0.01,momentum = 0.9)
```

新的更新轨迹如图 3-35 所示，使用了 Momentum 策略之后，w 很轻松地越过了左边的局部最优点，然后在全局最优点附近稍微振荡了一会儿之后，就稳定在全局最优点了。可见 Momentum 算法比传统的 SGD 算法更能适应复杂的损失函数。

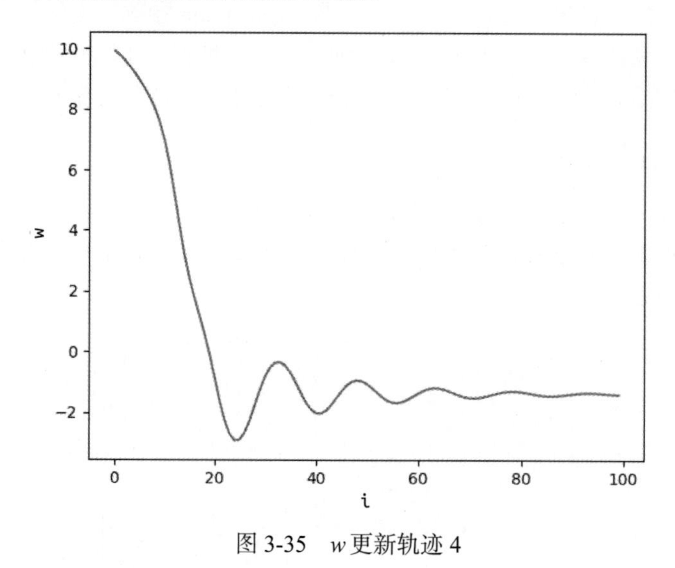

图 3-35　w 更新轨迹 4

3.7.3　学习率的选择

学习率是优化器中一个需要设定的参数，可以理解为每次更新参数时的步长。学习率的选择在深度学习的模型训练中非常重要，学习率选大了会导致结果溢出或振荡，选小了又会使模型的学习速度太慢或者局限于局部最优点。

在实际训练过程中，如果模型来自开源项目或者是学术论文中的训练案例，训练数据也与案例相似，那么可以沿用开源项目或者学术论文中的学习率等参数的设定值；如果没有太相似的案例可以参照，就需要自己多次实验，寻找合适的学习率了（从头训练的学习率较大，迁移学习的学习率较小）。

相比选择合适的优化器而言，选择合适的学习率在项目中显得更加重要，学习率选大了或者选小了都会对模型训练造成很大的影响。

1. 学习率调整实验

这里以一个二次函数 $y=2x^2+3x+4$ 作为损失函数，展示使用梯度下降法寻找该函数最优点的过程。

首先绘制一下函数图像，如图 3-36 所示：

```
>>> import numpy as np
>>> import matplotlib.pyplot as plt
>>> # 生成 x
>>> x = np.linspace(-22,20,100)
>>> # 定义损失函数
>>> def func(x):
...     y = 2*x**2 + 3*x + 4
...     return y
...
>>> y = func(x)
>>> # 绘制损失函数
>>> plt.plot(x,y,color = "g")
[<matplotlib.lines.Line2D object at 0x7f1de87464a8>]
>>> plt.show()
```

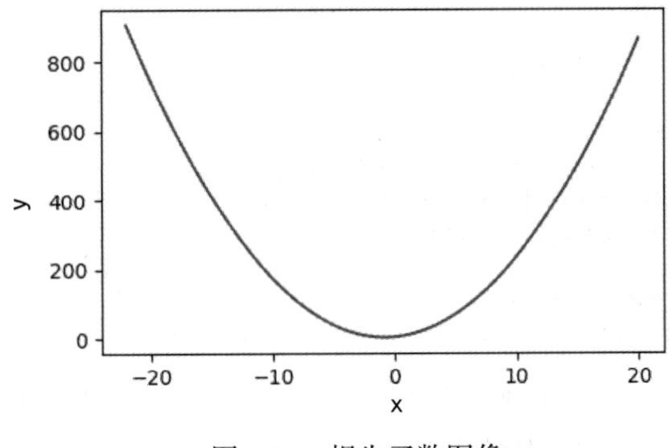

图 3-36　损失函数图像

我们可以很容易地计算得到该函数的梯度函数：$y=4x+3y=4x+3$，显然梯度为 0 的点是 $x=-0.75$。相关代码如下：

```
>>> # 定义梯度函数
>>> def gradient(x):
...     return 4*x + 3
...
```

接下来构建一个利用梯度下降法更新 x 的方法，并在梯度下降的过程中记录每一步更新之后的 x 值。相关代码如下：

```
>>> # 优化函数
>>> def minimize(x0 = 10,step = 0.2):
...     x = x0
...     path = []
...     path.append(x)
...     # 先迭代五次
...     for i in range(10):
...         x = x - step*gradient(x)
...         # 打印出中间结果
...         print(x)
...         path.append(x)
...     return path
...
```

在合适的学习率下，很快就能找到与最优值点非常接近的点（最优点是–0.75）。

```
>>> path = minimize()
1.4000000000000004
-0.32000000000000006
-0.664
-0.7328
-0.74656
-0.749312
-0.7498624
-0.74997248
-0.749994496
-0.7499988992
>>> plt.annotate("start",(10,func(10)))
Text(10, 234, 'start')
>>> plt.plot(x,y,color = 'g')
[<matplotlib.lines.Line2D object at 0x7f1de8507320>]
>>> plt.plot(path,[func(x) for x in path],color = 'r')
[<matplotlib.lines.Line2D object at 0x7f1de8507470>]
>>> # 绘制出更新轨迹
>>> plt.scatter(path,[func(x) for x in path],color = 'r')
<matplotlib.collections.PathCollection object at 0x7f1de8507b00>
```

绘制出的结果如图 3-37 所示，我们可以看到参数仅仅花了两步就到达了损失函数中的最优点，之后便在最优点附近振荡，这种情况是非常理想的。

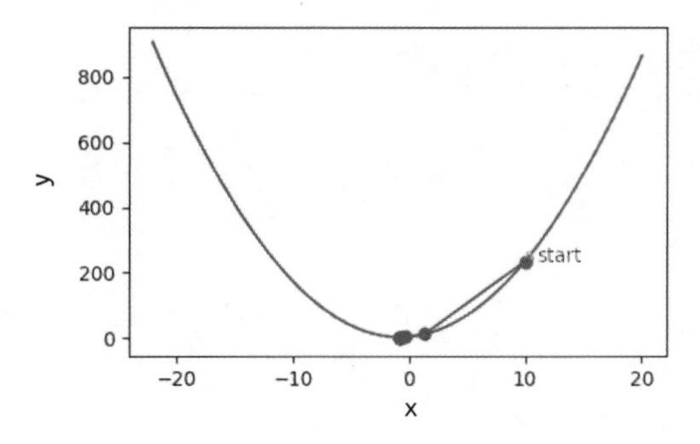

图 3-37　梯度下降轨迹 1

在这种简单的函数中，只要学习率合适，无论 x 的初始值为多少，最终都可以找到最优值。比如我们把 x 改成一个较大的负数，仍可以得到如图 3-38 所示的结果：

```
>>> path = minimize(-20)
-4.6
-1.5199999999999996
-0.9039999999999999
-0.7807999999999999
-0.7561599999999999
-0.751232
-0.7502464
-0.75004928
-0.750009856
-0.7500019712
>>> plt.annotate("start",(-20,func(-20)))
Text(-20, 744, 'start')
>>> plt.plot(x,y,color = 'g')
[<matplotlib.lines.Line2D object at 0x7f1de8507ac8>]
>>>
>>> plt.plot(path,[func(x) for x in path],color = 'r')
[<matplotlib.lines.Line2D object at 0x7f1de8507f98>]
>>> # 绘制出更新轨迹
>>> plt.scatter(path,[func(x) for x in path],color = 'r')
<matplotlib.collections.PathCollection object at 0x7f1de8514470>
>>> plt.show()
```

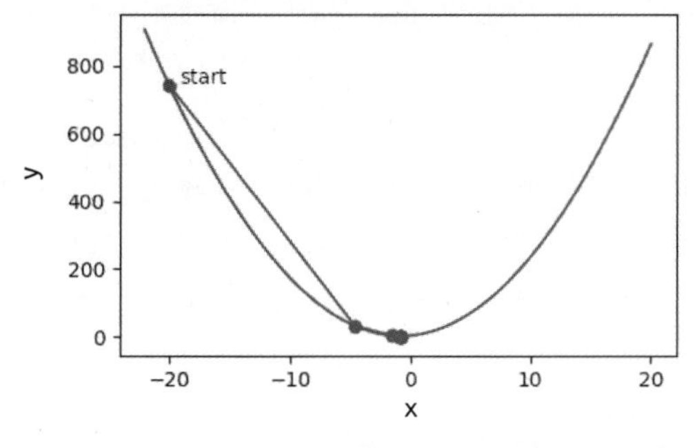

图 3-38　梯度下降轨迹 2

但是如果把学习率调大一些，情况就完全不一样了：

```
>>> path = minimize(10,0.6)
-15.8
20.319999999999997
-30.247999999999994
40.54719999999999
-58.566079999999985
80.19251199999998
-114.06951679999996
157.89732351999993
-222.8562529279999
310.19875409919985
>>> # 右移一下，否则看不清
...
>>> plt.annotate("start",(10 + 50,func(10)))
Text(60, 234, 'start')
>>> length = max((abs(min(path)),abs(max(path))))
>>> x = np.linspace(-length,length,100)
>>> plt.plot(x,[func(item) for item in x],color ='g')
[<matplotlib.lines.Line2D object at 0x7f1de831cf60>]
>>> plt.plot(path,[func(b) for b in path],color = 'r')
[<matplotlib.lines.Line2D object at 0x7f1de831cef0>]
>>> plt.scatter(path,[func(b) for b in path],color = 'r')
<matplotlib.collections.PathCollection object at 0x7f1de832a4a8>
>>> plt.show()
```

以上代码的运行结果如图3-39所示。

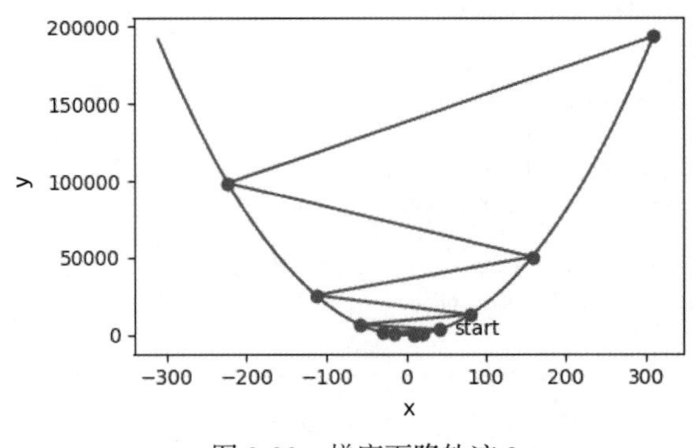

图3-39　梯度下降轨迹3

学习率过大时，使用梯度下降更新参数会使得误差越来越大，很快超出浮点数范围。当训练的时候出现损失不断增大的情况，首先应该考虑是不是学习率设置得过大了。从上面的例子中可以推测：当学习率过小的时候，一定会出现损失变化非常缓慢的情况，这时也需要对学习率进行调整。

2. 优化方法

在实际项目中，可以结合优化方法的特性与项目需求进行选择，不同的优化方法使用的初始学习率范围也不尽相同，需要在实践中摸索。

在训练过程中，需要根据模型的训练进度来调整学习率的大小。一般来说是逐渐缩小学习率以适应由粗调到微调的变化，也有使用振荡学习率来避免模型陷入局部最小值的方法。常见的几种衰减方式如图 3-40~图 3-43 所示。本文中使用的是最常见的平台式衰减的方式，比较容易操作，推荐新手使用这种方法。

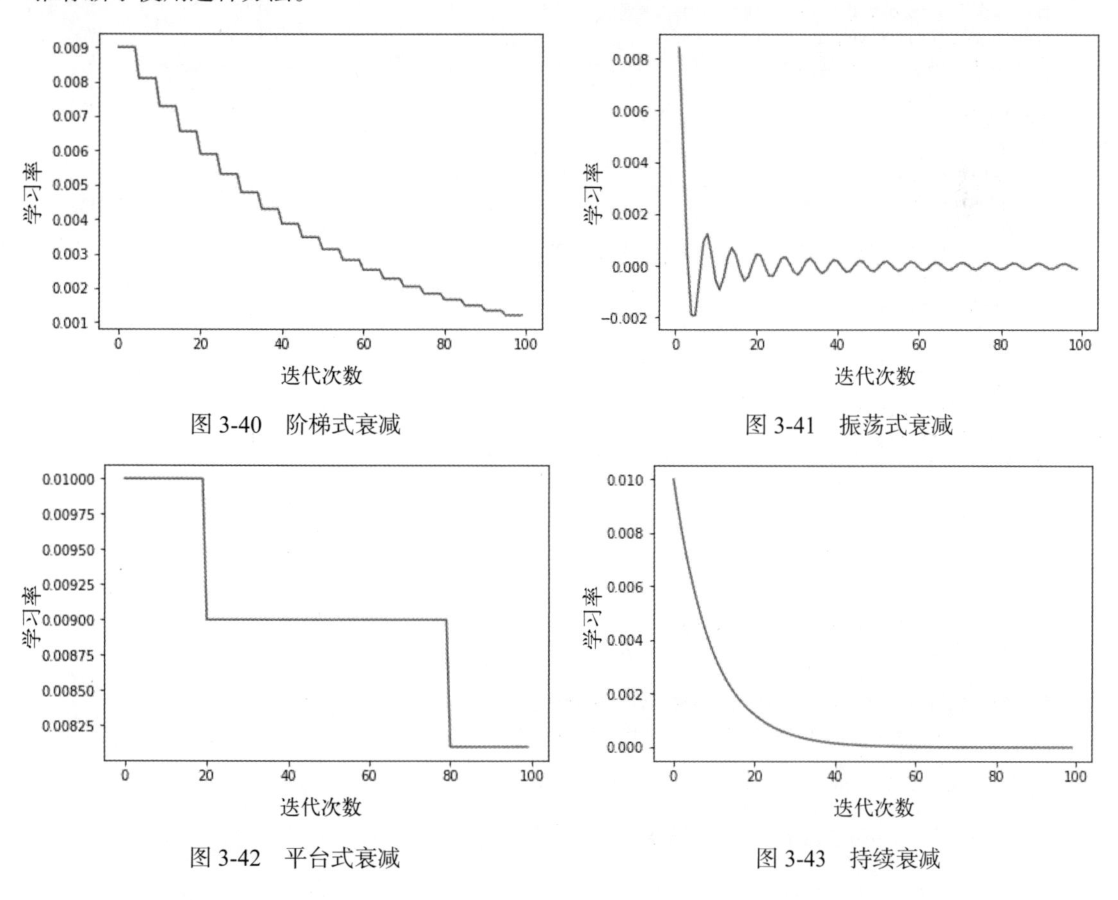

图 3-40　阶梯式衰减

图 3-41　振荡式衰减

图 3-42　平台式衰减

图 3-43　持续衰减

3. 自动搜索

除了手动试验外，还可以编写程序自动搜索学习率，不过这种方法搜索出来的学习率只能作为参考。

在 fastai 框架中，提供了一种选择初始学习率的方法，即将学习率从小到大按数量级进行分别测试，绘制出每次测试得到的损失变化幅度，然后从中选择损失变化幅度最大的学习率作为初始学习率。相关代码如下：

```
# lr_find.py
import torch
from torch.optim import SGD
from torch.nn import CrossEntropyLoss
import matplotlib.pyplot as plt
import numpy as np
from tqdm import tqdm

from config import device, data_folder
from model import vgg11
from data import create_datasets

def lr_find(
    net,
    optimizer_class,
    dataloader,
    criteron,
    lr_list=[1 * 10 ** (i / 2) for i in range(-20, 0)],
    show=False,
    test_times=10,
):
    """
    net: 模型
    optimizer_class: 优化器类
    dataloader: 数据
    criteron: 损失函数
    lr_list: 学习率列表
    show: 是否显示结果
    test_time: 实验次数
    """
    # 复制模型参数
    params = net.state_dict().copy()
    # 损失值矩阵
    loss_matrix = []
    for i, (img, label) in enumerate(dataloader):
        img, label = img.to(device), label.to(device)
        loss_list = []
        for lr in tqdm(lr_list):
            # 重新加载原始参数
            net.load_state_dict(params)
            # 训练模型
            out = net(img)
            optimizer = optimizer_class(
                net.parameters(), lr=lr, momentum=0.9, weight_decay=5e-4
            )
            loss = criteron(out, label)
            optimizer.zero_grad()
            loss.backward()
            optimizer.step()
            # 计算更新模型之后的损失
            new_out = net(img)
            new_loss = criteron(new_out, label)
            loss_list.append(new_loss.item())
```

```
        loss_matrix.append(loss_list)
        # plt.plot([np.log(lr) for lr in lr_list],loss_list)
        if i + 1 == test_times:
            break
    loss_matrix = np.array(loss_matrix)
    loss_matrix = np.mean(loss_matrix, axis=0)
    if show:
        plt.plot([np.log10(lr) for lr in lr_list], loss_matrix)
        plt.savefig("img/lr_find.jpg")
        plt.show()

    # 计算损失下降幅度，寻找最佳学习率
    decrease = [
        loss_matrix[i + 1] - loss_matrix[i] for i in range(len(lr_list) - 1)
    ]
    max_decrease = np.argmin(decrease)
    best_lr = lr_list[max_decrease]
    return best_lr

if __name__ == "__main__":
    net = vgg11().to(device)
    trainloader, _ = create_datasets(data_folder)
    criteron = CrossEntropyLoss()
    lr_list = [1 * 10 ** (i / 3) for i in range(-30, 0)]
    lr_find(net, SGD, trainloader, criteron, show=True)
```

上述代码使用了 10^{-10} 到 $10^{-0.3}$ 共 30 个不同的学习率对模型参数进行调整，根据调整后的模型误差值绘制出来的图像如图 3-44 所示。

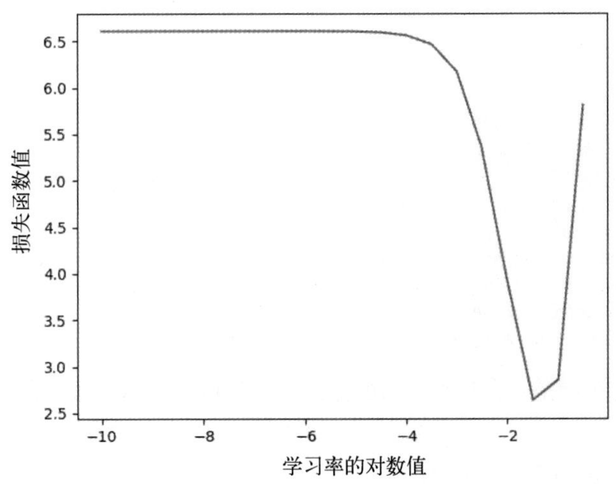

图 3-44　学习率变化曲线

从图 3-44 中可以看出，损失下降幅度最大的学习率约为 10^{-3} 到 10^{-2}，我们认为在这个区间内的学习率能够让损失函数以最快的速度下降。这也是本节后续的训练代码中将要使用的学习率。

3.8 参数初始化 init

PyTorch 中的参数初始化方法位于 `torch.nn.init` 模块下，从上一节的优化器的实例中可以很明显地看到参数初始化的重要性。

在复杂的数据和模型下，真正的全局最优点是很难达到的，我们能做的只是让模型能够尽可能地找到比较好的局部最优点。

在优化器的实例中，如果 w 的初始值是 10，最终 w 很容易陷入右边的局部最优点，而如果 w 的初始值是–10，w 就有可能会陷入左边的局部最优点，如果把这两个局部最优点做比较，因为右边的局部最优点的损失更小，所以右边的局部最优点性能更好。

所以，在这个优化过程中，将 w 的初始值设为 10，得到的效果比将 w 的初始值设为–10 要好。

在实际项目中，参数初始值设置得太大或者太小都不利于模型的拟合。

- 参数设置得太大，容易造成 Sigmoid 或 Tanh 等激活函数饱和，导致反向传播时出现梯度弥散现象。
- 参数设置得太小，每一层的输出值都极小，不管使用什么激活函数都会造成梯度弥散的现象。

这就是为什么要专门做模型初始化的原因。PyTorch 中提供了多种初始化方式，使用方法如下：

```
>>> for m in model.modules():
...     if isinstance(m,nn.Conv2d):
...         nn.init.normal(m.weight.data)
...         # xavier 初始化
...         # nn.init.xavier_normal(m.weight.data)
...         # kaiming 初始化
...         # nn.init.kaiming_normal(m.weight.data)
...         m.bias.data.fill_(0)
...     elif isinstance(m,nn.Linear):
...         m.weight.data.normal_()  # 全连接层参数初始化
```

其中 Xavier 初始化的思想就是要保证每一层的输入输出都接近正态分布，且方差相近，这样可以避免输出趋近于 0，减少梯度弥散现象的发生。而 He 初始化（也就是 PyTorch 中的 kaiming 初始化）是专门针对 ReLU 激活函数的初始化。

为了验证 Xavier 初始化的效果，我们可以利用前面讲过的 `ModuleList` 类来搭建一个简单的十层全连接网络模型。

```
>>> class net(nn.Module):
...     def __init__(self):
...         super(net, self).__init__()
...         self.module = nn.ModuleList(
...             [nn.Linear(1000, 1000, bias=False) for i in range(9)]
...         )
...         self.feature_maps = []
...     def forward(self, x):
...         for module in self.module:
...             x = module(x)
...             # 记录下中间的计算图
...             self.feature_maps.append(x.view(-1).data.numpy())
...         return x
```

然后将一个随机初始化的 Tensor 输入模型：

```
>>> model = net()
>>> x = torch.rand((1, 1000))
>>> out = model(x)
>>> for i in range(9):
...     plt.subplot(330 + i + 1)
...     plt.title("layer {}".format(i))
...     # 调节子图之间的间距
...     plt.subplots_adjust(wspace=0, hspace=0.5)
...     plt.hist(model.feature_maps[i], 20)
...
>>> plt.show()
```

可以得每一层的输出值的频率分布直方图，如图 3-45 所示。

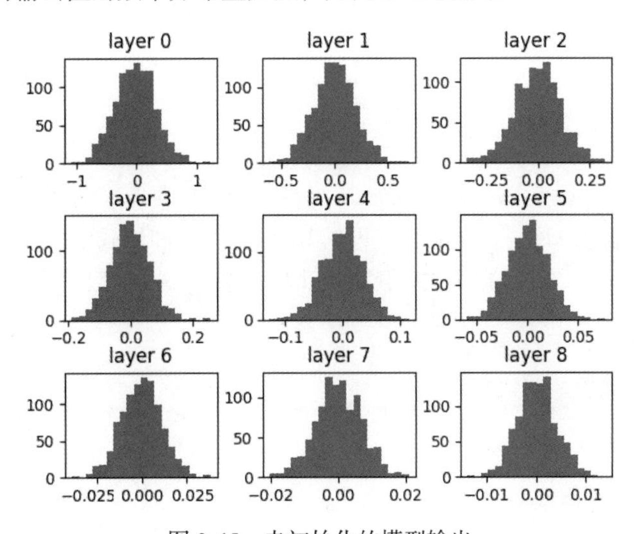

图 3-45 未初始化的模型输出

图 3-45 中的频率分布虽然大致仍符合正态分布的形式，但是分布的方差却各有不同。然后我们可以在 Tensor 输入模型之前对模型进行初始化：

```
>>> model = net()
>>> for m in model.module:
...     nn.init.xavier_normal(m.weight.data)
...
```

初始化之后再绘制出每一层的输出值的频率分布情况，如图 3-46 所示。

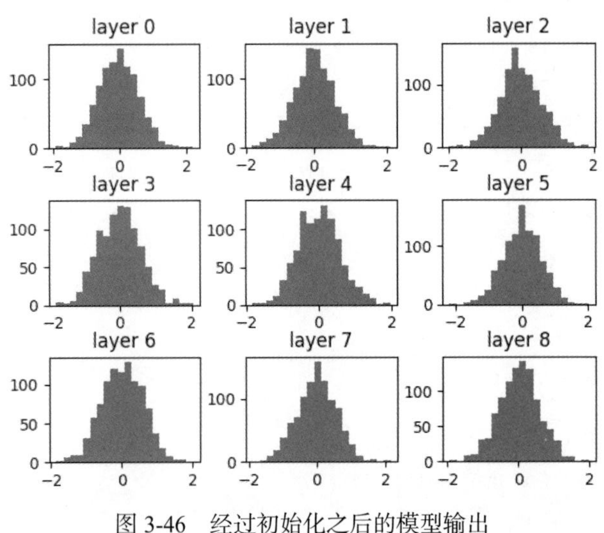

图 3-46　经过初始化之后的模型输出

可见，经过 xavier 初始化处理之后，网络每一层的输出范围变得非常接近了。这种特性可以有效缓解深度网络中的梯度弥散问题。

3.9　模型持久化

PyTorch 中自带了模型持久化方法：`torch.save` 和 `torch.load`。这两个函数的后台调用的正是第 2 章中介绍过的 pickle 库，下面介绍一下 PyTorch 中保存和加载模型的方法。在训练过程中，为了避免模型异常终止导致的数据丢失，会每隔几步就保存一次模型，一般保存的都是模型的参数（OrderedDict 格式）。

下面是保存和加载模型的代码：

```
>>> import torch
>>> net = torch.nn.Sequential(
...     torch.nn.Linear(2,10),
...     torch.nn.Linear(10,2)
... )
>>> torch.save(net.state_dict(),"net.pth")
>>> # 可以同时保存多条信息
... torch.save({"params":net.state_dict(),"name":"net"},"net.pth")
>>>
```

```
>>> ckpt = torch.load("net.pth")
>>> net.load_state_dict(ckpt['params'])
<All keys matched successfully>
```

为什么不推荐直接保存模型呢?

除了保存参数的效率较高之外，还有一个重要的原因就是，如果直接保存模型，在项目迁移的过程中容易出错。

因为在 pickle.dumps 或 pickle.dump 封装时，会根据你所加载的类对象对数据进行对象化，同时也会把类对象的路径打包进去，记录它是根据哪个目录下的哪个类进行封装的。解析时，也要找到对应目录下的对应类进行还原。

模型在同一个项目或文件中能完全使用，因为类对象路的径没有变化。如果在另一个项目中加载模型，就可能出错。这里说“可能”出错是因为存在两种不同的情况。第一种情况是模型很简单，就像上面的例子中的 Sequential 模型，这种对象可以直接在 PyTorch 库中找到，所以跨目录调用不会出错。第二种情况是自定义的模型，有自定义的构造函数__init__，在保存之后如果换一个目录加载就会出现错误。

比如模型定义如下：

```
>>> class net(torch.nn.Module):
...     def __init__(self):
...         super(net,self).__init__()
...         self.fc1 = torch.nn.Linear(2,10)
...         self.fc2 = torch.nn.Linear(10,2)
...     def forward(self,x):
...         x = self.fc1(x)
...         x = self.fc2(x)
...         return x
...
```

从模型的类别中可以看出，重写构造函数之后，net 已经是一个独立的类了。模型保存的代码如下：

```
>>> model = net()
>>> type(model)
<class '__main__.net'>
>>> torch.save(model,"model.pth")
```

然后切换目标再加载模型：

```
C:\Users>cd ..
C:\>python
>>> import torch
>>> model = torch.load("Users/model.pth")
Traceback (most recent call last):
  File "<stdin>", line 1, in <module>
```

```
  File "D:\Program Files (x86)\Python37\lib\site-packages\torch\serialization.py", line 386, in load
    return _load(f, map_location, pickle_module, **pickle_load_args)
  File "D:\Program Files (x86)\Python37\lib\site-packages\torch\serialization.py", line 573, in _load
    result = unpickler.load()
AttributeError: Can't get attribute 'net' on <module '__main__' (built-in)>
```

果然出现了报错，因为目录变化，所以pickle库追踪不到原来的`net`类了，无法加载。这个特性造成了一个很麻烦的问题，那就是在部署模型的时候，必须要在项目中包含模型的源码，否则即使有模型对应的pickle文件，也无法正常使用模型。

3.10　JIT编译器

JIT是用于将普通的PyTorch模型转化成Torchscript模型的工具，Torchscript模型可以在没有Python的环境下运行。由于Python本身的性能以及它对多线程的支持问题，模型运行速度不够理想，转换成Torchscript模型之后再使用C++进行部署，能够获得更高的性能。

利用JIT编译器可以将神经网络模型的网络结构和参数一并进行持久化，避免了模型迁移可能出现的问题，使模型更加容易部署。所以JIT可以看成是PyTorch为了衔接研究与生产环境而推出的重要工具。

创建Torchscript模型的方法有两种，一种是通过`torch.jit.trace`推导PyTorch的模型结构和参数，另一种是通过`torch.jit.ScriptModule`直接创建Torchscript模型。相关代码如下：

```
# Jit_demo.py
import torch

# 使用 jit.trace 推导出模型内部的计算步骤
class net(torch.nn.Module):
    def __init__(self):
        super(net, self).__init__()
        self.fc1 = torch.nn.Linear(2, 10)
        self.fc2 = torch.nn.Linear(10, 2)

    def forward(self, x):
        return self.fc2(self.fc1(x))

model = net()
trace_model = torch.jit.trace(model, torch.rand((1, 2)))
torch.jit.save(trace_model, "net_trace.pt")

# ======================================
# torch.jit.script 直接构建 torchscript 模型
class net(torch.jit.ScriptModule):
    def __init__(self):
        super(net, self).__init__()
        self.fc1 = torch.nn.Linear(2, 10)
```

```
        self.fc2 = torch.nn.Linear(10, 2)

    @torch.jit.script_method
    def forward(self, x):
        return self.fc2(self.fc1(x))

model = net()
torch.jit.save(model, "net_script.pt")

# 运行模型
jit_model = torch.jit.load("net_script.pt")
output = jit_model(torch.ones((1,2)))
```

这样得到的模型就可以在没有 Python 的环境下或者没有对应的神经网络源码的环境下使用了。

3.11 模型迁移 ONNX

在做深度学习研究时，常常会使用或者参考一些开源的项目，然而这些项目可能是用各种不同的框架写的，很多论文的实现代码使用 PyTorch 框架，一些经典视觉模型可能是 Caffe 框架，还有更多的项目是用 TensorFlow 写的（毕竟是目前使用最广的框架），还有 MXNet、Matlab、CNTK、PaddlePaddle 等。如果每次都手动重构模型代码，实在是太难了。

为了解决这一难题，2017 年，微软、Facebook、亚马逊和 IBM 等公司共同开发了 ONNX 这一开放式的深度学习文件格式，实现了多框架的互转。

从 ONNX 官网宣传可以看到，目前以 PyTorch 为首的几大深度学习框架（或工具）都已经支持 ONNX 了，如图 3-47 所示。而其他没有 ONNX 原生支持的框架也有相应的转换器可用，像 sklearn 这样本身没有提供 ONNX 支持的库，只需要安装一个 sklearn-onnx 库就可以轻松地实现 skelarn 到 ONNX 的转换。

图 3-47 ONNX 支持的框架

PyTorch 中已经加入了 ONNX 模块，要将 PyTorch 模型转换成 ONNX 模型继而转成其他框架的模型只需使用如下几行代码即可，转换方式与 JIT 类似，但是需要提供网络的输出层和输入层名称：

```
>>> class net(torch.nn.Module):
...     def __init__(self):
...         super(net, self).__init__()
...         self.fc1 = torch.nn.Linear(2, 10)
...         self.fc2 = torch.nn.Linear(10, 2)
...     def forward(self, x):
...         return self.fc2(self.fc1(x))
...
>>> model = net()
>>> torch_input = torch.ones((1, 2))
>>> torch_output = model(torch_input)
>>> # 输入结点名称
>>> input_name = ["fc1"]
>>> # 输出结点名称
>>> output_name = ["fc2"]
>>> # 导出 ONNX 模型
>>> torch.onnx.export(
...     model,
...     torch_input,
...     "net.onnx",
...     input_names=input_name,
...     output_names=output_name,
... )
```

转换成 ONNX 工具之后，可以使用 ONNX 库加载并检查模型正确性：

```
>>> import onnx
>>> onnx_model = onnx.load("net.onnx")
>>> onnx.checker.check_model(onnx_model)
```

确认模型无误之后，可以进一步转换成其他框架运行，也可以直接使用 ONNX 运行模型，使用 ONNX 运行模型需要使用 onnxruntime 模块，可以直接使用 pip 安装：

```
pip install onnxruntime
```

使用 onnxruntime 运行 ONNX 的代码如下：

```
>>> import onnxruntime
>>> import numpy as np
>>>
>>> session = onnxruntime.InferenceSession("net.onnx")
>>> onnx_input = {session.get_inputs()[0].name: np.ones((1, 2)).astype(np.float32)}
>>> onnx_output = session.run(None, onnx_input)
```

运行结束之后，可以对比一下 ONNX 模型的输出与原来 PyTorch 模型输出之间的差异是否在可接受的范围内：

```
>>> np.testing.assert_allclose(
...     torch_output.data.numpy(), onnx_output[0], rtol=1e-03, atol=1e-05
... )
```

如果 np.testing.assert_allclose 没有返回错误信息，表示此 PyTorch 模型转为 ONNX 之后的精度损失在允许的范围内。

3.12 数据可视化 TensorBoard

TensorBoard 是 TensorFlow 中的可视化工具，也可以在 PyTorch 中使用。在 PyTorch 1.1 以前，使用 TensorBoard 需要独立安装，PyTorch 1.1 之后将 TensorBoard 嵌入了 PyTorch 的 utils 模块下，这个工具的功能很多，最常用的有三大功能：

- 查看神经网络的结构；
- 记录训练过程中模型的各项评价指标（损失和准确率）变化；
- 多维度展示数据。

在 PyTorch 中使用 TensorBoard 的步骤如下。

首先安装 TensorBoard 可视化工具：

```
pip install tb-nightly
```

在代码文件中建立一个 SummaryWriter 实例，然后通过一系列 add***的方法将需要展示的数据加入 SummaryWriter 实例。相关代码如下：

```
# tb_demo.py
from torchvision.models import vgg16
from torch.utils.tensorboard import SummaryWriter
import torch
import numpy as np

# log 为指定的 TensorBoard 文件存放目录
writer = SummaryWriter("log")
net = vgg16()
writer.add_graph(net, torch.randn((1, 3, 224, 224)))
for i in range(100):
    writer.add_scalar("train/loss", (100 - i) * np.random.random(), i)
    writer.add_scalar("train/accuracy", i * np.random.random(), i)
writer.close()
```

运行代码文件之后，TensorBoard 会自动在同目录下创建一个 log 文件夹，在命令行中输入：

```
tensorboard --logdir log
```

看到如下信息之后，打开浏览器，输入 `localhost:6006` 即可打开 TensorBoard 页面：

```
TensorFlow installation not found - running with reduced feature set.
TensorBoard 1.15.0a20190823 at http://dai-MS-7808:6006/ (Press CTRL+C to quit)
```

在页面中有两个选项卡，SCALAR 和 GRAPHS，其中 SCALARS 下包含了如图 3-48 所示的曲线图像。

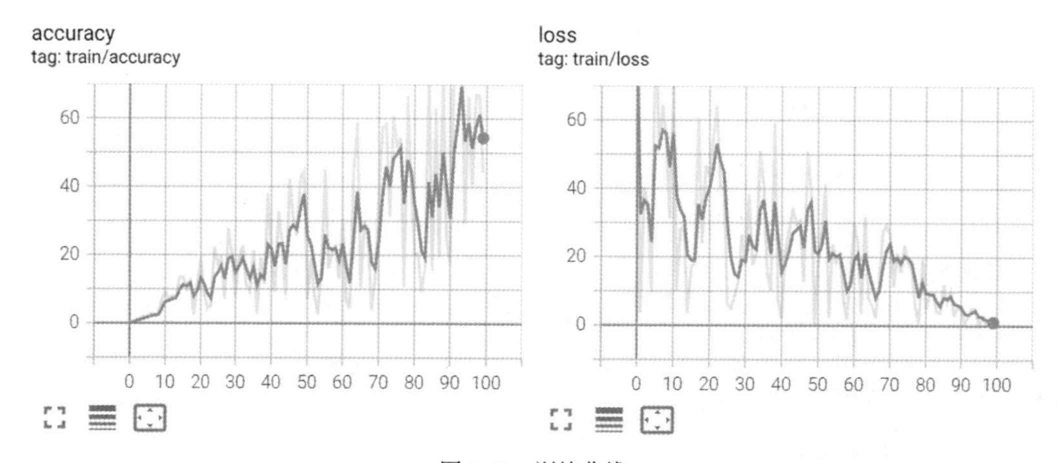

图 3-48　训练曲线

这个曲线在训练过程中会动态更新，可以在长时间的训练过程中实时监控模型的训练状态。

GRAPHS 选项卡中有 TensorBoard 根据输入数据推理出来的模型结构（推理过程与 `torch.jit` 和 `torch.onnx` 中的推理类似），如图 3-49 所示，这个图像可以在点击之后一步步展开，展开后如图 3-50 所示。

将其中的 Sequential 展开之后，可以看到更细致的结构，其中的 Conv、ReLU 等结构如图 3-51 所示。

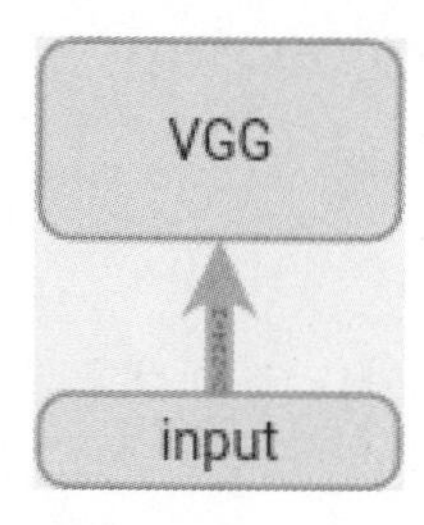

图 3-49　TensorBoard 网络图 1

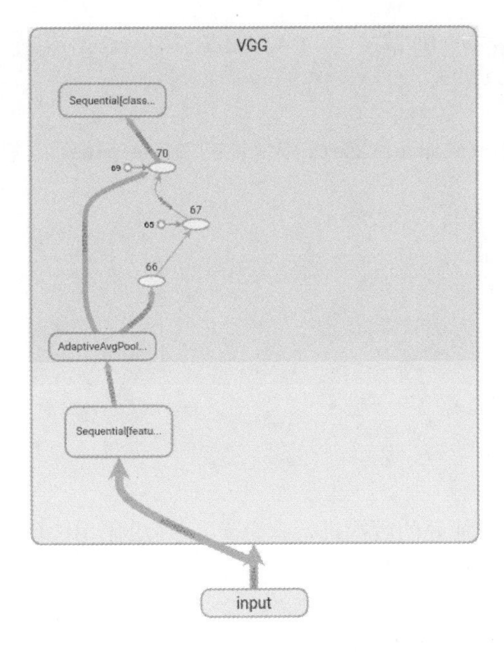

图 3-50 TensorBoard 网络图 2

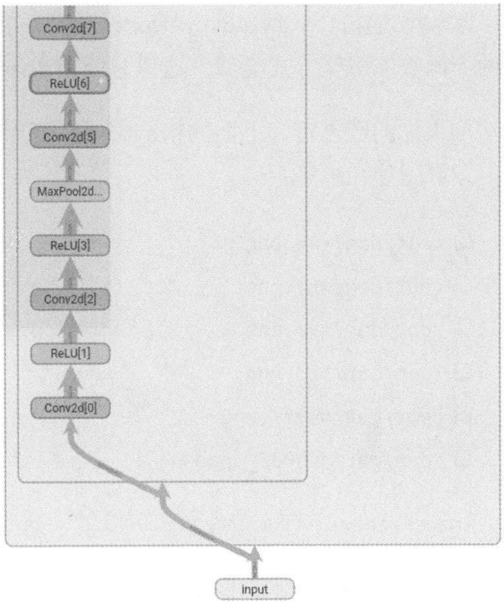

图 3-51 TensorBoard 网络图 3

在本书后续的代码中，会给出一部分比较困难的模型的训练记录，供读者参考。

3.13 机器视觉工具包 torchvision

PyTorch 提供了一个专门为计算机视觉服务的工具包 torchvision，这个工具包中提供了计算机视觉相关的模型、图像处理算法和数据加载工具。torchvision 独立于 PyTorch 之外，需要单独安装，安装方法在 3.2 节中已有介绍，这里不再赘述。

3.13.1 数据

`torchvision.datasets` 提供了很多开源数据集，比如 MNIST、Fashion-MNIST，CIFAR，COCO 等，我们可以通过 torchvision 提供的 API 直接下载这些数据集。如果已经下载过这些数据集，只需修改路径即可避免重复下载。以 MNIST 为例，MNSIT 中需要设置 5 个参数。

- **root**：数据下载地址或者已有数据的存储地址。
- **train**：是否下载训练集，如果设置成 `False`，则下载验证集。
- **download**：是否下载。
- **transform**：对训练数据的预处理方式。
- **target_transform**：对训练标签的预处理方式。

除数据之外，torchvision.datasets 还提供了分类数据的加载接口：ImageFolder 和 DatasetFolder，这两个函数的工作方式类似，这里只介绍 ImageFolder。

如果你的数据符合下面的格式，可以使用 torchvision.datasets 中提供的 ImageFolder 函数直接读取图片和标签：

- root/dog/xxx.png
- root/dog/xxy.png
- root/dog/xxz.png
- root/cat/123.png
- root/cat/nsdf3.png
- root/cat/asd932_.png

ImageFolder 中有 5 个参数，可以借助这些参数对加载的数据进行自定义，参数的作用如下。

- root：图片目录，即上文中的 root。
- transform 和 target_transform：与 MNIST 中的作用相同。
- loader：可以通过此参数自定义图片的加载方式（输入路径，返回图片）。
- is_valid_file：不同的任务对图片有效的定义可能不同，这个参数可以用来设置验证图片是否有效的函数。

3.13.2　模型

torchvision.models 包含了多种任务的预训练模型，如图像分类、图像分割和物体检测等。这些模型模型可以通过设置 pretrained 参数下载在 ImageNet 数据集上预训练的模型参数。

模型的调用方式如下：

```
>>> import torchvision.models as models
>>> resnet18 = models.resnet18(pretrained=True)
>>> alexnet = models.alexnet(pretrained=True)
>>> vgg16 = models.vgg16(pretrained=True)
>>> squeezenet = models.squeezenet1_0(pretrained=True)
>>> densenet = models.densenet161(pretrained=True)
>>> inception = models.inception_v3(pretrained=True)
>>> googlenet = models.googlenet(pretrained=True)
>>> shufflenet = models.shufflenet_v2_x1_0(pretrained=True)
>>> mobilenet = models.mobilenet_v2(pretrained=True)
>>> resnext50_32x4d = models.resnext50_32x4d(pretrained=True)
>>> wide_resnet50_2 = models.wide_resnet50_2(pretrained=True)
```

程序会自动把模型下载到默认文件夹中，可以通过修改环境变量 TORCH_MODEL_ZOO 来修改模型文件的默认下载位置。

- Windows 下的默认下载文件夹位置是：`C:\Users\Administrator\.cache\torch\checkpoints`。
- Linux 下的默认下载文件夹位置是：`~/.cache/torch/checkpoints`。

各个模型在 ImageNet 上的表现如表 3-2 所示，该表格可以在为实际任务选择模型时作为参考。其中，Top-1 错误率的含义是对任意图片，只有概率最大的预测类别是正确答案时，才认为预测正确；Top-5 错误率的含义是只要概率前五的预测类别中包含了正确答案，即认为预测正确。

表 3-2 各分类模型的性能

分类模型	Top-1 错误率（%）	Top-5 错误率（%）
AlexNet	43.45	20.91
VGG-11	30.98	11.37
VGG-13	30.07	10.75
VGG-16	28.41	9.62
VGG-19	27.62	9.12
VGG-11 with Batch Normalization	29.62	10.19
VGG-13 with Batch Normalization	28.45	9.63
VGG-16 with Batch Normalization	26.63	8.50
VGG-19 with Batch Normalization	25.76	8.15
ResNet-18	30.24	10.92
ResNet-34	26.70	8.58
ResNet-50	23.85	7.13
ResNet-101	22.63	6.44
ResNet-152	21.69	5.94
SqueezeNet 1.0	41.90	19.58
SqueezeNet 1.1	41.81	19.38
Densenet-121	25.35	7.83
Densenet-169	24.00	7.00
Densenet-201	22.80	6.43
Densenet-161	22.35	6.20
Inception v3	22.55	6.44
GoogleNet	30.22	10.47
ShuffleNet v2	30.64	11.68
MobileNet v2	28.12	9.71
ResNeXt-50-32x4d	22.38	6.30
ResNeXt-101-32x8d	20.69	5.47
Wide ResNet-50-2	21.49	5.91
Wide ResNet-101-2	21.16	5.72

除分类网络之外，PyTorch 还提供了 FCN（图像分割）、Faster R-CNN（物体检测）、ResNet3D（视频分类）等预训练模型。

3.13.3　图像处理

图像处理函数位于 `torchvision.transforms` 模块下，这个模块主要有两个功能：

- 实现 PIL 图片和 Tensor 之间的相互转换；
- 对 PIL 图片进行各种变换处理。

要实现 PIL 与 Tensor 之间的互转只需要两个类（注意 `torchvision.transforms` 中的图像处理方法都是以类的形式给出，而不是函数）：`ToTensor` 和 `ToPILImage`。使用代码如下：

首先使用如下代码找到一张如图 3-52 所示的蝴蝶图片：

```
>> from PIL import Image
>>> from torchvision import transforms
>>> path = "/data/super_resolution/btf.jpg"
>>> img = Image.open(path)
>>> img.show()
```

图 3-52　蝴蝶图片

然后使用 `ToTensor` 类将图片转化成 Tensor：

```
>> totensor = transforms.ToTensor()
>>> img_tensor = totensor(img)
>>> img_tensor.type()
'torch.FloatTensor'
>> torch.max(img_tensor)
tensor(1.)
>>> torch.min(img_tensor)
tensor(0.)
```

转化得到的 Tensor 是 `float` 类型，因为 `ToTensor` 类会自动将图片中 0~255 的像素值归一化到 0~1，这样能方便神经网络训练。

想要从 Tensor 中获取图片也很简单，只需使用 ToPILImage 类进行转化即可，代码如下：

```
>> topil = transforms.ToPILImage()
>>> img = topil(img_tensor)
>>> type(img)
<class 'PIL.Image.Image'>
```

transforms 中还有丰富的图像处理函数，我们可以挑选其中一些常用的函数进行演示。比如说随机裁剪类，效果如图 3-53 所示，图片被随机裁剪成了 150×150 的图片：

```
>> randomcrop = transforms.RandomCrop((150,150))
>>> img_ = randomcrop(img)
>>> img_.show()
```

图 3-53　随机裁剪效果

又如随机旋转类，效果如图 3-54 所示，图片被旋转了一个角度，因为设置了度角 35，所以图片的旋转角度会在–35 度和 35 度之间随机选择：

```
>> randomrot = transforms.RandomRotation(35)
>>> img_ = randomrot(img)
>>> img_.show()
```

图 3-54　随机旋转效果

再如随机垂直翻转类，翻转效果如图 3-55 所示：

```
> randomvflip= transforms.RandomVerticalFlip(p=0.5)
>>> img_ = randomvflip(img)
>>> img_.show()
```

图 3-55　随机翻转效果

可以设置垂直翻转的概率，比如上面代码中设置为 0.5，则会有 50%的概率翻转图片。

还有边界填充类，填充效果如图 3-56 所示：

```
>>> pad = transforms.Pad(15)
>>> img_ = pad(img)
>>> img_.show()
```

图 3-56　边界填充效果

torchvision 中没有提供随机填充类，如果需要随机填充，可以借助 `pad` 类自己实现。

通常，一个任务中会用到多种图像处理手段，为了书写简便，可以使用 `transforms.Compose` 类将所有的图像处理方法串联起来，相关代码如下：

```
>>> tfms = transforms.Compose(
...     [
...         transforms.Pad(15),
...         transforms.RandomCrop((150,150)),
...         transforms.RandomVerticalFlip(p=0.5),
...         # 图像到 Tensor 之间的转换也可以嵌入 compose 中
...         transforms.ToTensor(),
...         transforms.ToPILImage()
...     ]
... )
>>> img_ = tfms(img)
>>> img_.show()
```

得到的处理结果如图 3-57 所示。

图 3-57 转换方法叠加之后的效果

现在的 transforms 库还不够完善，如果读者有更多的需求，比如需要更复杂的预处理手段或者更快的处理速度，可以使用一些第三方图像处理工具，下面只介绍两个比较有特点的工具。

1. imgaug

相比 transforms 来说，imgaug 有两大优势，第一是图像处理方式更加丰富，比如模糊、锐化、扭曲、马赛克、色彩变化、色块遮盖、对比度调节等，如图 3-58 所示。

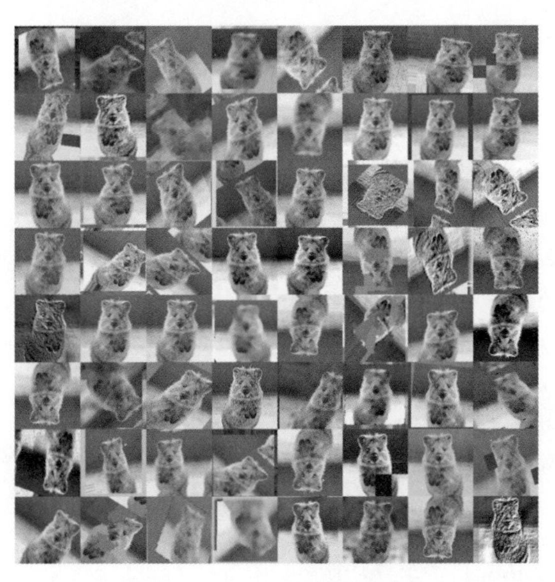

图 3-58 imgaug 图像处理方法

另一个优势就是 imgaug 提供了专门针对物体检测和图像分割的图像处理方法，该方法需要将图片和标签做同步变换，而 transforms 中的方法只能实现图片的变换。因此在目标检测任务中，还需要自己实现处理方法。

如图 3-59 所示，imgaug 中提供了分割任务和检测任务（包括关键点）的处理方法。关键点、掩码、检测框等标注信息会随着图像同步变化。

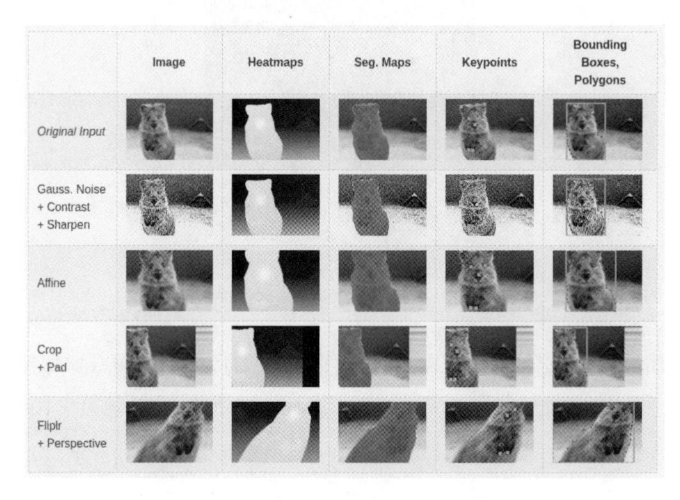

图 3-59　imgaug 对不同任务的处理方式

2. DALI

transforms 中的方法大多数是直接作用于 PIL 的，这些方法的后台直接调用了 PIL 库。而 PIL 库本身并没有 GPU 支持，所以 transforms 中的图像处理函数只能在 CPU 上运行。

如果你发现在运行模型的时候，CPU 负荷很高，GPU 却毫无压力，就可以考虑使用 GPU 来完成图像预处理工作了。

使用 GPU 进行图像处理可以考虑使用 DALI 库，DALI 是 NVIDIA 在 2018 年开源的图像处理库，可以支持 TensorFlow、PyTorch 和 MXNet。

3.14　小结

本章介绍了深度学习框架 PyTorch 的基本功能，希望读者阅读完本章内容之后，能做到以下几点。

- 掌握 PyTorch 中 Tensor 自动求导功能。
- 自己搭建简单的神经网络模型。
- 对神经网络模型中各种网络模型的功能有所了解。
- 了解神经网络的参数优化原理。
- 学会使用数据加载、可视化等工具。

第 4 章

卷积神经网络中的分类与回归

在介绍完 sklearn 和 PyTorch 后，本章将以图像的分类与回归为例，演示如何使用 PyTorch 进行卷积神经网络相关的模型搭建、数据处理和模型训练等工作，这些工作的整体流程如图 4-1 所示。

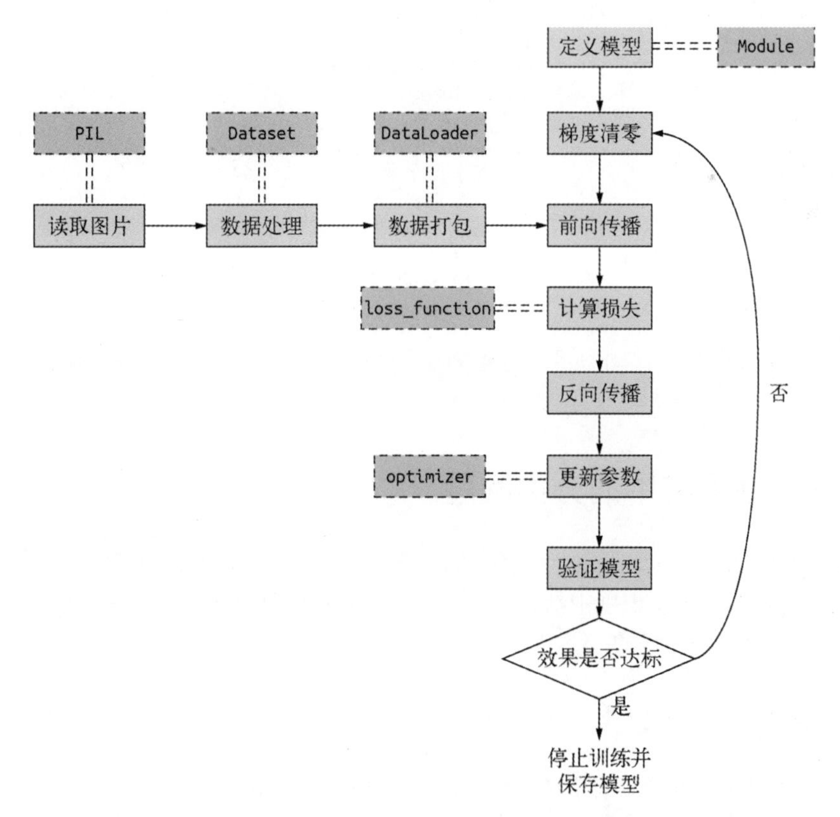

图 4-1　PyTorch 卷积网络模型训练流程

关于图 4-1 的说明如下。

(1) 读取图片尽量使用 PIL 库，因为 torchvision 提供的 ToTensor 和 ToPILImage，这两种在 Tensor 和图像之间转换的方法都是针对 PIL 库的，用起来比较方便。当然，使用其他工具（如 opencv-python）也可以，但是需要注意读取的图片格式。

(2) 数据处理过程相当于将数据都加入一个继承自 Dataset 的类。

(3) 处理与打包不一定要使用 PyTorch 的 Dataset 和 DataLoader 接口，编程基础较好的读者可以自行设计打包方式。

(4) 注意流程中梯度清零、反向传播、更新参数这 3 个步骤的先后顺序。

本章为实例章节，章节内大部分代码会以.py 文件形式呈现，整个项目的目录结构如下：

```
.
├── captcha_data.py          ----    验证码数据生成
├── captcha_demo.py          ----    验证码效果展示
├── captcha_model.py         ----    验证码识别模型
├── captcha_train.py         ----    验证码模型训练
├── config.py                ----    配置文件
├── data.py                  ----    加载 CIFAR-10 数据
├── demo.py                  ----    展示模型效果
├── demo_regresssion.py      ----    展示回归模型效果
├── generate_data.py         ----    生成回归问题的数据集
├── lr_find.py               ----    学习率搜索
├── model.py                 ----    CIFAR-10 分类模型文件
├── tools                    ----    存放一些具有辅助功能的代码
│   └── show_data_augment.py----    批量展示 CIFAR-10 图片
├── train_val.py             ----    CIFAR-10 分类训练与验证
└── train_val_regression.py ----    回归问题中的训练与验证
```

注意：为了方便保存及移动项目，模型参数文件和图片数据文件最好单独存放，不要放在项目目录下。

4.1　卷积神经网络中的分类问题

与很多传统机器学习方法类似，卷积神经网络也可以运用于分类和回归两种任务上：分类任务较为常见，在 OCR、人脸识别中都有应用；回归任务较少单独使用，一般会与分类任务结合，如目标检测任务中的边框回归方法。

4.1.1　CIFAR-10 图像分类

本章将使用 CIFAR-10 数据集进行分类模型的建模演示。CIFAR-10 是一个小型图像分类数据集，其数据量与 MNIST 手写数字数据集相同，但分辨率略高，图像中包含的信息也更加丰富，比 MNIST 更适合进行图像分类项目的练习，也更适合测试算法的有效性。

CIFAR-10中的图片只有10个类别，各类别的编号如下：

```
0 : airplane        1 : automobile       2 : bird        3 : cat
4 : deer            5 : dog              6 : frog        7 : horse
8 : ship            9 : truck
```

在小数据集上，我们能够快速测试模型算法的有效性。如果读者想尝试100个类别的CIFAR-100，可以先在CIFAR-10上对模型进行训练，在确定模型无误之后，再进行CIFAR-100的训练。在实际的深度学习项目中，建立好模型之后，通常也会在小数据集上先测试模型是否正确，这样能节省调参时间。

在开始处理数据和模型之前，首先设定一些后面要用到的参数：

```python
# config.py
import torch

# 定义数据存储的设备，在没有可用 GPU 的时候使用 CPU
device = (
    torch.device("cuda") if torch.cuda.is_available() else torch.device("cpu")
)

# 下载完 cifar-10-python.tar.gz 文件之后，直接将其放入 data_folder 文件夹
data_folder = "/data/cifar10"
# 模型存储目录
checkpoint_folder = "/data/chapter_one"

# DataLoader 中每一个批次的图片数量
batch_size = 64
# 随着训练的次数增加，逐步缩小学习率
epochs = [(30, 0.001), (20, 0.001), (10, 0.0001)]

# 标签列表
label_list = [
    "airplane",    "automobile",    "bird",    "cat",    "deer",
    "dog",    "frog",    "horse",    "ship",    "truck",
]
```

上述代码设置了6个项目参数，含义分别如下。

- device：数据和模型的存储位置，数据和模型需要存储在相同的设备上（可以是CPU也可以是GPU），可以使用torch.cuda. is_available判断计算机中是否有支持CUDA的GPU。
- data_folder：数据存储文件夹。
- checkpoint_folder：模型文件存储文件夹。
- batch_size：每一个批次的样本数量。
- epochs：对学习率进行阶段调整，epochs中包含了每个阶段的循环次数和对应的学习率。
- label_list：CIFAR-10中的标签名称。

1. 数据加载

对于CIFAR-10分类任务，PyTorch下的torchvision库中提供了专门的数据处理函数`torchvision.datasets.CIFAR10`，该函数可以完成数据下载、数据解析以及按一定批次大小进行打包的任务。

注意

如果通过此函数下载CIFAR-10的速度较慢，那么可以手动进行下载，然后将`root`参数设置为数据集所在的路径即可。

在构建数据集之前，可以先定义数据转换函数，这一类函数位于`torchvision.transforms`下，通常用于图像到Tensor的转换以及图像增强任务。

CIFAR-10中的图片形式如图4-2所示。可以看到，图片的分辨率虽然只有32×32，却有着丰富的内容和复杂的背景。

图4-2　CIFAR-10图片示意

2. 数据增强

数据增强是一种在训练模型过程中用于提高样本多样性，增强模型泛化能力的手段。需要注意的是，在对图像进行数据增强时，必须保留图像中与标签对应的关键信息。在分类问题中就是要保留图片所属类别对应的物体，即标记为汽车的图片在进行增强变换后，图片中必须仍然有汽车。

下面的代码在训练过程中使用了两种数据增强手段：随机裁剪和随机翻转。其中随机裁剪是先在图片外围补充 4 个像素，然后在图片中随机裁剪 32×32 图片的方法；随机翻转是按一定概率选择是否对图片进行翻转处理的方法。这两种手段都不会改变图片的原有信息（随机裁剪后保留的信息占原图的比例足够大，所以信息会得以保留）。

为了方便展示，可以使用 torchvision.transforms 自定义一个数据增强方式，代码如下：

```
# tools/show_data_augment.py
# 展示增强操作前后的图像变化
# 请在当前目录下运行此文件
import torchvision
from torchvision import transforms
import torch
from torchvision.utils import make_grid

import matplotlib.pyplot as plt
import sys

# 将上级目录加入系统目录
sys.path.append("..")
from config import data_folder

# 批量显示图片
def show_batch(display_transform=None):
    # 重新定义一个不带 Normalize 的 DataLoader，因为归一化处理后的图片很难辨认
    if display_transform is None:
        display_transform = transforms.ToTensor()
    display_set = torchvision.datasets.CIFAR10(
        root=data_folder, train=True, download=True, transform=display_transform
    )
    display_loader = torch.utils.data.DataLoader(display_set, batch_size=32)
    topil = transforms.ToPILImage()
    # DataLoader 对象无法直接取 index，可以通过这种方式取其中的元素
    for batch_img, batch_label in display_loader:
        # 建立 Tensor 网格
        grid = make_grid(batch_img, nrow=8)
        # 将 Tensor 转成图像
        grid_img = topil(grid)
        plt.figure(figsize=(15, 15))
        plt.imshow(grid_img)
        grid_img.save("../img/trans_cifar10.png")
        plt.show()
        break

if __name__ == "__main__":
    # 训练过程中的图像增强与数据转换
    transform_train = transforms.Compose(
        [
            transforms.RandomCrop(32, padding=4),
            transforms.RandomHorizontalFlip(),
            transforms.ToTensor(),
        ]
    )
    show_batch(transform_train)
```

上述代码定义了一个数据增强方法 transform_train，其中包含了随机裁剪（transforms.RandomCrop）和随机翻转（transforms.RandomHorizontalFlip）两种增强手段，并通过 torchvision.utils 中的 make_grid 方法将处理后的图片制成网格图，增强过后的图片如图 4-3 所示。

图 4-3　数据增强之后的 CIFAR-10 图片

可以看到，处理之后的图片虽然与原图片稍有不同，出现了一些黑色边框（这是 RandomCrop 的效果），但是图片中的主要内容保持不变，也就是保证了数据增强之后标签的真实性。

利用上述工具，我们将建立一个可以供模型进行并行运算的 DataLoader，构建 DataLoader 的代码如下：

```
# data.py
import torchvision
from torchvision import transforms
import torch

from config import data_folder, batch_size

# 创建数据集
def create_datasets(data_folder, transform_train=None, transform_test=None):
    # 训练过程中的图像增强与数据转换
    if transform_train is None:
        transform_train = transforms.Compose(
            [
                # 扩张之后再随机裁剪
                transforms.RandomCrop(32, padding=4),
                # 随机翻转
                transforms.RandomHorizontalFlip(),
                # 将图片转换成 Tensor
                transforms.ToTensor(),
                # 根据 CIFAR-10 数据集的各个通道上的像素均值和方差进行归一化处理，使模型更易拟合
                transforms.Normalize(
                    (0.4914, 0.4822, 0.4465), (0.2023, 0.1994, 0.2010)
```

```
                ),
            ]
        )

    # 测试过程中的数据转换
    if transform_test is None:
        transform_test = transforms.Compose(
            [
                # 测试过程中无须进行图形变换
                transforms.ToTensor(),
                transforms.Normalize(
                    (0.4914, 0.4822, 0.4465), (0.2023, 0.1994, 0.2010)
                ),
            ]
        )
    # 训练集
    trainset = torchvision.datasets.CIFAR10(
        root=data_folder, train=True, download=True, transform=transform_train
    )
    # 训练集 Loader
    trainloader = torch.utils.data.DataLoader(
        trainset, batch_size=batch_size, shuffle=True, num_workers=2
    )
    # 测试集
    testset = torchvision.datasets.CIFAR10(
        root=data_folder, train=False, download=True, transform=transform_test
    )
    # 测试集 Loader
    testloader = torch.utils.data.DataLoader(
        testset, batch_size=batch_size, shuffle=False, num_workers=2
    )
    return trainloader, testloader
```

在上述代码中，`trainset` 是训练集，用于训练模型；`testset` 是测试集，用于验证模型效果。`trainset` 和 `testset` 的图像处理方法有所不同，`testset` 只是将图片转化成了 Tensor 并进行归一化，而 `trainset` 还添加了随机裁剪和随机翻转两个方法，目的是增加训练样本的多样性。

两个数据集经过 `DataLoader` 封装成批次数据，便可以输入模型中进行并行训练了。

4.1.2 卷积神经网络的发展

LeNet 是最早的分类卷积网络，在 1998 年由 Yann Lecun 提出。当时，LeNet 被设计用于手写数字识别，但是因为其理论解释性较差，并且效果不如处理人工特征的 SVM，所以一直没有得到重视。

一直到 2012 年，AlexNet 在 ILSVRC（也就是 ImageNet 比赛）中一举夺魁，才激发了人们对于深度学习的热情，从此深度学习进入了飞速发展的时期，之后便诞生了 VGG、ResNet 等一系列卷积网络架构。

1. LeNet

LeNet 的结构如图 4-4 所示，其中只有 3 种网络层——卷积层、池化层和全连接层。在激活函数的选择上，LeNet 选择了双曲正切函数（Tanh），确定了卷积神经网络的基本结构。

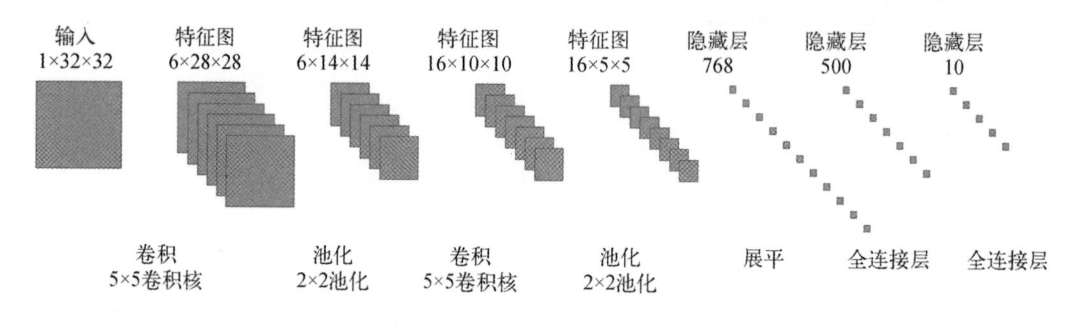

图 4-4　LeNet 结构示意图

现在有些深度学习框架中已经不提供定义好的 LeNet 网络了，即使有，也是经过简化改良之后的 LeNet-5，用于识别 MNIST 数据集的 LeNet-5 结构如图 4-5 所示。

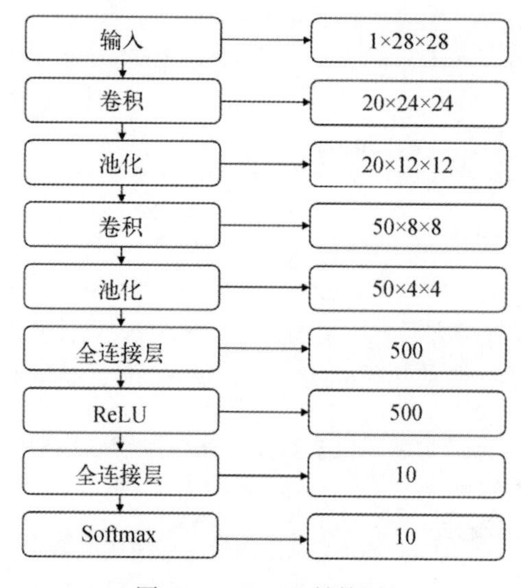

图 4-5　LeNet-5 结构图

Tanh 激活函数被替换成了 ReLU 激活函数。

2. AlexNet

AlexNet 中主要是提出了 ReLU 激活函数和 Dropout 方法，同时还引入了数据增强操作，使模型的泛化能力得到进一步提高。但是这个网络中的参数数量达到了 6000 万，AlexNet 的作者使用了两块 GTX 580 训练了五六天才得到分类结果。最终的分类结果也不负所望，以超越第二名10.9%的绝对优势夺得第一名。AlexNet 网络结构如图 4-6 所示。

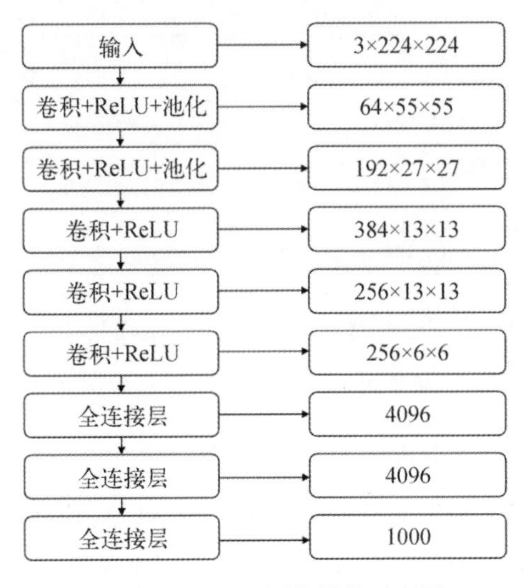

图 4-6 AlexNet 网络结构示意图

AlexNet 中包含了 5 个卷积层和 3 个全连接层，层数比 LeNet 多，但是卷积、池化这样的总体流程并没有改变。AlexNet 中用到的 3 个训练技巧对最终的结果起到了积极作用。

- **ReLU**：ReLU 激活函数具有非线性的特征，又不会像 Sigmoid 和 Tanh 那样，容易出现梯度弥散的问题。
- **Dropout**：其原理类似于 sklearn 中的集成算法，在训练过程中，会以一定概率让神经网络结点失去活性。在预测过程中，会将所有结点的输出乘以这个概率值。这样训练出来的神经网络能够得到类似多模型集成的效果，缓解了模型的过拟合问题。
- **数据增强**：数据增强过程相当于增加了样本的多样性，使模型具有更强的泛化能力。

3. VGGNet

我们可以将 VGGNet 看作一个加深版的 AlexNet，它使用了 3 个全连接层，使模型的总参数量达到了 1.3 亿，这个架构最大的贡献是它证明了：使用小尺寸的卷积核并增加网络深度可以有效提升模型效果。不过有关 VGGNet 的论文中提到，当网络层数叠加到 19 层时，其准确率几乎达到饱和，即此时无法再通过加深网络来提高准确率了。

这个网络在当时看来已经非常深了，VGG 的作者在训练 VGG 模型的时候，是先训练了浅层网络（VGG-11），等浅层网络稳定之后，再往上添加新的卷积层，这样逐步将网络深度增加到13、16、19。图 4-7 展示了 VGG-16 的网络结构。

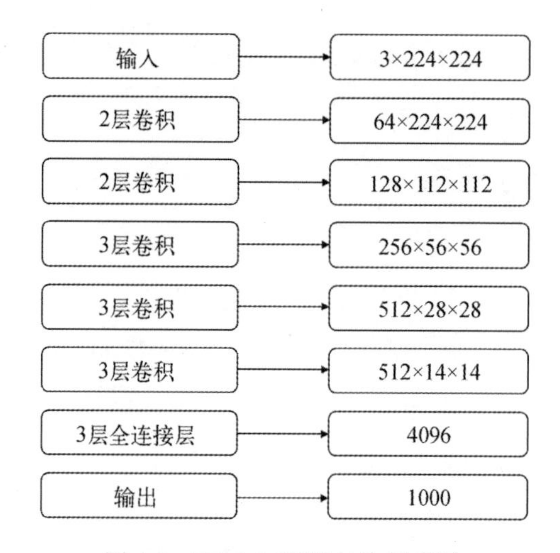

图 4-7　VGG-16 网络结构示意图

VGG 使用多个小卷积核替代了大卷积核，比如使用 3 个 3×3 卷积核得到的特征图尺寸和使用 1 个 7×7 卷积核得到的特征图尺寸相同，7×7 卷积核有 49×channel 个参数，而 3 个 3×3 卷积核只有 27×channel 个参数（channel 是通道数）。

在 VGG 之后出现的网络中，卷积核基本以 3×3 卷积和 1×1 卷积为主。

4. GoogleNet

GoogleNet 也叫 InceptionNet，与 AlexNet 和 VGGNet 这种单纯依靠加深网络结构进而改进网络性能的思路不一样，它另辟蹊径，在加深网络的同时，改进了网络结构：引入 Inception 模块（见图 4-8），使用分支结构。在仅有 500 万参数的情况下，GoogleNet 力压 VGG 模型获得 2014 年 ILSVRC 分类比赛的冠军（VGG 是定位比赛的冠军和分类比赛的亚军）。

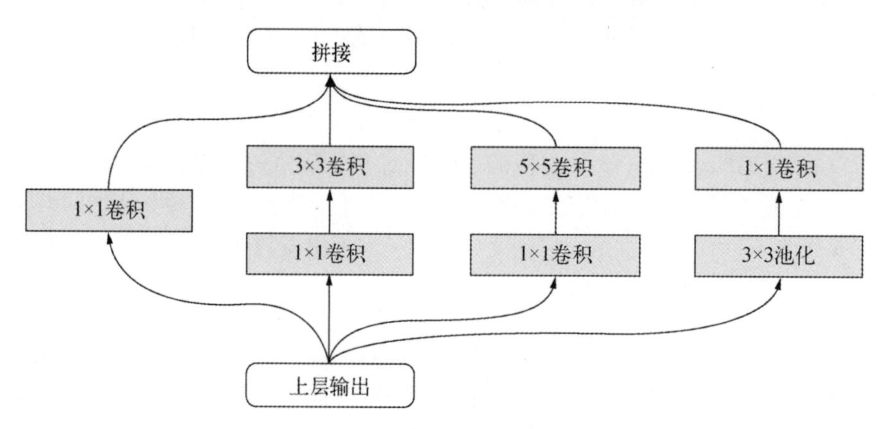

图 4-8　Inception 模块

GoogleNet 为了能让模型更好地收敛，在较浅层的特征图上设计了辅助损失单元，这样得到的浅层特征也能有很好的区分能力。

Inception v2 中提出了 Batch Normalization（本书将其简称为 BatchNorm），对激活值进行了规范化操作，使网络梯度反向传播时不再受参数尺度影响，这个方法已经被后来很多网络架构应用。在有些项目中，为了优化模型的速度和内存占用情况，会将 BatchNorm 合并到卷积中。

5. ResNet

ResNet 可以说是卷积神经网络发展史上里程碑式的贡献，其独创的残差结构（见图 4-9）能够有效缓解梯度弥散问题，在网络层数达到 100 多层的时候，仍然可以有效地进行训练。

考虑到 x 的维度与 $F(x)$的维度可能不匹配，需进行维度匹配工作，在恒等层采用 1×1 卷积核来增加维度。

在网络进一步加深之后，图 4-9 中的残差模块变得不是特别有效，所以又设计了一种瓶颈参数模块，如图 4-10 所示。第一个 1×1 卷积起到了降维的作用，将原来 256 维的 x 降维到 64 维，从而使 3×3 卷积得以在较低维度上进行运算，起到了提高运算效率的作用。3×3 卷积计算完毕之后，再使用 1×1 卷积进行升维，以便与原有的 x 相加。

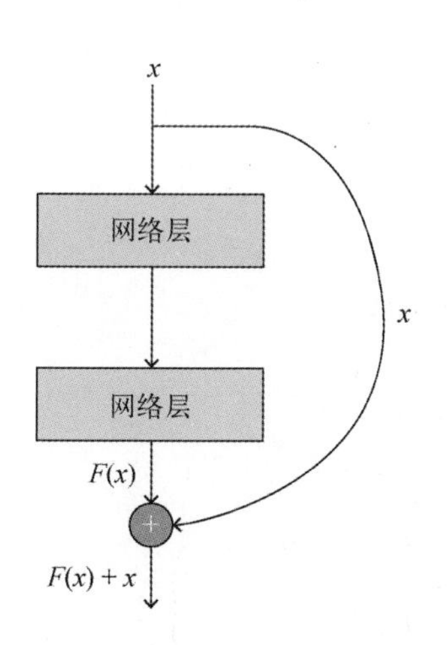

图 4-9 ResNet 中的残差模块

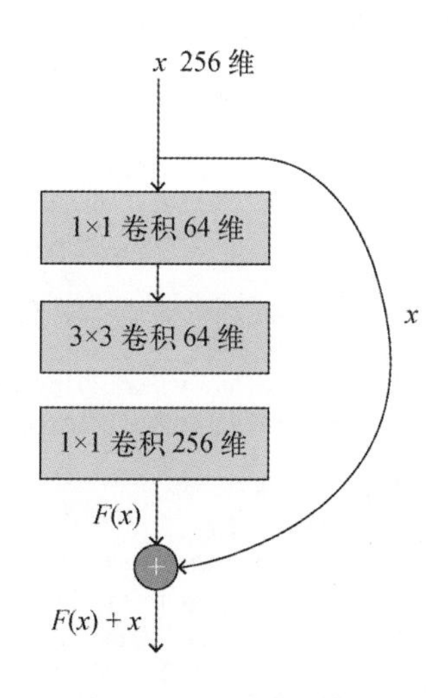

图 4-10 瓶颈残差模块

4.1.3 分类网络的实现

本节将展示如何搭建适用于 CIFAR-10 分类的 VGG 和 ResNet 网络，因为 PyTorch 中提供的预训练好的 VGGNet 和 ResNet 都是在 ImageNet 上训练的，其模型结构也是针对 224×224 的图片设计的，因此它们在32×32的CIFAR-10数据集上并不适用。

原版的VGGNet是没有BatchNorm层的，这里的VGG参照了torchvision中的vgg_bn模型，添加BatchNorm是为了提高准确率，建立分类模型的代码如下：

```
# model.py
# 本文件中包含VGG-11和ResNet-18两种模型结构，在学习过程中可以任选其一进行练习
import torch
from torch import nn
import torch.nn.functional as F

class VGG(nn.Module):
    def __init__(self, cfg, num_classes=10):
        super(VGG, self).__init__()
        self.features = self._make_layers(cfg)
        self.classifier = nn.Linear(512, num_classes)

    # 根据cfg配置参数逐步叠加网络层
    def _make_layers(self, cfg):
        layers = []
        # 输入通道，彩色图片的通道数量是3
        in_channels = 3
        for x in cfg:
            # 如果x==M，那么添加一个最大池化层
            if x == "M":
                layers += [nn.MaxPool2d(kernel_size=2, stride=2)]
            else:
                # 如果不是M，则添加一套卷积（卷积+BatchNorm+ReLU)
                layers += [
                    nn.Conv2d(in_channels, x, kernel_size=3, padding=1),
                    nn.BatchNorm2d(x),
                    nn.ReLU(inplace=True),
                ]
                in_channels = x
        # 加入平均池化
        layers += [nn.AvgPool2d(kernel_size=1, stride=1)]
        return nn.Sequential(*layers)

    def forward(self, x):
        # 计算特征网络
        out = self.features(x)
        out = out.view(out.size(0), -1)
        # 计算分类网络
        out = self.classifier(out)
        return out

class BasicBlock(nn.Module):
    def __init__(self, in_channels, mid_channels, stride=1):
        """
        in_channels: 输入通道数
        mid_channels: 中间及输出通道数
        """
```

```
        super(BasicBlock, self).__init__()
        self.conv1 = nn.Conv2d(
            in_channels=in_channels,
            out_channels=mid_channels,
            kernel_size=3,
            stride=stride,
            padding=1,
            bias=False,
        )
        self.bn1 = nn.BatchNorm2d(mid_channels)
        self.conv2 = nn.Conv2d(
            mid_channels,
            mid_channels,
            kernel_size=3,
            stride=1,
            padding=1,
            bias=False,
        )
        self.bn2 = nn.BatchNorm2d(mid_channels)
        # 定义短接网络，如果不需要调整维度，shortcut 就是一个空的 nn.Sequential
        self.shortcut = nn.Sequential()
        # 因为 shortcut 后需要将两个分支累加，所以要求两个分支的维度匹配
        # 所以 input_channels 与最终的 channels 不匹配时，需要通过 1×1 卷积进行升维
        if stride != 1 or in_channels != mid_channels:
            self.shortcut = nn.Sequential(
                nn.Conv2d(
                    in_channels,
                    mid_channels,
                    kernel_size=1,
                    stride=stride,
                    bias=False,
                ),
                nn.BatchNorm2d(mid_channels),
            )

    def forward(self, x):
        out = F.relu(self.bn1(self.conv1(x)))
        out = self.bn2(self.conv2(out))
        out += self.shortcut(x)
        out = F.relu(out)
        return out

class ResNet(nn.Module):
    def __init__(self, block, num_blocks, num_classes=10):
        super(ResNet, self).__init__()
        self.in_channels = 64
        self.conv1 = nn.Conv2d(
            3, 64, kernel_size=3, stride=1, padding=1, bias=False
        )
        self.bn1 = nn.BatchNorm2d(64)
        # 搭建 basicblock
        self.layer1 = self._make_layer(block, 64, num_blocks[0], stride=1)
        self.layer2 = self._make_layer(block, 128, num_blocks[1], stride=2)
        self.layer3 = self._make_layer(block, 256, num_blocks[2], stride=2)
```

```
        self.layer4 = self._make_layer(block, 512, num_blocks[3], stride=2)
        # 最后的线性层
        self.linear = nn.Linear(512, num_classes)

    def _make_layer(self, block, mid_channels, num_blocks, stride):
        strides = [stride] + [1] * (
            num_blocks - 1
        )  # stride 仅指定第一个 block 的 stride，后面的 stride 都是 1
        layers = []
        for stride in strides:
            layers.append(block(self.in_channels, mid_channels, stride))
            self.in_channels = mid_channels
        return nn.Sequential(*layers)

    def forward(self, x):
        out = F.relu(self.bn1(self.conv1(x)))
        out = self.layer1(out)
        out = self.layer2(out)
        out = self.layer3(out)
        out = self.layer4(out)
        out = F.avg_pool2d(out, 4)
        out = out.view(out.size(0), -1)
        out = self.linear(out)
        return out

# 构建 ResNet-18 模型
def resnet18():
    return ResNet(BasicBlock, [2, 2, 2, 2])

# 构建 VGG-11 模型
def vgg11():
    cfg = [64, "M", 128, "M", 256, 256, "M", 512, 512, "M", 512, 512, "M"]
    return VGG(cfg)

if __name__ == "__main__":
    from torchsummary import summary

    vggnet = vgg11().cuda()
    resnet = resnet18().cuda()

    summary(vggnet, (3, 32, 32))
    summary(resnet, (3, 32, 32))
```

上述代码定义了 VGG-11 和 ResNet-18 网络，因为网络层数较多，可以根据网络层的规律设计 `_make_layer` 方法批量搭建网络模块，避免了逐一书写网络层的麻烦。

VGG-11 中的基础模块是由卷积、BatchNorm、ReLU 或池化层构成的序列模块，建立模型时需要给 VGG-11 提供一个 cfg 列表，其中的数字对应的序号为卷积层，数字代表卷积层的通道数量，`M` 对应的网络层为池化层。

函数 `resnet18` 中的基础模块由两个卷积层、两个 BatchNorm 层和一个 shortcut 层（包含一个卷积和一个 BatchNorm 层）组成。构建模型时需要向 `resnet18` 函数提供两个参数：基础模块的类名和每层中包含的基础模块数量。

使用 `torchsummary` 工具可以看到每一层的名称、特征图尺寸和参数数量信息，两个模型的详细信息如下：

```
VGG
----------------------------------------------------------------
        Layer (type)               Output Shape         Param #
================================================================
            Conv2d-1           [-1, 64, 32, 32]           1,792
       BatchNorm2d-2           [-1, 64, 32, 32]             128
              ReLU-3           [-1, 64, 32, 32]               0
         MaxPool2d-4           [-1, 64, 16, 16]               0
            Conv2d-5          [-1, 128, 16, 16]          73,856
       BatchNorm2d-6          [-1, 128, 16, 16]             256
              ReLU-7          [-1, 128, 16, 16]               0
         MaxPool2d-8            [-1, 128, 8, 8]               0
            Conv2d-9            [-1, 256, 8, 8]         295,168
      BatchNorm2d-10            [-1, 256, 8, 8]             512
             ReLU-11            [-1, 256, 8, 8]               0
           Conv2d-12            [-1, 256, 8, 8]         590,080
      BatchNorm2d-13            [-1, 256, 8, 8]             512
             ReLU-14            [-1, 256, 8, 8]               0
        MaxPool2d-15            [-1, 256, 4, 4]               0
           Conv2d-16            [-1, 512, 4, 4]       1,180,160
      BatchNorm2d-17            [-1, 512, 4, 4]           1,024
             ReLU-18            [-1, 512, 4, 4]               0
           Conv2d-19            [-1, 512, 4, 4]       2,359,808
      BatchNorm2d-20            [-1, 512, 4, 4]           1,024
             ReLU-21            [-1, 512, 4, 4]               0
        MaxPool2d-22            [-1, 512, 2, 2]               0
           Conv2d-23            [-1, 512, 2, 2]       2,359,808
      BatchNorm2d-24            [-1, 512, 2, 2]           1,024
             ReLU-25            [-1, 512, 2, 2]               0
           Conv2d-26            [-1, 512, 2, 2]       2,359,808
      BatchNorm2d-27            [-1, 512, 2, 2]           1,024
             ReLU-28            [-1, 512, 2, 2]               0
        MaxPool2d-29            [-1, 512, 1, 1]               0
        AvgPool2d-30            [-1, 512, 1, 1]               0
           Linear-31                   [-1, 10]           5,130
================================================================
Total params: 9,231,114
Trainable params: 9,231,114
Non-trainable params: 0
----------------------------------------------------------------
Input size (MB): 0.01
Forward/backward pass size (MB): 3.71
Params size (MB): 35.21
Estimated Total Size (MB): 38.94
----------------------------------------------------------------
```

```
ResNet
----------------------------------------------------------------
        Layer (type)               Output Shape         Param #
================================================================
            Conv2d-1           [-1, 64, 32, 32]           1,728
       BatchNorm2d-2           [-1, 64, 32, 32]             128
            Conv2d-3           [-1, 64, 32, 32]          36,864
       BatchNorm2d-4           [-1, 64, 32, 32]             128
            Conv2d-5           [-1, 64, 32, 32]          36,864
       BatchNorm2d-6           [-1, 64, 32, 32]             128
        BasicBlock-7           [-1, 64, 32, 32]               0
            Conv2d-8           [-1, 64, 32, 32]          36,864
       BatchNorm2d-9           [-1, 64, 32, 32]             128
           Conv2d-10           [-1, 64, 32, 32]          36,864
      BatchNorm2d-11           [-1, 64, 32, 32]             128
       BasicBlock-12           [-1, 64, 32, 32]               0
           Conv2d-13          [-1, 128, 16, 16]          73,728
      BatchNorm2d-14          [-1, 128, 16, 16]             256
           Conv2d-15          [-1, 128, 16, 16]         147,456
      BatchNorm2d-16          [-1, 128, 16, 16]             256
           Conv2d-17          [-1, 128, 16, 16]           8,192
      BatchNorm2d-18          [-1, 128, 16, 16]             256
       BasicBlock-19          [-1, 128, 16, 16]               0
           Conv2d-20          [-1, 128, 16, 16]         147,456
      BatchNorm2d-21          [-1, 128, 16, 16]             256
           Conv2d-22          [-1, 128, 16, 16]         147,456
      BatchNorm2d-23          [-1, 128, 16, 16]             256
       BasicBlock-24          [-1, 128, 16, 16]               0
           Conv2d-25            [-1, 256, 8, 8]         294,912
      BatchNorm2d-26            [-1, 256, 8, 8]             512
           Conv2d-27            [-1, 256, 8, 8]         589,824
      BatchNorm2d-28            [-1, 256, 8, 8]             512
           Conv2d-29            [-1, 256, 8, 8]          32,768
      BatchNorm2d-30            [-1, 256, 8, 8]             512
       BasicBlock-31            [-1, 256, 8, 8]               0
           Conv2d-32            [-1, 256, 8, 8]         589,824
      BatchNorm2d-33            [-1, 256, 8, 8]             512
           Conv2d-34            [-1, 256, 8, 8]         589,824
      BatchNorm2d-35            [-1, 256, 8, 8]             512
       BasicBlock-36            [-1, 256, 8, 8]               0
           Conv2d-37            [-1, 512, 4, 4]       1,179,648
      BatchNorm2d-38            [-1, 512, 4, 4]           1,024
           Conv2d-39            [-1, 512, 4, 4]       2,359,296
      BatchNorm2d-40            [-1, 512, 4, 4]           1,024
           Conv2d-41            [-1, 512, 4, 4]         131,072
      BatchNorm2d-42            [-1, 512, 4, 4]           1,024
       BasicBlock-43            [-1, 512, 4, 4]               0
           Conv2d-44            [-1, 512, 4, 4]       2,359,296
      BatchNorm2d-45            [-1, 512, 4, 4]           1,024
           Conv2d-46            [-1, 512, 4, 4]       2,359,296
      BatchNorm2d-47            [-1, 512, 4, 4]           1,024
       BasicBlock-48            [-1, 512, 4, 4]               0
           Linear-49                   [-1, 10]           5,130
================================================================
```

```
Total params: 11,173,962
Trainable params: 11,173,962
Non-trainable params: 0
----------------------------------------------------------------
Input size (MB): 0.01
Forward/backward pass size (MB): 11.25
Params size (MB): 42.63
Estimated Total Size (MB): 53.89
----------------------------------------------------------------
```

输出结果共有 3 列，左边是按计算顺序输出的网络层的名称，中间是网络层对应的特征图的尺寸，右边是网络层的参数数量。

`Total params` 是模型总参数数量，`Trainable params` 是模型中需要训练的参数数量，`Non-trainable params` 是无须训练的参数数量，`Input size` 是模型输入数据的大小，`Forward/backward pass size` 是模型前向传播和反向传播产生的中间计算结果和梯度的大小，`Params size` 是模型参数大小，`Estimated Total Size` 是估计模型运行时需要占用的总内存大小。

model.py 文件定义了 VGG-11 和 ResNet-18 两种网络结构，读者可以选择任意一种进行本章后续的分类及回归模型学习。

分类模型的输出结点数量与图片类别数量相等，这样是为了方便使用 `CrossEntropyLoss` 或 `NLLLoss` 等常用的分类损失函数进行训练。

在进行模型推理时，所有结点中数值最大的结点的序号即为预测出来的图片类别的序号。

4.1.4 模型训练

新手对模型及其相关算法并不熟悉，很容易在细节上犯错，而在大数据集的训练过程中寻找错误是一件非常耗时的事情，所以可以先在较小的数据集上测试模型的正确性，比如在训练一个几千个类别的中文字符分类网络前，可以先拿 CIFAR-10 测试一下模型是否能够收敛，甚至是先从 CIFAR-10 中挑出两个类别组成一个二分类数据集，来测试模型是否可以收敛，在确认无误之后再使用大数据集训练。这样能够减少模型调试的时间。

前面我们已经准备好了模型和数据，还需要定义好损失函数和优化器才能开始模型的训练。

1. 损失函数

损失函数用于衡量预测值与实际值之间的误差，而模型的训练目标就是让损失函数越来越小。损失函数的选择根据模型不同会有所不同，在图像分类问题中，常使用 CrossEntropyLoss 或 NLLLoss。本节中将使用 CrossEntropyLoss（交叉熵损失函数）。

2. 优化器

优化器是预先制定好的优化模型参数的策略，是求损失函数极小值的方法。在神经网络中，因为模型和数据非常复杂，无法直接求得损失函数的极小值，所以通常采用迭代的方式求解。PyTorch 中提供了多种优化器，其中最基础的是随机梯度下降优化器（SGD 优化器），其余的 RMSprop、Adam 等优化器大多是由 SGD 优化器演变而来。本节中将采用 SGD 优化器，并在其中加入 Momentum 参数，以减少模型陷入局部最优值的情况。

3. 学习率

学习率的选择在神经网络训练任务中至关重要，对大部分神经网络模型来说，学习率是训练过程中需要调节的最主要参数，调节学习率需要一定的经验，一般来说使用 SGD 优化器时初始学习率一般设置为 0.01~0.1，而 Adam 优化器的初始学习率一般设置为 0.001~0.01。如果是在预训练模型的基础上进行迁移学习，学习率通常会降低一到两个数量级。

4. 训练与验证

在训练的过程中，可以进行实时验证，以便及时发现模型的过拟合现象，调整策略。

接下来就可以进行模型的训练了，训练的步骤与图 4-1 相同，即“梯度清零–前向传播–计算损失–反向传播–更新参数–验证模型”，如此循环往复直至模型达到任务要求。

模型的训练过程中有如下几个注意事项。

- 在对损失进行前向传播前，需要清空模型中的变量的梯度，避免上次的 `backward` 的梯度对这次参数更新造成影响，可以使用 `net.zero_grad` 或者 `optimizer.zero_grad`。
- PyTorch 中的 `nn.Module` 类具有 `train` 和 `eval` 两种计算模式，对于包含 BatchNorm 或者 Dropout 的模型来说，`train` 模式和 `eval` 模式的计算方式并不相同，在验证模型时，需要选择 `eval` 模式，避免随机扰动影响预测结果。
- 验证模型时使用 `torch.no_grad` 可以提高验证时的运算速度。
- 需要进行损失累加或者其他保存损失的操作时，需要取 `loss.item`，否则会造成模型中的梯度不断积累，使显存（或内存）占用越来越高，直至溢出。
- 模型和数据需要在同一个设备上，同是 GPU 或者同是 CPU，如果有多个 GPU，可以通过指定 GPU 编号来保证数据和模型在同一个 GPU 上。
- 神经网络训练通常需要较长时间，为了避免中间出现故障导致前功尽弃，最好在训练过程中每隔一定的迭代次数就将中间模型保存到本地文件进行备份。

下面是模型训练代码：

```python
# train_val.py
from torch import optim, nn
import torch
import os.path as osp
from tqdm import tqdm
from torch.utils.tensorboard import SummaryWriter

from config import epochs, device, data_folder, epochs, checkpoint_folder
from data import create_datasets
from model import vgg11

# 这里为后续的回归问题预留了一些代码
def train_val(
    net, trainloader, valloader, criteron, epochs, device, model_name="cls"
):
    best_acc = 0.0
    best_loss = 1e9
    writer = SummaryWriter("log")
    # 如果模型文件已经存在，先加载模型文件再在此基础上训练
    if osp.exists(osp.join(checkpoint_folder, model_name + ".pth")):
        net.load_state_dict(
            torch.load(osp.join(checkpoint_folder, model_name + ".pth"))
        )
        print("模型已加载")
    for n, (num_epochs, lr) in enumerate(epochs):
        optimizer = optim.SGD(
            net.parameters(), lr=lr, weight_decay=5e-4, momentum=0.9
        )
        # 循环多次
        for epoch in range(num_epochs):
            net.train()
            epoch_loss = 0.0
            epoch_acc = 0.0
            for i, (img, label) in tqdm(
                enumerate(trainloader), total=len(trainloader)
            ):
                # 将图片和标签都移动到 GPU 中
                img, label = img.to(device), label.to(device)
                output = net(img)
                # 清空梯度
                optimizer.zero_grad()
                # 计算损失
                loss = criteron(output, label)
                # 反向传播
                loss.backward()
                # 更新参数
                optimizer.step()
                # 分类问题容易使用准确率来衡量模型效果
                # 但是回归模型无法按分类模型的方法计算准确率
                if model_name == "cls":
                    pred = torch.argmax(output, dim=1)
                    acc = torch.sum(pred == label)
                    # 累计准确率
                    epoch_acc += acc.item()
```

```
            epoch_loss += loss.item() * img.shape[0]
        # 计算这个 epoch 的平均损失
        epoch_loss /= len(trainloader.dataset)
        if model_name == "cls":
            # 计算这个 epoch 的平均准确率
            epoch_acc /= len(trainloader.dataset)
            print(
                "epoch loss: {:.8f}  epoch accuracy : {:.8f}".format(
                    epoch_loss, epoch_acc
                )
            )
            # 将损失添加到 TensorBoard 中
            writer.add_scalar(
                "epoch_loss_{}".format(model_name),
                epoch_loss,
                sum([e[0] for e in epochs[:n]]) + epoch,
            )
            # 将准确率添加到 TensorBoard 中
            writer.add_scalar(
                "epoch_acc_{}".format(model_name),
                epoch_acc,
                sum([e[0] for e in epochs[:n]]) + epoch,
            )

        else:
            print("epoch loss: {:.8f}".format(epoch_loss))
            writer.add_scalar(
                "epoch_loss_{}".format(model_name),
                epoch_loss,
                sum([e[0] for e in epochs[:n]]) + epoch,
            )
        # 在无梯度模式下快速验证
        with torch.no_grad():
            # 将 net 设置为验证模式
            net.eval()
            val_loss = 0.0
            val_acc = 0.0
            for i, (img, label) in tqdm(
                enumerate(valloader), total=len(valloader)
            ):
                img, label = img.to(device), label.to(device)
                output = net(img)
                loss = criteron(output, label)
                if model_name == "cls":
                    pred = torch.argmax(output, dim=1)
                    acc = torch.sum(pred == label)
                    val_acc += acc.item()
                val_loss += loss.item() * img.shape[0]
            val_loss /= len(valloader.dataset)
            val_acc /= len(valloader.dataset)
            if model_name == "cls":
                # 如果验证之后的模型超过了目前最好的模型
                if val_acc > best_acc:
                    # 更新 best_acc
```

```
                    best_acc = val_acc
                    # 保存模型
                    torch.save(
                        net.state_dict(),
                        osp.join(checkpoint_folder, model_name + ".pth"),
                    )
                print(
                    "validation loss: {:.8f}  validation accuracy : {:.8f}".format(
                        val_loss, val_acc
                    )
                )
                # 将 validation_loss 加入 TensorBoard 中
                writer.add_scalar(
                    "validation_loss_{}".format(model_name),
                    val_loss,
                    sum([e[0] for e in epochs[:n]]) + epoch,
                )
                writer.add_scalar(
                    "validation_acc_{}".format(model_name),
                    val_acc,
                    sum([e[0] for e in epochs[:n]]) + epoch,
                )
            else:
                # 如果得到的损失比当前最好的损失还好
                if val_loss < best_loss:
                    # 更新 best_loss
                    best_loss = val_loss
                    # 保存模型
                    torch.save(
                        net.state_dict(),
                        osp.join(checkpoint_folder, model_name),
                    )
                print("validation loss: {:.8f}".format(val_loss))
                writer.add_scalar(
                    "epoch_loss_{}".format(model_name),
                    val_loss,
                    sum([e[0] for e in epochs[:n]]) + epoch,
                )
    writer.close()

if __name__ == "__main__":
    trainloader, valloader = create_datasets(data_folder)
    net = vgg11().to(device)
    criteron = nn.CrossEntropyLoss()
    train_val(net, trainloader, valloader, criteron, epochs, device)
```

上述代码定义了分类模型和回归模型的训练过程，分为如下几个步骤。

(1) 开始训练前，查看有没有预训练过的模型，如果有，先把模型加载进来再在此基础上训练。这项操作可以方便在调整了参数之后继续之前的训练。

(2) 定义模型、优化器、损失函数和数据。

(3) 遍历数据，将数据输入模型进行前向传播，计算结果用于计算模型损失。

(4) 根据损失进行反向传播，更新模型参数。

(5) 每次遍历完训练数据集后，再遍历验证数据集，进行模型效果验证。验证的作用是观察模型是否过拟合，所以不一定每次训练之后都需要验证，读者可以根据自己的需求设置验证频次，比如训练 2 次验证 1 次、训练 3 次验证 1 次都是很常见的操作。

(6) 设置 `best_loss` 和 `best_acc` 参数，在训练过程中不断对比新得到的模型与原来的最佳模型之间的差距，以保证每次保存的模型都是最优模型。

此外，在每一步训练和验证的结果都保存到 TensorBoard 中。

训练结果如图 4-11~图 4-14 所示，可以看到在训练了 50 次后，学习率从 0.001 降低到 0.0001，模型的准确率和损失都出现了明显的改善。说明这种学习率调整策略是有效的。

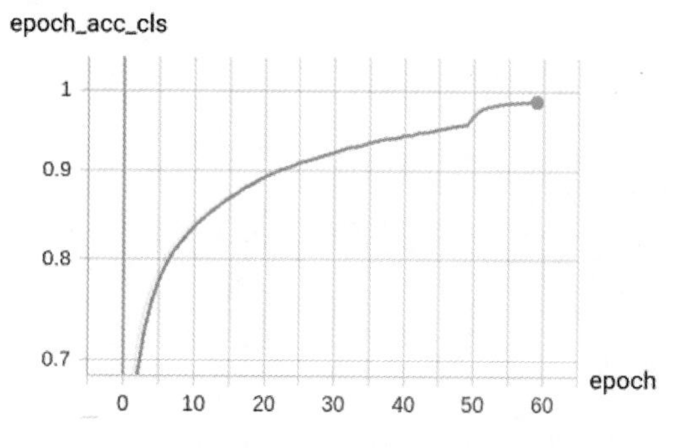

图 4-11　训练准确率

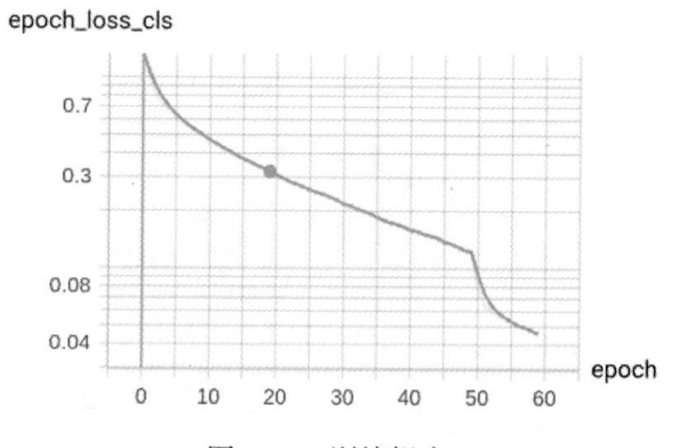

图 4-12　训练损失

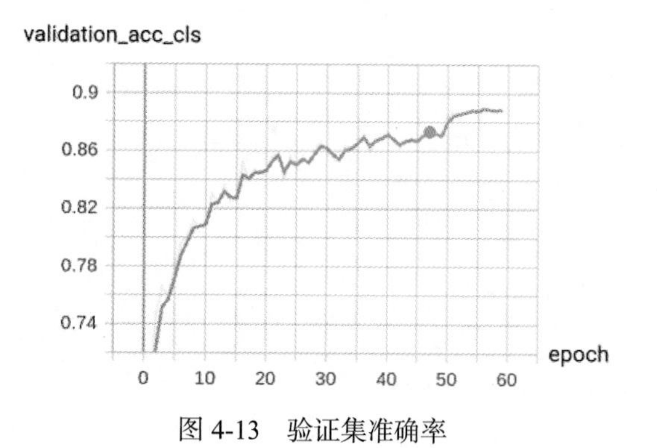

图 4-13　验证集准确率

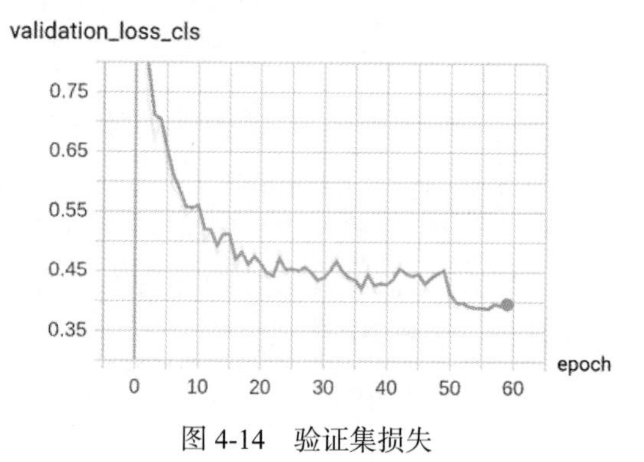

图 4-14　验证集损失

4.1.5　模型展示

模型达到预期准确率之后，便可以进行效果展示，效果展示通常是直接输入图片，观察模型输出的方式。

读者可以自行在网上搜索属于 CIFAR-10 的图片，如飞机图片，将图片路径输入下面的代码，即可获得分类结果。

在进行模型预测时，需要先将待识别的图片通过 `numpy.ndarray` 或者 `PIL.Image` 转换成 Tensor。输入 Tensor 的格式为 BCHW 格式，其中 B 代表 Batch，即一次性输入模型的图片数量；C 是通道，一般彩色图片是三通道，黑白图片是一通道；H 是图片的高度；W 是图片的宽度。

在这个模型中，网络的输出有 10 个值，这 10 个值中最大值的索引就是图片所属的类别。相关代码如下：

```
# demo.py
import torch
import os.path as osp
from torchvision import transforms
from PIL import Image
import matplotlib.pyplot as plt
import numpy as np

from model import vgg11
from config import checkpoint_folder, label_list
from data import create_datasets

def demo(img_path):
    totensor = transforms.ToTensor()
    # 输入前需要调整尺寸
    img = Image.open(img_path).resize((32, 32))
    # 添加一个维度，以适应 (N,C,H,W) 格式
    img_tensor = totensor(img).unsqueeze(0)
    net = vgg11()
        # 加载模型参数
    net.load_state_dict(torch.load(osp.join(checkpoint_folder, "net.pth")))
    # 验证模式
    net.eval()
    output = net(img_tensor)
    # 挑选概率最大的预测标签
    label = torch.argmax(output, dim=1)
    plt.imshow(np.array(img))
    plt.title(str(label_list[label]))
    plt.savefig("img/plane.jpg")
    plt.show()

if __name__ == "__main__":
    demo("img/plane.jpeg")
```

上述代码先使用了 `Image.open` 函数读取图片，在将图片转化成 Tensor 并添加了一个维度之后，便可将其输入网络进行前向传播，得到推理结果之后取最大概率的标签即为分类类别。

得到的结果如图 4-15 所示，可以看到图中的飞机被正确分类为 airplane，读者也可以继续用其他的图片来测试这个模型。

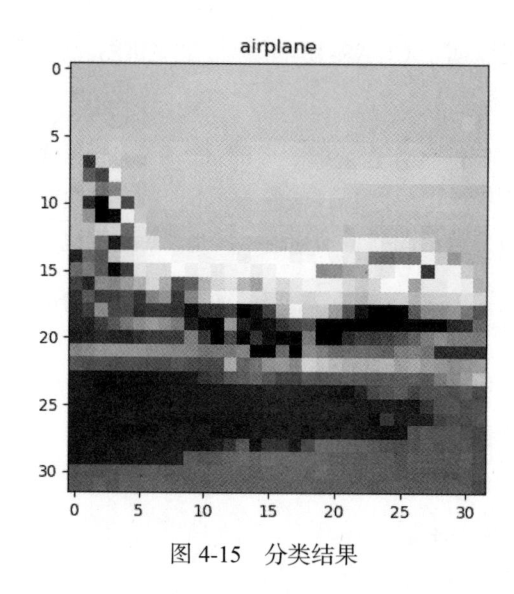

图 4-15 分类结果

至此图像分类网络就算完成了，从这一实例中学到的模型训练方法在后续的实例中将频繁用到。

4.1.6 多标签分类

在前面介绍的分类问题中，一张图片只有一个分类。但是在现实生活中，我们遇到的图片很少会这么巧只包含一种物体，即便是上面的飞机图片，里面也包含了跑道、草地等物体。为了精准地识别包含多个物体的图片，可以使用多标签分类技术。

下面介绍一种实用的多标签分类任务：定长验证码识别。

这个例子用于识别常规的"4 位数字+字符"验证码，思路是先使用验证码生成库生成足够多的验证码，并给每张验证码图片打上 4 个标签（分别对应验证码图片中的 4 个字符），将其加入分类网络中进行训练。

1. 验证码生成

有很多能够生成验证码的 Python 库，这里选择 captcha 来提供训练素材。可以直接使用 pip 安装 captcha 库：

```
pip install captcha
```

安装完成之后，可以使用如下方法生成包含数字和小写字母的验证码：

```
>>> from captcha.image import ImageCaptcha
>>> from random import randint,seed
```

```
>>> import matplotlib.pyplot as plt
>>> # 字符列表
>>> char_list = ['0', '1', '2', '3', '4', '5', '6', '7', '8', '9',
...         'a', 'b', 'c', 'd', 'e', 'f', 'g', 'h', 'i', 'j', 'k', 'l', 'm', 'n', 'o', 'p', 'q', 'r',
's', 't', 'u', 'v', 'w', 'x', 'y', 'z',]
>>> # 创建空字符，用于记录验证码标签
>>> chars = ''
>>> for i in range(4):
...     chars += char_list[randint(0,35)]
...
>>> # 生成验证码
... image = ImageCaptcha().generate_image(chars)
>>> plt.imshow(image)
<matplotlib.image.AxesImage object at 0x000000000DE4E1D0>
>>> plt.show()
```

上述代码利用 `random.randint` 函数从包含 10 个数字和 26 个字母的字符列表中随机抽取了 4 个字符，组成字符串，输入 `ImageCaptcha.generate_image` 函数，该函数会根据这个字符串生成一张验证码图片，如图 4-16 所示。

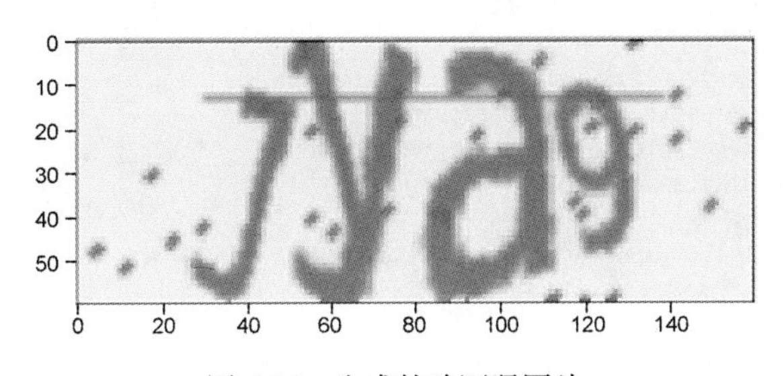

图 4-16 生成的验证码图片

仅仅生成了图片还不够，还需要将图片数据集封装成方便 PyTorch 处理的结构，这里还是使用了 `torch.utils.data` 下的 `Dataset` 和 `DataLoader` 工具。

与单标签分类不同的是，封装 `Dataset` 时需要生成多个对应的标签，因为本实例选择的损失函数是 `MultiLabelSoftMarginLoss`，所以这些标签需要转化成 One-Hot 编码形式（依据选择的模型和损失函数，处理方式会有所不同）。相关代码如下：

```
# captcha_data.py
from torch.utils.data import Dataset, DataLoader
from torchvision import transforms
import torch
from captcha.image import ImageCaptcha
from random import randint, seed
import matplotlib.pyplot as plt
from tqdm import tqdm

char_list = [
    "0",    "1",    "2",    "3",    "4",    "5",    "6",    "7",
```

```
    "8",    "9",    "a",    "b",    "c",    "d",    "e",    "f",
    "g",    "h",    "i",    "j",    "k",    "l",    "m",    "n",
    "o",    "p",    "q",    "r",    "s",    "t",    "u",    "v",
    "w",    "x",    "y",    "z",
]

class CaptchaData(Dataset):
    def __init__(self, char_list, num=10000):
        # 字符列表
        self.char_list = char_list
        # 字符转 id
        self.char2index = {
            self.char_list[i]: i for i in range(len(self.char_list))
        }
        # 标签列表
        self.label_list = []
        # 图片列表
        self.img_list = []
        # 生成验证码数量
        self.num = num
        for i in tqdm(range(self.num)):
            chars = ""
            for i in range(4):
                chars += self.char_list[randint(0, 35)]
            image = ImageCaptcha().generate_image(chars)
            self.img_list.append(image)
            # 不区分大小写
            self.label_list.append(chars)  # .lower())

    def __getitem__(self, index):
        # 通过 index 去除验证码和对应的标签
        chars = self.label_list[index]
        image = self.img_list[index].convert("L")
        # 将字符转成 Tensor
        chars_tensor = self._numerical(chars)
        image_tensor = self._totensor(image)
        # 把标签转化为 One-Hot 编码，以适应多标签损失函数的输入
        label = chars_tensor.long().unsqueeze(1)
        label_onehot = torch.zeros(4, 36)
        label_onehot.scatter_(1, label, 1)
        label = label_onehot.view(-1)
        return image_tensor, label

    def _numerical(self, chars):
        # 标签字符转 id
        chars_tensor = torch.zeros(4)
        for i in range(len(chars)):
            chars_tensor[i] = self.char2index[chars[i]]
        return chars_tensor

    def _totensor(self, image):
        # 图片转 Tensor
        return transforms.ToTensor()(image)
```

```
    def __len__(self):
        # 必须指定 Dataset 的长度
        return self.num

# 实例化一个 Dataset，大概要 10 000 个样本才能训练出比较好的效果
data = CaptchaData(char_list, num=10000)
# num_worders 多进程加载
dataloader = DataLoader(
    data, batch_size=128, shuffle=True, num_workers=4
)
val_data = CaptchaData(char_list, num=2000)
val_loader = DataLoader(
    val_data, batch_size=256, shuffle=True, num_workers=4
)
if __name__ == "__main__":
    # 可以通过如下方式从数据集中获取图片和对应的标签
    img, label = data[10]
    predict = torch.argmax(label.view(-1, 36), dim=1)
    plt.title("-".join([char_list[lab.int()] for lab in predict]))
    plt.imshow(transforms.ToPILImage()(img))
    plt.show()
```

上述代码首先利用验证码生成功能生成了一个验证码图片列表和一个验证码标签列表；然后使用了 `Dataset` 对生成的验证码数据进行了封装，并将标签转化成了 One-Hot 形式，每张验证码图片对应 4 个标签，每个标签下有 36 个类别；最后将所有数据使用 `DataLoader` 进行包装，方便模型调用。

得到的验证码及标签如图 4-17 所示。

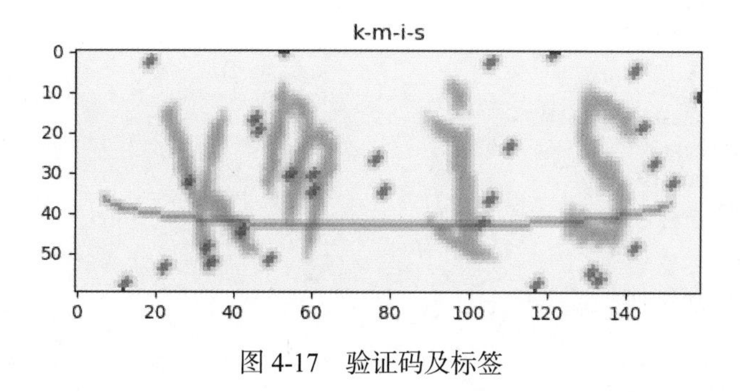

图 4-17 验证码及标签

2. 模型搭建

鉴于验证码图片背景和文字信息都比较简单，不需要用到太复杂的网络，这里可以自定义一个简单的识别模型，并将它实例化，

值得注意的是在上面的 CIFAR-10 的分类任务中，每张图片只有 1 个标签，这 1 个标签对应 10 个分类，也就是 10 个结点。

而在这个多标签分类任务中，共有 4 个标签，每个标签有 36 个分类，所以模型最终的输出结点有 4×36 个，分别对应着每个标签中的每个分类，搭建模型的代码如下：

```
# chaptcha_model.py
from torchvision.models import resnet18
from torch import nn, optim

class CNN(nn.Module):
    def __init__(self):
        super(CNN, self).__init__()
        # 使用 nn.Sequential 搭建子模块
        self.layer1 = nn.Sequential(
            nn.Conv2d(1, 32, kernel_size=3, padding=1),
            nn.BatchNorm2d(32),
            nn.Dropout(0.5),
            nn.ReLU(),
            nn.MaxPool2d(2),
        )
        self.layer2 = nn.Sequential(
            nn.Conv2d(32, 64, kernel_size=3, padding=1),
            nn.BatchNorm2d(64),
            nn.Dropout(0.5),
            nn.ReLU(),
            nn.MaxPool2d(2),
        )
        self.layer3 = nn.Sequential(
            nn.Conv2d(64, 64, kernel_size=3, padding=1),
            nn.BatchNorm2d(64),
            nn.Dropout(0.5),
            nn.ReLU(),
            nn.MaxPool2d(2),
        )
        # 全连接子模块
        self.fc = nn.Sequential(
            nn.Linear(20 * 7 * 64, 1024),
            nn.Dropout(0.5),
            nn.ReLU(),
        )
        # 输出层
        self.rfc = nn.Sequential(nn.Linear(1024, 4 * 36))

    def forward(self, x):
        out = self.layer1(x)
        out = self.layer2(out)
        out = self.layer3(out)
        out = out.view(out.size(0), -1)
        out = self.fc(out)
        out = self.rfc(out)
        return out

net = CNN()
```

这个网络中使用了3个卷积层，每个卷积层都添加了与之配套的BatchNorm、Dropout、ReLU和MaxPool2D层，经过3层卷积提取特征之后，再经过两层全连接层进行分类。

3. 模型训练

训练模型之前，可以先预设好学习率的变化规则，这种小型任务训练时间较短，可以在训练结束之后使用matplotlib直接绘制出损失和准确率的变化曲线，操作起来更加简单。

```
# chaptcha_train.py
import torch
from torch import nn, optim
from chaptcha_model import net
from chaptcha_data import dataloader,val_loader
from tqdm import tqdm

# 分段的平台式学习率衰减方法
epoch_lr = [
    (1000, 0.1),
    (100, 0.01),
    (100, 0.001),
    (100, 0.0001),
]  # [(300,0.05),(100,0.001),(100,0.0001)]
# 将 device 设置成 GPU
device = torch.device("cuda:0")
# 多标签分类损失函数
criteron = nn.MultiLabelSoftMarginLoss()

def train():
    net.to(device)
    accuracies = []
    losses = []
    val_accuracies = []
    val_losses = []
    for n, (num_epoch, lr) in enumerate(epoch_lr):
        # 优化器也可以多尝试一下，一般来说使用 SGD 的对应的学习率会比 Adam 大一个数量级
        optimizer = optim.SGD(
            net.parameters(), lr=lr, momentum=0.9, weight_decay=5e-4
        )
        for epoch in range(num_epoch):
            # 每次验证都会切换成 eval 模式，所以这里要切换回来
            net.train()
            epoch_loss = 0.0
            epoch_acc = 0.0
            for i, (img, label) in tqdm(enumerate(dataloader)):
                out = net(img.to(device))
                label = label.to(device)
                # 清空 net 里面所有参数的梯度
                optimizer.zero_grad()
                # 计算预测值与目标值之间的损失
                loss = criteron(out, label.to(device))
                # 计算梯度
                loss.backward()
```

```
            # 根据梯度调整 net 中的参数
            optimizer.step()
            # 整理输出，方便与标签进行比对
            predict = torch.argmax(out.view(-1, 36), dim=1)
            true_label = torch.argmax(label.view(-1, 36), dim=1)
            epoch_acc += torch.sum(predict == true_label).item()
            epoch_loss += loss.item()
        # 每训练 3 次验证 1 次
        if epoch % 3 == 0:
            # no_grad 模式不计算梯度，可以运行得快一点
            with torch.no_grad():
                net.eval()
                val_loss = 0.0
                val_acc = 0.0
                for i, (img, label) in tqdm_notebook(enumerate(val_loader)):
                    out = net(img.to(device))
                    label = label.to(device)
                    loss = criteron(out, label.to(device))
                    predict = torch.argmax(out.view(-1, 36), dim=1)
                    true_label = torch.argmax(label.view(-1, 36), dim=1)
                    val_acc += torch.sum(predict == true_label).item()
                    val_loss += loss.item()
            val_acc /= len(val_loader.dataset) * 4
            val_loss /= len(val_loader)
        epoch_acc /= len(dataloader.dataset) * 4
        epoch_loss /= len(dataloader)
        print(
            "epoch : {} , epoch loss : {} , epoch accuracy : {}".format(
                epoch + sum([e[0] for e in epoch_lr[:n]]), epoch_loss, epoch_acc
            )
        )
        # 每遍历 3 次数据集打印 1 次损失和准确率
        if epoch % 3 == 0:
            print(
                "epoch : {} , val loss : {} , val accuracy : {}".format(
                    epoch + sum([e[0] for e in epoch_lr[:n]]), val_loss, val_acc
                )
            )
            # 记录损失和准确率
            for i in range(3):
                val_accuracies.append(val_acc)
                val_losses.append(val_loss)
        accuracies.append(epoch_acc)
        losses.append(epoch_loss)


if __name__ == "__main__":
    train()
```

在上述多标签分类的训练代码中，要得到最终的预测准确率需要先整理输出结果，因为输出的结点有 144 个，需要整理成 4×36 的形式才能还原成 4 个标签。

训练过程中会每隔 3 个 epoch 打印一次损失和准确率，并将损失和准确率记录下来，于是在训练结束之后，可以得到训练过程中验证集的损失和准确率变化，如图 4-18 和图 4-19 所示。

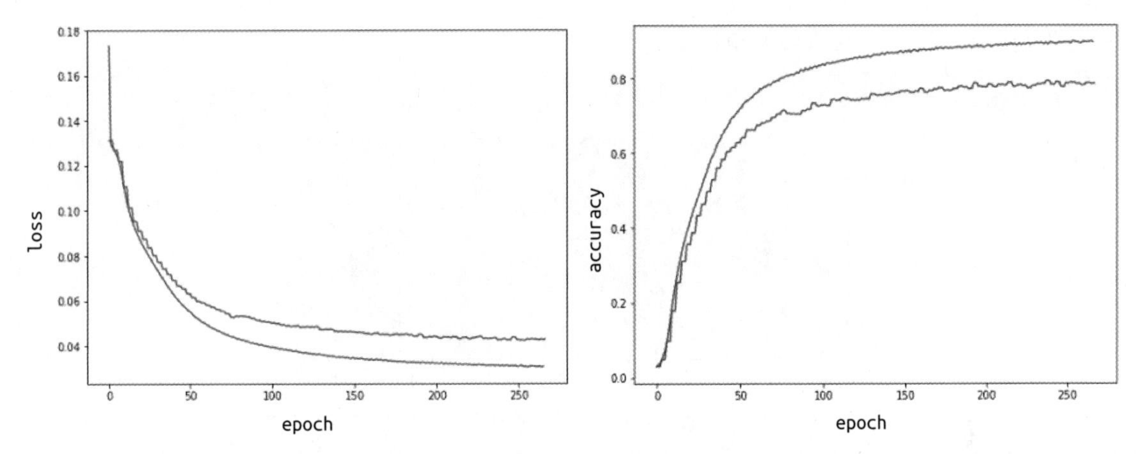

图 4-18　训练过程中验证集损失变化（另见彩插）　图 4-19　训练过程中验证集准确率变化（另见彩插）

4. 验证码识别

模型训练完毕之后，就可以加载模型，用来识别验证码了，这里直接选择使用验证集中的验证码进行识别。

识别前别忘了将网络设置为 `eval` 模式，因为这个网络中包含了 BatchNorm 和 Dropout 这两种在训练和验证过程中算法不同的网络层。

模型的识别代码如下：

```
# chaptcha_demo.py
from chaptcha_model import net
from chaptcha_data import val_data, char_list
from chaptcha_train import device
import matplotlib.pyplot as plt
from torchvision import transforms
import torch

# 验证模式
net.eval()
# 训练集
img, label = val_data[12]
prediction = net(img.unsqueeze(0).to(device)).view(4, 36)
predict = torch.argmax(prediction, dim=1)
# 打印预测结果
print(
    "Predict Label: {}".format(
        "-".join([char_list[lab.int()] for lab in predict])
    )
)
plt.imshow(transforms.ToPILImage()(img))
plt.show()
```

识别结果如下，结果如图 4-20 所示：

```
Predict Label: y-g-i-s
```

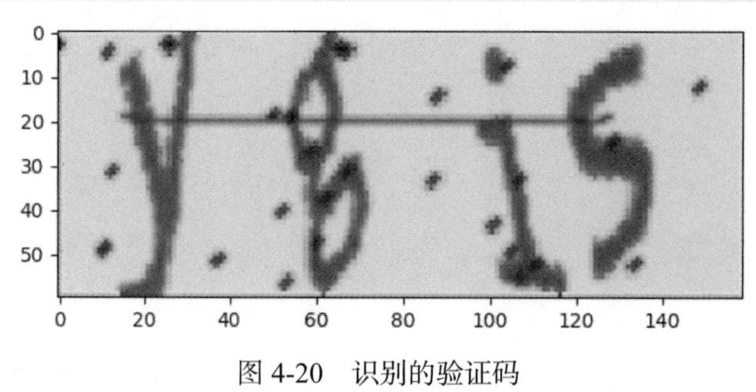

图 4-20 识别的验证码

从识别结果中可以看出，模型已经可以很好地识别这种简单验证码了。

4.2 卷积神经网络中的回归问题

上一节介绍了卷积神经网络中的分类问题，这一节将介绍卷积神经网络中的回归问题。回归方法最常见于物体检测中的边框回归操作。因为在物体检测任务中，需要准确地标记物体的位置，而物体位置是一个连续值，难以通过分类手段得到。

本节将介绍如何借助回归方法，使用卷积神经网络构建一个简单的边框检测网络，网络的基础结构可以通过前面的分类网络修改而来，与前面学习的分类网络主要有如下区别。

- 分类网络的输出结点数量为 10，分别代表图片分属于 10 个类别的可能性大小。回归网络的输出结点数量为 4，代表左上角坐标和右下角坐标的相对位置(`xmin,ymin,xmax,ymax`)。
- 分类网络的损失函数为 `CrossEntropyLoss`。回归网络的损失函数为 `L1Loss` 或者 `MSELoss`。

4.2.1 生成数据集

关于边框回归的演示，没有足够小巧的数据集供我们学习，所以本节会教大家使用 CIFAR-10 数据集自制一个数据集，用于边框检测学习。

制作的方法很简单，将 CIFAR-10 数据集中的图片直接贴到一张灰色背景图的随机位置上，得到边框检测所需的训练图片。在生成边框检测图片的同时，也要对生成这里的图片进行标注，也就是要生成对应的边框标签。图片标签从图片类别变成了图片边框的左上角坐标和右下角坐标在整个背景图中的相对位置(`xmin,ymin,xmax,ymax`)，当然你如果想使用其他坐标表示法，比如使用中心点左边加边框的宽高(`center_x,center_y,w,h`)来标注图片也是可以的。

下面的代码选择了在线生成的方式，直接将图片扩展方法写入 Dataset 的__getitem__方法中，这样就可以在每次加载数据的时候对图片进行处理，并生成对应的标签。如果计算机性能不算太差，在线生成的速度并不会比离线生成慢多少，用于生成图片的代码如下：

```
# generate_data.py
import torch
from torch.utils.data import Dataset
from torchvision import transforms
from numpy import random
import numpy as np
import matplotlib.pyplot as plt
from PIL import Image, ImageDraw

from data import create_datasets
from config import data_folder

# 随机将CIFAR-10中的图片粘贴到灰色背景中
def expand(img, background=(128, 128, 128), show=False):
    topil = transforms.ToPILImage()
    totensor = transforms.ToTensor()
    # 输入的img是按NCHW形式排列的Tensor类型，需要先进行转化
    img = np.array(topil(img)).astype(np.uint8)
    # 随机生成粘贴位置
    height, width, depth = img.shape
    ratio = random.uniform(1, 2)
    # 左边界位置
    left = random.uniform(0.3 * width, width * ratio - width)
    # 右边界位置
    top = random.uniform(0.3 * width, width * ratio - width)

    while int(left + width) > int(width * ratio) or int(top + height) > int(
        height * ratio
    ):
        ratio = random.uniform(1, 2)
        left = random.uniform(0.3 * width, width * ratio - width)
        top = random.uniform(0.3 * width, width * ratio - width)
    # 创建白色背景图片
    expand_img = np.zeros(
        (int(height * ratio), int(width * ratio), depth), dtype=img.dtype
    )
    # 将背景填充成灰色
    expand_img[:, :, :] = background
    # 将图片按之前生成的随机位置粘贴到背景中
    expand_img[
        int(top) : int(top + height), int(left) : int(left + width)
    ] = img

    # 展示图片
    if show:
        expand_img_ = Image.fromarray(expand_img)
        draw = ImageDraw.ImageDraw(expand_img_)
        # 使用xmin、ymin、xmax、ymax坐标绘制边界框
```

```
            draw.rectangle(
                [(int(left), int(top)), (int(left + width), int(top + height))],
                outline=(0, 255, 0),
                width=2,
            )
            # 保存图片
            expand_img_.save("img/plane_bound_true.jpg")
            plt.subplot(121)
            plt.imshow(img)
            plt.subplot(122)
            plt.imshow(expand_img_)
            plt.savefig("img/expand_img.jpg")
            plt.show()

        # 记录图片位置(相对位置)
        xmin = left / (width * ratio)
        ymin = top / (height * ratio)
        xmax = (left + width) / (width * ratio)
        ymax = (top + height) / (height * ratio)
        # 处理完之后还需要进行尺寸变换
        expand_img = totensor(
            Image.fromarray(expand_img).resize((32, 32), Image.BILINEAR)
        )
        return expand_img, torch.Tensor([xmin, ymin, xmax, ymax])

# 将生成方法直接写入 Dataset 中
class BoxData(Dataset):
    def __init__(self, dataset, show=False):
        super(BoxData, self).__init__()
        self.dataset = dataset
        # 用于展示
        self.show = show

    def __getitem__(self, index):
        img, label = self.dataset[index]
        # 使用在线生成的方式，将转换函数加入 Dataset 中
        img, box = expand(img, show=self.show)
        return img, box

    def __len__(self):
        return len(self.dataset)

if __name__ == "__main__":
    transform = transforms.Compose([transforms.ToTensor()])
    train_loader, _ = create_datasets(data_folder, transform_train=transform)
    data = BoxData(train_loader.dataset, show=True)
    print(data[0][0].shape, data[0][1].shape)
```

上述代码将 CIFAR-10 中的图片以随机的位置和大小粘贴到了一个灰色的背景图片上，并使用 Dataset 和 DataLoader 对生成的图片进行了封装。

运行上述代码可以得到如图 4-21 所示的图片样例。

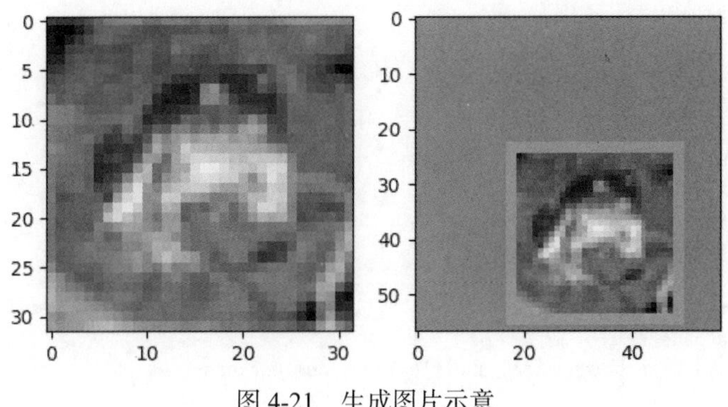

图 4-21 生成图片示意

可以看到图 4-21 中的标注边框与实际的图片边框完全吻合，说明生成的边框检测图片准确无误，可以进行后续的训练工作了。

这个数据集中的边框坐标采用的是相对坐标形式，而预测目标的尺寸很大程度上会对模型训练的难度产生影响，使用相对坐标，模型的 4 个预测值可能是个位数，也有可能是两位数或者三位数，对于模型的参数更新的步长又相对固定，这就会导致模型难以收敛。

因此在回归问题中，一般会将需要预测的连续型标签值转换成 0~1 之间的数值，便于模型训练。这里选择了相对坐标来训练。

4.2.2 模型训练

本模型的目标就是预测图片边框的位置，需要把模型预测出来的坐标点与实际的坐标点进行对比，计算误差值。因为回归模型的训练模式和分类模型的训练模式非常相近，所以这里可以直接调用上一节的分类模型的 `train_val` 函数，代码如下：

```
# train_val_regression.py
import torch
from torch import nn, optim
from torch.utils.data import DataLoader
from tqdm import tqdm
from lr_find import lr_find
from model import resnet18
from data import create_datasets
from config import data_folder, batch_size, device, epochs
from generate_data import BoxData
from train_val import train_val

# 修改 ResNet 的最后一层的输出
net = resnet18()
net.linear = nn.Linear(in_features=512, out_features=4, bias=True)
# 加载并封装 CIFAR-10 数据
train_loader, val_loader = create_datasets(data_folder)
```

```
# 将模型迁移到 GPU
net.to(device)
# 将 CIFAR-10 数据转换成边框检测数据
traindata = BoxData(train_loader.dataset)
trainloader = DataLoader(
    traindata, batch_size=batch_size, shuffle=True, num_workers=4
)
# 使用 L1Loss 作为损失函数
criteron = nn.L1Loss()
# 加载验证数据
valdata = BoxData(val_loader.dataset)
valloader = DataLoader(
    valdata, batch_size=batch_size, shuffle=True, num_workers=4
)

# 可以预先进行学习率搜索，根据曲线确定初始学习率
# best_lr = lr_find(net, optim.SGD, train_loader, criteron)
# print("best_lr", best_lr)

# 训练模型
train_val(
    net, trainloader, valloader, criteron, epochs, device, model_name="reg"
)
```

这个回归模型的训练过程比之前的分类模型要慢一点，在上述训练代码中并没有添加准确率指标，可以待模型的损失下降到一定程度之后，展示一下模型效果。

4.2.3 模型展示

由于在生成数据时将边框坐标从绝对坐标形式转换成了相对坐标形式，所以在展示的时候需要先将坐标形式转换回绝对坐标 。这个过程一般称为解码，在检测过程中几乎是必不可少的工作：

```
# demo_regression.py
import torch
from torch import nn
from torchvision.transforms import ToTensor
from PIL import Image, ImageDraw
from numpy import random
import numpy as np
import os.path as osp

from model import resnet18
from generate_data import expand
from config import checkpoint_folder

# 将图片贴到背景中
def expand(img, background=(128, 128, 128), show=False):
    height, width, depth = img.shape
    # 随机生成图片位置
    ratio = random.uniform(1, 2)
    left = random.uniform(0.3 * width, width * ratio - width)
```

```
    top = random.uniform(0.3 * width, width * ratio - width)

    while int(left + width) > int(width * ratio) or int(top + height) > int(
        height * ratio
    ):
        ratio = random.uniform(1, 2)
        left = random.uniform(0.3 * width, width * ratio - width)
        top = random.uniform(0.3 * width, width * ratio - width)
    # 背景图片
    expand_img = np.zeros(
        (int(height * ratio), int(width * ratio), depth), dtype=img.dtype
    )
    expand_img[:, :, :] = background
    # 粘贴图片
    expand_img[
        int(top) : int(top + height), int(left) : int(left + width)
    ] = img
    return expand_img

if __name__ == "__main__":
    # 加载模型
    net = resnet18()
    net.linear = nn.Linear(in_features=512, out_features=4, bias=True)
    net.eval()
    totensor = ToTensor()
    net.load_state_dict(torch.load(osp.join(checkpoint_folder, "reg")))

    # 读取图片
    img_path = "img/plane.jpeg"
    img = Image.open(img_path)
    img = np.array(img)
    expand_img = expand(img)
    height, width = expand_img.shape[:2]

    # 对坐标进行解码
    inp = totensor(Image.fromarray((expand_img)).resize((32, 32))).unsqueeze(0)
    out = net(inp)
    xmin, ymin, xmax, ymax = out.view(-1)
    xmin, ymin, xmax, ymax = (
        xmin * width,
        ymin * height,
        xmax * width,
        ymax * height,
    )

    # 绘制预测图片
    expand_img = Image.fromarray(expand_img)
    draw = ImageDraw.ImageDraw(expand_img)
    draw.rectangle([(xmin, ymin), (xmax, ymax)], outline=(0, 255, 0), width=10)
    expand_img.save("img/plane_bound_pred.jpg")
    expand_img.show()
```

上述代码将输入的图片贴到了一张灰色的背景图片上，然后将它输入模型进行预测，检测结果如图 4-22 所示。从图中可以看到，最终得到的检测结果与真实结果之间大体上吻合，说明模型已经学习到了图片中的边框特征。

图 4-22　边框检测结果

4.3　小结

本章使用 PyTorch 搭建了关于图片分类与回归的卷积神经网络，是深度学习中较为基础的内容，在后面章节的实例中将会经常使用到分类与回归。

希望读者通过本章的学习，能够做到以下几点。

- 熟悉 PyTorch 的基本训练流程。
- 对分类任务的训练细节有所了解。
- 对回归任务的训练细节有所了解。
- 对深度学习模型的参数调整有一定的概念。

第 5 章

目标检测

目标检测是一种基于图片几何和统计特征的目标提取过程，它将目标分割和目标识别合二为一。在复杂的应用场景中，需要同时对多个目标进行实时检测，其准确性和实时性都是需要考虑的重要指标。

在传统计算机视觉领域中，一般是按照区域选择、提取人工特征和分类回归这三步走，这其中存在着两个较难解决的问题。

- 通过滑窗实现区域选择速度太慢。
- 人工特征的泛化能力差，不能适应复杂的场景。

随着深度学习技术的发展，算法的应用场景在不断扩展，解决问题的方式也在不断细化。卷积神经网络在分类问题上“大显神威”之后，越来越多的针对目标检测的深度学习模型被开发出来，如今，目标检测已经是深度学习视觉领域一个非常热门的方向，目标检测技术也在飞速地发展。

本章将介绍如何在自建数据集上训练一个物体检测模型，项目目录如下：

```
.
├── config.py           ----    配置文件
├── data.py             ----    数据加载
├── demo.py             ----    模型效果演示
├── generate_data.py    ----    数据生成
├── mark_data.py        ----    标记数据与构建损失函数
├── model.py            ----    模型搭建与训练
└── tools               ----    存放工具代码
    ├── show_grid.py    ----    展示格子匹配结果
    └── show_img.py     ----    展示生成的数据集中的图片
```

5.1 深度学习物体检测算法

深度学习物体检测算法主要分类两大类：以 R-CNN 为代表的两段式检测以及以 YOLO 系列

和 SSD 系列为代表的一段式检测。

5.1.1　两段式检测

两段式检测的两段操作分别是：

- 生成可能区域并提取 CNN 特征；
- 将特征放入识别模型进行分类并修正位置。

这个步骤与传统的物体检测方式有几分相似，不过这两步都是通过神经网络来实现的，无论是精度还是速度都超过了传统的物体检测算法。

目前最常用的两段式检测网络是 Faster R-CNN 系列网络，这种网络结构在各种图像识别大赛中表现异常出彩，但是对硬件要求高，速度不如一段式检测。

图 5-1 给出了 Faster R-CNN 的工作原理。模型会将图片输入 VGG 网络得到特征图，然后将特征图输入 RPN，得到第一步的检测结果（预测出的可能有物体的检测框），并使用这一步得到的检测框对特征图进行截取，经过 ROI Pooling 采样之后，再将特征图输入分类回归网络进行更细致的类别划分及边框调整。

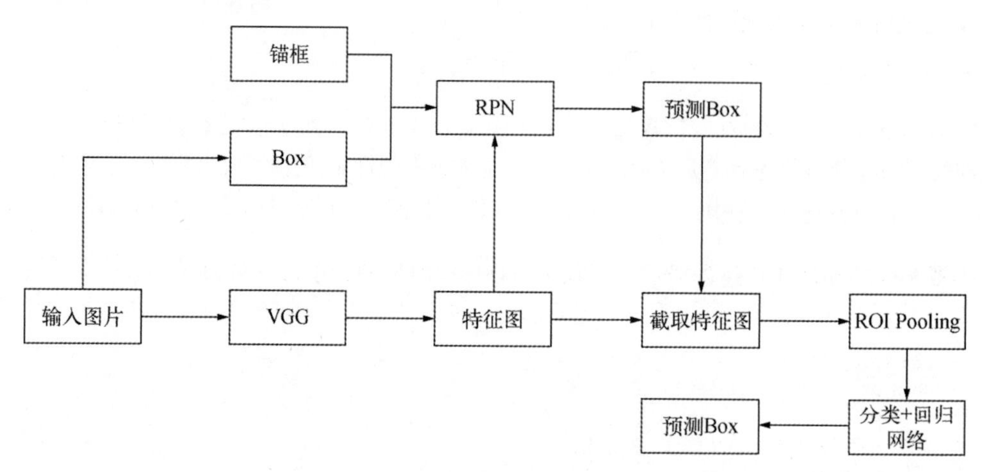

图 5-1　Faster R-CNN 工作原理

下面对 Faster R-CNN 的各个子模块进行简析。

1. 特征提取

Faster R-CNN 论文中的特征提取工作分别采用了 VGG-16 和 ResNet-101 进行，ResNet-101 的效果比 VGG-16 好很多。在实际的工业项目中，ResNet 的出现频率比 VGG 高得多，不过具体选择多少层的 ResNet，需要在速度和准确度之间找一个平衡点。

2. 锚框

锚框即 anchor box，有很多目标检测算法采取了预先生成锚框的训练方式。在模型开始训练之前，会在图片中生成很多个锚框，这些锚框的属性与图片输出的特征图矩阵中的数据一一对应。然后利用锚框与标注框之间的关系对锚框进行标注，最后在训练过程中，不断地优化输出的特征图，使特征图与标注好的锚框之间的误差越来越小。

生成的锚框通常会以图 5-2 中的方式排布，即在同一位置会生成多个不同长宽比、不同面积的锚框，便于匹配不同尺寸、形状的物体。

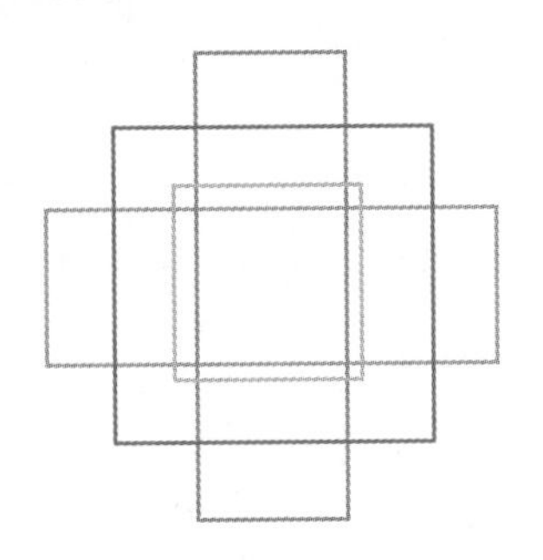

图 5-2　锚框示意图

一般通用的目标检测模型会生成 1∶1、1∶2、1∶3、2∶1、3∶1 这几种不同比例的锚框。如果待检测的物体形状比较特殊，比如在文本行检测项目中，可能会设置比例比较特别的锚框（如 1∶7、1∶15 等）。

如图 5-3 所示，在训练之前需要将锚框与标注框进行匹配，通常以锚框与标注框之间的交并比（IOU，两个框交集的面积除以并集的面积）来决定是否匹配成功。大致的匹配步骤如下。

(1) 设定交并比的阈值为 T，计算所有锚框与所有标注框之间的交并比。

(2) 对于每个标注框，寻找与之交并比最大的锚框（一般锚框会铺满全图，不必担心找不到合适的锚框），标记为该标记框所属的类别。

(3) 对于剩下的每个未标记锚框，找到与该锚框交并比最大的标注框，如果其交并比大于 T，则将该锚框标记为标记框所属的类别；如果其交并比小于阈值 T，则锚框标记为无物体。

(4) 所有锚框标记完成之后，计算锚框与对应标注框之间的位置偏移，包括中心点偏移和长宽缩放比例。

图 5-3 中加粗的两个锚框与下面的标注框匹配成功，而另两个锚框因为与标注框之间的重叠面积太小而匹配失败。

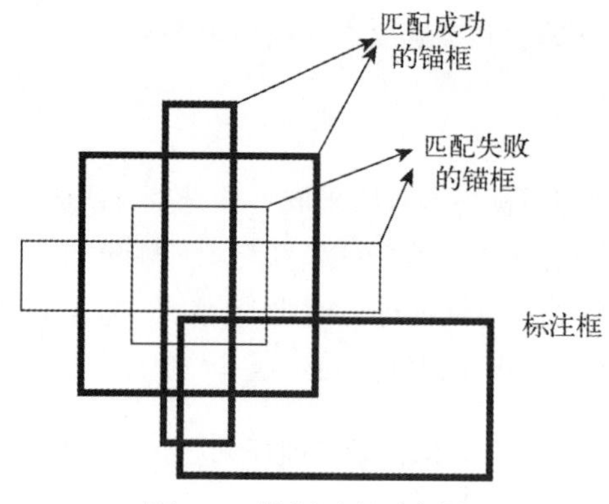

图 5-3　锚框匹配示意图

3. RPN

Faster R-CNN 中使用的 RPN 是一个全卷积网络，网络的输出维度与 RPN 中生成的锚框一致，RPN 会对锚框的类别计算分类损失，对锚框的边框位置计算回归损失，将两者按一定的权重组合，得到 RPN 网络的损失函数，用于参数更新。

4. ROI Pooling

ROI Pooling 与 Max Pooling 不同，无论输入的特征图尺寸是多少，ROI Pooling 的输出维度都是恒定的，这一特性结合 RPN 的全卷积网络结构，使得 Faster R-CNN 能够处理任意形状和尺寸的图片。

ROI Pooling 的工作方式如图 5-4 所示。图中 3 块形状不同的区域，经过 ROI Pooling 计算之后都会变成 4×4 矩阵，然后拼接成一个 Tensor，便于后续神经网络的计算。

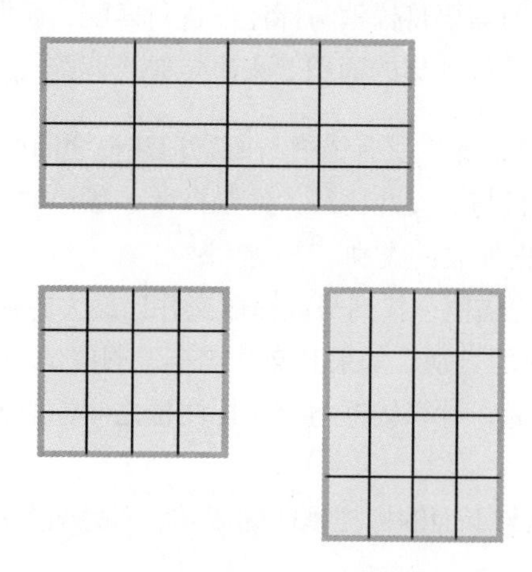

图 5-4　ROI Pooling 示意图

5.1.2 一段式检测

一段式检测与上一章中介绍的边框检测网络类似，可以直接预测物体的位置和类别。这种算法虽然精度方面比两段式检测稍有逊色，但是因为对硬件要求低、速度快，所以在各种工程项目中应用更广。

1. YOLO

YOLO 是较早提出的一段式检测的算法，它直接通过卷积神经网络进行检测框的推理，结构简单明了，能够实现实时检测。

YOLO 将一张图片分成 $S \times S$ 个网格，如果一个物体的中心点落在某个网格的内部，那么这个网格将负责预测这个物体，并同时预测 n 个检测框和置信度，这个置信度使用检测框与实际框的交并比来表示（不包含物体的预测框置信度为 0）。因为每个网格只负责预测一个物体，所以最后每个网格会选出一个置信度最高的检测框作为输出。

因此，YOLO 的数据标注工作是进行网格与物体中心的匹配，匹配方法将在 5.4.1 节介绍。

对于每个边界框，神经网络会预测(x, y, w, h, c)（坐标和置信度），其中 x 和 y 是检测框中心相对于其所属网格的左上角坐标的偏移，w 和 h 是检测框相对于整个图片的相对宽和高，c 是置信度。

除了预测坐标和置信度，还需要对每个检测框进行分类。这样每个网格需要预测 $n \times 5+\text{class}$ 个值，共需要预测 $S \times S \times (n \times 5+\text{class})$个值，在最初提出 YOLO 的论文中，最终输出的是一个 7×7×30 的 Tensor，YOLO 的网络结构如图 5-5 所示。

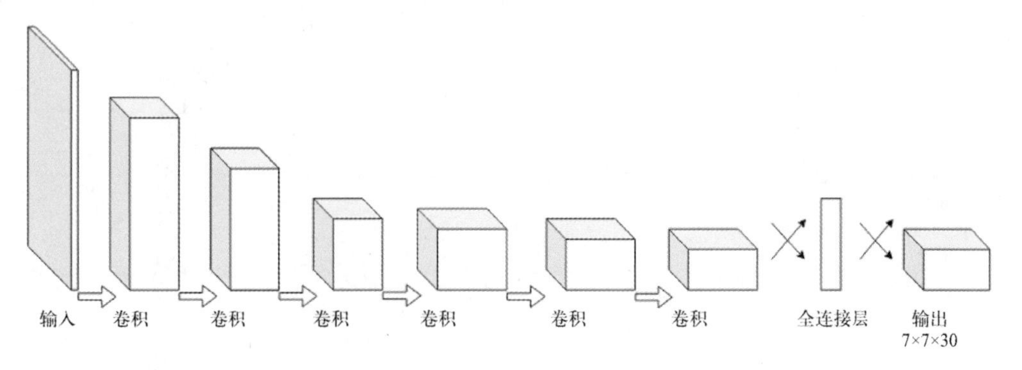

图 5-5 YOLO 网络结构示意图

2. SSD

SSD 在 YOLO 之后出现，如图 5-6 所示，它并没有采用 YOLO 画网格的方式，而是选择了生成锚框，这种方式逐渐变成主流（除这种方式外，基于图像分割的检测算法也比较常用）。

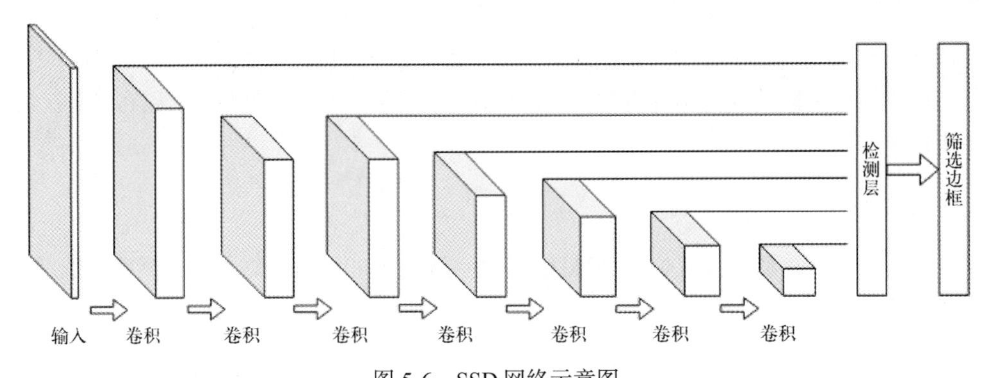

图 5-6　SSD 网络示意图

SSD 基本奠定了一段式检测的基本思路。

- 设置锚框。SSD 借鉴了 Faster R-CNN 中的锚框设计，预先生成了形状和尺度各异的诸多锚框，能够以更小的代价去拟合实际检测框。
- 多尺度检测。SSD 在多个尺度上生成不同形状的锚框，越浅的特征图生成的锚框越多且越小，越深的特征图生成的锚框越少且越大。SSD 中生成的锚框非常密集，几乎铺满了整张图片。这样可以使网络对大目标和小目标都有较好的识别效果。
- 使用卷积层检测。使用卷积层进行检测比 YOLO 中使用全连接层进行检测更加节省参数，减少资源消耗。

本章我们将会参考 YOLO 的思路，把上一章中的边框检测网络和图像分类网络结合起来，得到一个非常简单的物体检测网络。开始本章的实例讲解前，需要先设定好实例中需要用到的参数：

```
# config.py
import torch
# 模型和参数存储设备
device = torch.device("cuda" if torch.cuda.is_available() else "cpu")
# 物体路径
object_path = "img/sun.png"
# 背景文件路径
background_folder = "/data/object_detection_segment/background/"
# 合成好的文件路径
target_folder = "/data/object_detection_segment/object_detection/"
# 模型存储位置
checkpoint = "/data/chapter_two/net.pth"

# 图片合成时，物体与背景的边长比（在 2 个数中随机选择）
scale = [0.25, 0.4]
# 图片合成时，图片中的物体数量（在 3 个数中随机选择）
num = [1, 2, 3]
```

```
# 图片大小
img_size = 300
# 批处理数量
batch_size = 16
# 训练分为两个阶段，分别使用两个不同的学习率，如第一阶段有 30 个 epoch，学习率为 0.01
epoch_lr = [(30, 0.01), (30, 0.001), (50, 0.0001)]
```

5.2 数据集构建

在物体检测领域，最常见的通用数据集有 VOC 和 COCO。但是这两个数据集对于刚入门的新手来说规模略大，它们对算力的要求较高，简单的模型在 VOC 和 COCO 中难以获得比较好的效果。

所以在搭建物体检测模型之前，我们需要先构建一个适合新手练习的物体检测数据集。这个数据有两个特点：

- 图片中只有一种类别的物体；
- 图片的背景比较干净。

下面简单介绍一下构建这个数据集的过程。

5.2.1 选择目标物体图片

我们可以自己绘制一张物体图片，要求如下：

- 背景是纯色（最好是黑色或者白色）；
- 物体颜色与背景相差较大。

图 5-7 是我画的一张太阳的图片，在后续的检测任务和第 6 章的图像分割任务中，都将把这个太阳作为识别目标。

图 5-7 物体图片

5.2.2　背景图片下载

为了使模型更容易拟合，尽量选择与待检测物体色差较大的背景图片，可以自行拍摄一些风景图片，或者从网上下载一些天空、海洋之类的色彩较简单的图片作为背景。这里准备了约 1500 张图片，图 5-8 是其中比较有代表性的一张。

图 5-8　天空图片

5.2.3　图片合成

在图片合成的过程中，我们需要将物体所在的位置记录下来。（这里为了方便下一章的图像分割任务，在记录物体边框位置的同时，也记录了物体轮廓。）

为了使合成的图片看起来更加规范，图片合成过程中有如下规则。

- 每张合成图片中的物体数量控制在 1~3 个。
- 单物体与图片总边长的比为 0.25~0.4。
- 物体之间不能有重叠。

为了合成图片的效果，将物体粘贴到背景图的时候不能带有白色背景，所以要先将图片中的物体抠出来，再粘贴到背景图片上。

1. 生成物体检测标签

物体检测标签就是包含物体的最小竖直矩形框的坐标，格式为矩形中心点坐标加上矩形的宽高，即`(cx, cy, w, h)`。为了进一步简化模型，这里可以将检测框设定为正方形，于是检测框坐标变成了`(cx,cy,w)`。除了这种以中心点和宽高为标签的方式外，把两个对角顶点坐标作为标签也是一种可行的方案。

2. 生成图像分割标签

在制作物体检测数据集的同时，可以顺手把下一章要用到的图像分割的标签也一并生成了。图像分割任务的标签也是一张图片，这种图片中的每个像素只有两个可选值，0 或者 1，0 代表源图片中这个像素没有落在物体上，1 代表源图片中这个像素落在物体上。相关代码如下：

```
# generate_data.py
from PIL import Image
import matplotlib.pyplot as plt
import numpy as np
from glob import glob
import os.path as osp
import os
import re
from tqdm import tqdm
# 导入配置参数
from config import (
    background_folder,
    object_path,
    scale,
    num,
    img_size,
    target_folder,
)

# 加载背景图片
def get_background():
    background_paths = glob(osp.join(background_folder, "*.jpg"))
    return background_paths

# 提取物体轮廓
def extract_sun(sun):
    sun = np.array(sun)
    return np.where(np.mean(sun, axis=2) < 250)

# 合成图片
def combine_img(background_path, sun):
    sun_num = np.random.choice(num)
    background = np.array(
        Image.open(background_path).convert("RGB").resize((300, 300))
    )
    # 目标位置
    location = []
    # 目标所在像素
    coordinates = []
    for n in range(sun_num):
        located = False
        # 判断是否定位成功
        while not located:
            s = np.random.random() * (scale[1] - scale[0]) + scale[0]
            sun_size = int(img_size * s)
            sun = sun.resize((sun_size, sun_size))
```

```
            single_sun = extract_sun(sun)
            # 生成物体中心点坐标
            cx = np.random.random() * img_size
            cy = np.random.random() * img_size
            # 判断目标位置是否超出边界
            if (
                cx + sun_size / 2 >= img_size
                or cy + sun_size / 2 >= img_size
                or cx - sun_size / 2 < 0
                or cy - sun_size / 2 < 0
            ):
                continue
            # 判断是否有重合
            overlap = False
            for loc in location:
                p_sun_size = loc[2]
                # 通过与之前图片中的物体的边框对比来判断是否重叠
                p1x = loc[0] - p_sun_size / 2
                p1y = loc[1] - p_sun_size / 2
                p2x = loc[0] + p_sun_size / 2
                p2y = loc[1] + p_sun_size / 2
                p3x = cx - sun_size / 2
                p3y = cy - sun_size / 2
                p4x = cx + sun_size / 2
                p4y = cy + sun_size / 2
                if (p1y < p4y) and (p3y < p2y) and (p1x < p4x) and (p2x > p3x):
                    overlap = True
                    break
            # 如果出现了重合就重新生成定位坐标
            if overlap:
                continue
            located = True
            location.append((int(cx), int(cy), sun_size))

        # cy 对应列
        sun_coords_x = single_sun[0] + int(cy - sun_size / 2)
        # single_sun[0] += int(cy)
        # cx 对应行
        sun_coords_y = single_sun[1] + int(cx - sun_size / 2)
          # 物体的像素坐标
        sun_coords = tuple((sun_coords_x, sun_coords_y))
        background[sun_coords] = np.array(sun)[single_sun]
        # 用于图像分割
        coordinates.append(sun_coords)
    return background, location, coordinates

# 生成数据集
def generate_data():
    # 加载背景图片
    background_paths = get_background()
    # 加载目标图片
    sun = Image.open(object_path).convert("RGB")
    # 如果路径不存在则创建路径
    if not osp.exists(target_folder):
```

```python
            os.makedirs(target_folder)
    # 分割文件目录
    segmentation_folder = re.sub(
        "object_detection\/$", "segmentation", target_folder
    )
    # 如果路径不存在则创建路径
    if not osp.exists(segmentation_folder):
        os.makedirs(segmentation_folder)
    for i, item in tqdm(
        enumerate(background_paths), total=len(background_paths)
    ):
        # 合并图片并生成对应的标签
        combined_img, loc, coord = combine_img(item, sun)
        target_path = osp.join(target_folder, "{:0>3d}.jpg".format(i))
        plt.imsave(target_path, combined_img)
        # 保存边框标记文件
        with open(re.sub(".jpg", ".txt", target_path), "w") as f:
            f.write(str(loc))
        # 保存图片掩码
        mask = np.zeros((img_size, img_size, 3))
        for c in coord:
            mask[c] = 1
        segmentation_path = osp.join(
            segmentation_folder, "{:0>3d}.jpg".format(i)
        )
        plt.imsave(segmentation_path, mask)

if __name__ == "__main__":
    generate_data()
```

在上述代码中，首先将物体从原图中抠出，然后将多个随机物体粘贴到背景图片的随机位置，并保证物体之间不出现重叠。

生成的图片如图 5-9 所示。

图 5-9 合成后的图片

这时在图片的同一目录下，会生成了同名的.txt 文件，就是图片对应的标签，其内容形式如下，分别对应三个物体的中心点坐标和物体的边长：

```
[(115, 132, 104), (215, 121, 81), (127, 233, 78)]
```

本项目中共生成了 1489 张训练图片和对应的标签文件，形式如图 5-10 所示。

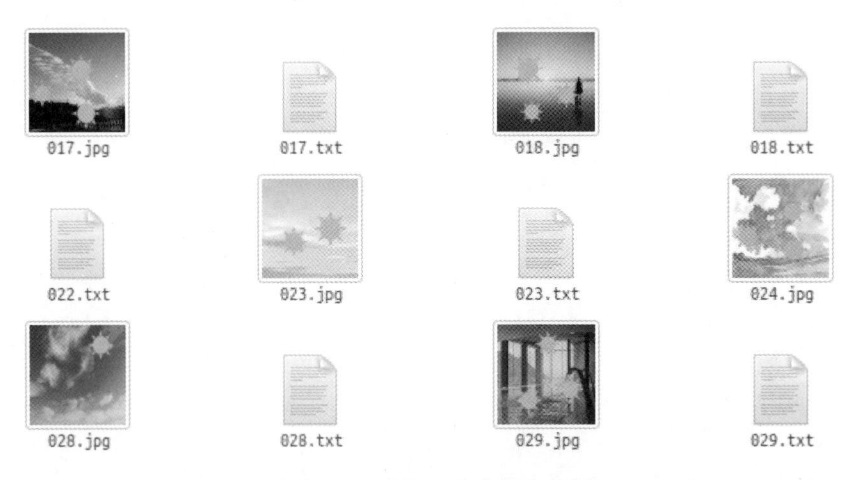

图 5-10　生成的图片和标注文件

对应的分割文件如图 5-11 所示，我们可以看到清晰的物体轮廓，这一系列图片将在下一章中被用到。

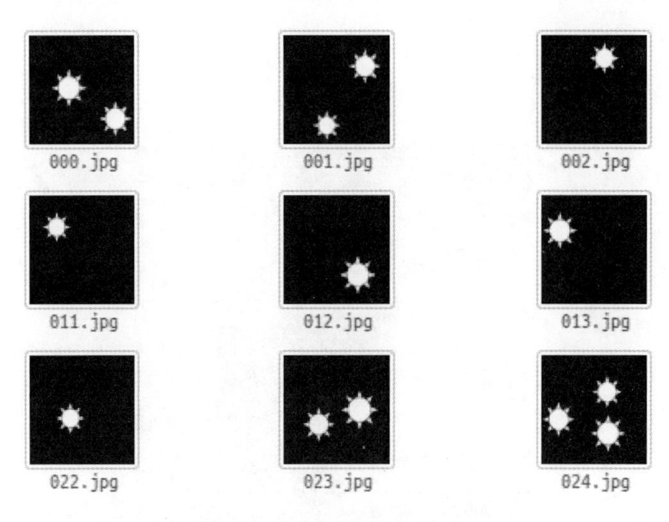

图 5-11　用于图像分割的掩码

通过如下代码可以查看生成的图像和对应的标签情况，并检测生成数据的正确性：

```
# tools/show_img.py
# 展示合并之后的图片
# 在 tools 目录下运行
from PIL import Image, ImageDraw
import matplotlib.pyplot as plt
import sys
# 将上一级目录添加到系统目录
sys.path.append("..")

from generate_data import get_background, combine_img
# 获取背景
background_paths = get_background()
sun = Image.open("../img/sun.png").convert("RGB")
# 合成图片
combined_img, box, _ = combine_img(background_paths[0], sun)
img = Image.fromarray(combined_img)
draw = ImageDraw.Draw(img)
# 绘制物体边框
for b in box:
    cx, cy, w = b
    # 坐标转换
    xmin = cx - w / 2
    ymin = cy - w / 2
    xmax = cx + w / 2
    ymax = cy + w / 2
    draw.rectangle([(xmin, ymin), (xmax, ymax)], outline=(0, 0, 255), width=5)
plt.imshow(img)
plt.savefig("../img/object.jpg")
plt.show()
```

上述代码使用图片合成过程中产生的标记，在图片中绘制了矩形框，以检查标记是否正确。可以得到图 5-12 所示的图片。可以看到，物体被准确地包含在标注框中，在确认数据生成方式无误后，可以进入下一步数据加载工作。

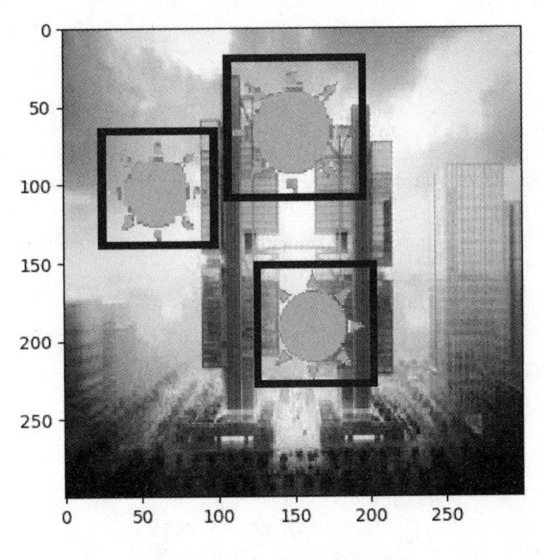

图 5-12 物体检测结果

5.3　数据加载

数据加载过程并不复杂，只需利用 PyTorch 中的 Dataset 工具依次读取图片以及与之对应的标签文件即可。

为了提高模型的泛化能力，可以添加一些数据增强手段。需要注意的是，物体检测模型中的数据增强需要将图片和标签一起处理，才能保证标签的正确性。

因为 torchvision.transforms 中的函数不支持同时处理标签和图片，所以这里所有的数据增强方法都需要自己编写，编写过程参照了 torchvision.transforms 的处理逻辑。每一个处理方法都写成了类的形式，并定义了__call__方法，便于将所有的方法打包加入 Compose 类，实现流水线式的数据增强。相关代码如下：

```
# data.py
import torch
from torch.utils.data import Dataset
from torchvision.transforms import ToTensor, ToPILImage
from sklearn.model_selection import train_test_split
from glob import glob
import os.path as osp
from PIL import Image
import numpy as np
import re
import cv2

from config import target_folder

class DetectionData(Dataset):
    def __init__(self, folder=target_folder, subset="train", transform=None):
        image_paths = sorted(glob(osp.join(folder, "*.jpg")))
        # 标签文件路径
        annotation_paths = [
            re.sub(".jpg", ".txt", path) for path in image_paths
        ]
        # 分割验证集和训练集
        image_paths_train, image_paths_test, annotation_paths_train, annotation_paths_test =
train_test_split(
            image_paths, annotation_paths, test_size=0.2, random_state=20
        )
        # 训练集
        if subset == "train":
            self.image_paths = image_paths_train
            self.annotation_paths = annotation_paths_train
        # 验证集
        else:
            self.image_paths = image_paths_test
            self.annotation_paths = annotation_paths_test
```

```
        # 可以适当增加数据增强手段来优化模型效果
        if transform is None:
            self.transform = ToTensor()
        else:
            self.transform = transform

    def __getitem__(self, index):
        image = Image.open(self.image_paths[index])
        # 加载与图片对应的标注文件
        annotation_path = self.annotation_paths[index]
        with open(annotation_path, "r") as f:
            annotations = eval(f.read())
        annos = []
        # 将每个物体的信息加入列表
        for item in annotations:
            anno = np.array(item)
            annos.append(anno)
        annos = np.array(annos)
        if self.transform:
            image, annos = self.transform(image, annos)
        return image, annos

    def __len__(self):
        return len(self.image_paths)

# 数据增强
class Compose:
    def __init__(self, transform_list):
        self.transform_list = transform_list

    def __call__(self, img, box):
        # 逐个运行包含在内的图像处理方法
        for transform in self.transform_list:
            img, box = transform(img, box)
        return img, box

# 将PIL.Image格式的图片转化为array
class ToArray:
    def __call__(self, img, boxes):
        img = np.array(img)
        return img, boxes

# 将相对坐标转化为绝对坐标
class ToAbsoluteCoordinate:
    def __call__(self, img, boxes):
        # 图片和标注框都是正方形
        width = img.shape[0]
        boxes = boxes * width
        return img, boxes

# 将绝对坐标转化成相对坐标
class ToPercentCoordinate:
    def __call__(self, img, boxes):
        # 图片和标注都是正方形
```

```
        width = img.shape[0]
        boxes = boxes / width
        return img, boxes

# 将图片和标注框转化成 Tensor
class ToTensorDetection:
    def __call__(self, img, boxes):
        img = ToTensor()(Image.fromarray(img.astype(np.uint8)))
        boxes = torch.Tensor(boxes)
        return img, boxes

# 调整尺寸
class Resize:
    def __init__(self, size=300):
        self.size = size

    def __call__(self, img, boxes):
        # 在相对坐标下运行
        img = cv2.resize(img, (self.size, self.size))
        return img, boxes

# 扩展边框
class Expand:
    def __call__(self, img, boxes):
        # 在绝对坐标下运行
        expand_img = img
        if np.random.randint(2):
            width, _, channels = img.shape
            ratio = np.random.uniform()
            expand_img = np.zeros(
                (int(width * (1 + ratio)), int(width * (1 + ratio)), channels)
            )
            left = np.random.uniform(0, width * ratio)
            top = np.random.uniform(0, width * ratio)
            left = int(left)
            top = int(top)
            expand_img[top : top + width, left : left + width, :] = img
            boxes[:, 0] += left
            boxes[:, 1] += top
        return expand_img, boxes

# 镜像翻转
class Mirror:
    def __call__(self, img, boxes):
        # 在绝对坐标下运行
        if np.random.randint(2):
            width = img.shape[0]
            img = img[:, ::-1]
            boxes[:, 0] = width - boxes[:, 0]
        return img, boxes

# 训练集中的数据增强方式
class TrainTransform:
    def __init__(self, size=300):
```

```
        self.size = size
        # 将数据增强方法合并成列表
        self.augment = Compose(
            [
                ToArray(),
                Mirror(),
                Expand(),
                ToPercentCoordinate(),
                Resize(self.size),
                ToAbsoluteCoordinate(),
                ToTensorDetection(),
            ]
        )

    def __call__(self, img, boxes):
        # 同时处理图片和标注框
        img, boxes = self.augment(img, boxes)
        return img, boxes

# 测试集中的数据增强方式
class TestTransform:
    def __init__(self, size=300):
        self.size = size
        # 验证集中不需要图像变换，只使用如下转换
        self.augment = Compose(
            [
                ToArray(),
                ToPercentCoordinate(),
                Resize(self.size),
                ToAbsoluteCoordinate(),
                ToTensorDetection(),
            ]
        )

    def __call__(self, img, boxes):
        # 同时处理图片和标注框
        img, boxes = self.augment(img, boxes)
        return img, boxes

if __name__ == "__main__":
    # 查看变换之后的数据
    from PIL import ImageDraw

    data = DetectionData(subset="train", transform=TrainTransform())
    topil = ToPILImage()
    img, boxes = data[11]
    # 转换成图片
    img = topil(img)
    # img = topil(data[11][0])
    # boxes = data[11][1]
    draw = ImageDraw.Draw(img)
    # 绘制检测框
    for box in boxes:
        cx, cy, w = box
```

```
        # 坐标转换
        xmin = cx - w / 2
        ymin = cy - w / 2
        xmax = cx + w / 2
        ymax = cy + w / 2
        draw.rectangle(
            [(xmin, ymin), (xmax, ymax)], outline=(0, 255, 0), width=3
        )
    img.save("img/sample_data.jpg")
    img.show()
```

上述代码实现了镜像翻转和扩展图片两种数据增强方法，同时实现了尺寸调整、图像转ndarray、ndarray转Tensor、相对坐标与绝对坐标互转等数据预处理方法。

增强后的图片如图5-13所示。

图5-13　数据增强后的样本

从图5-13中可以看出，虽然图像经过了缩放、扩展和镜像操作，图片中的检测框仍然能够紧贴物体，保证了图片标签的正确性。说明前面定义的图像增强手段是有效的。

5.4　数据标记与损失函数构建

目标检测网络是分类网络和检测网络的结合，但是如果只是简单地将第4章的分类网络和回归网络拼接起来，就会发现：网络一次只能检测一个目标。

卷积神经网络只能预测固定长度的目标，而图片中的物体数量却是不固定的。因此，我们需要预先设定好一个足够大的待检测物体数量，也就是确定好图片中物体数量的上限，增加网络输出层的分类结点和回归结点，然后在训练过程中对输出层的分类结点和回归结点进行筛选，得到最终的检测结果。

有了足够大的物体数量之后，还需要解决“哪个输出预测是哪个物体”的问题，否则在训练过程中，这些输出结点必定会出现混乱，不能各司其职。

5.4.1 数据标记

为了让结果更加准确，在将物体坐标进行编码时，可以将物体映射到图片中的特定格子区域，减小坐标值的波动范围和训练难度。

这里采取了九宫格的形式，将图片中物体的位置与九宫格建立对应关系，对应规则如下。

- 包含物体中心点的格子标签为 `1`，不包含任何物体中心点的格子标签为 `0`。
- 物体中心点坐标用它与对应格子右下角坐标之比表示。
- 物体边长用它与整个图片的边长之比表示。
- 如果格子中包含物体，则该格子的信度为格子与检测框的交并比，如果格子不包含物体，则该格子的信度为 0（在这种方法下，其实可以不对比背景，单独设立一个标签）。

如图 5-14 所示，3 个物体中心所在的网格为匹配成功的网格，被标记为 1，其余网格匹配失败，被标记为 0。

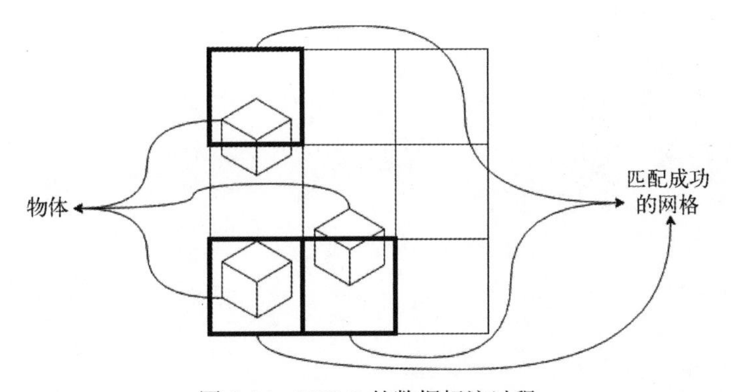

图 5-14 YOLO 的数据标注过程

5.4.2 损失函数

因为这个是一个分类与回归相结合的问题，所以可以将整个模型的损失定义为分类损失+回归损失。其中分类损失函数为 `CrossEntropyLoss`，回归损失函数为 `L1Loss`，将两者相加得到最终损失。

另外，由于设置了 9 个格子，而实际物体只有 1 到 3 个，所以每个图片会产生 1~3 个正样本，6~8 个负样本，这就造成了正负样本的不均衡，这种情况对模型训练是不利的，为了解决这个问题，可以分别对回归损失和分类损失进行如下处理。

- 负样本的回归损失不计入总损失，可以通过掩码来实现。
- 为分类样本中正负样本赋以不同权重，缓解不平衡现象。

网格标记和损失函数的计算代码如下：

```
# mark_data.py
import torch
from torch.nn import CrossEntropyLoss, L1Loss

from config import img_size, device

# 标记图片
def mark_data(boxes):
    label_matrix = torch.zeros((3, 3)).to(device)
    offset_matrix = torch.ones((3, 3, 3)).to(device)
    confidences = torch.zeros((3, 3)).to(device)
    # 格子尺寸
    grid_w = grid_h = img_size / 3
    # 格子坐标
    grids = torch.Tensor(
        [
            [100, 100, 100],
            [200, 100, 100],
            [300, 100, 100],
            [100, 200, 100],
            [200, 200, 100],
            [300, 200, 100],
            [100, 300, 100],
            [200, 300, 100],
            [300, 300, 100],
        ]
    )
    for box in boxes:
        cx, cy, w = box
        h = w
        # 物体所在格子的编号
        grid_x = int(cx / grid_w)
        grid_y = int(cy / grid_h)
        label_matrix[grid_y, grid_x] = 1
        # cx和cy均以格子右下角坐标计算offset
        # w以整个图片计算offset，以保证所有数值都在0和1之间
        offset_matrix[grid_y, grid_x] = torch.Tensor(
            [
                cx / ((grid_x * grid_w + grid_w)),
                cy / ((grid_y * grid_h + grid_h)),
                w / (img_size),
            ]
```

```
        )
        # 标注框与网格的交并比
        grid_box = grids[grid_x + 3 * grid_y]
        confidences[grid_y, grid_x] = iou(box, grid_box)

    return (
        label_matrix.view(-1, 9),
        offset_matrix.view(-1, 9, 3),
        confidences.view(-1, 9),
    )

# 损失函数
class multi_box_loss(torch.nn.Module):
    def forward(
        self,
        label_prediction,
        offset_prediction,
        confidence_prediction,
        boxes_list,
    ):
        """
        label_prediction: 预测的标签
        offset_prediction: 预测的偏移值
        confidence_prediction: 预测的置信度
        boxes_list: 标签框列表
        """
        # boxes_list 多张图片中的 boxes 列表
        reg_criteron = L1Loss()
        label_tensor = []
        offset_tensor = []
        confidence_tensor = []
          # 边框标注
        for boxes in boxes_list:
            label, offset, confidence = mark_data(boxes)
            label_tensor.append(label)
            offset_tensor.append(offset)
            confidence_tensor.append(confidence)
        label_tensor = torch.cat(label_tensor, dim=0).long()
        offset_tensor = torch.cat(offset_tensor, dim=0)
        confidence_tensor = torch.cat(confidence_tensor, dim=0)
        # 添加掩码，负例不加入回归计算
        mask = label_tensor == 1
        mask = mask.unsqueeze(2).float()
        # 预测标签
        label_prediction = label_prediction.permute(0, 2, 1)
        # 添加交叉熵权重
        weight = torch.Tensor([0.5, 1.5]).to(device)
        cls_criteron = CrossEntropyLoss(weight=weight.float())
        # 边框分类损失
        cls_loss = cls_criteron(label_prediction, label_tensor)
        offset_prediction = offset_prediction.view(-1, 9, 3)
        # 边框回归损失
        reg_loss = reg_criteron(offset_prediction * mask, offset_tensor * mask)
        # 转换 mask 维度，以便与 confidence 相乘
```

```
        mask = mask.squeeze(2)
        confidence_loss = reg_criteron(
            confidence_prediction * mask, confidence_tensor * mask
        )
        return cls_loss + reg_loss + confidence_loss

# 计算两个长方形之间的交并比
def iou(box1, box2):
    # box: cx,cy,w 正方形
    # box1
    cx_1, cy_1, w_1 = box1[:3]
    # 坐标转换
    xmin_1 = cx_1 - w_1 / 2
    ymin_1 = cy_1 - w_1 / 2
    xmax_1 = cx_1 + w_1 / 2
    ymax_1 = cy_1 + w_1 / 2
    # box2
    cx_2, cy_2, w_2 = box2[:3]
    # 坐标转换
    xmin_2 = cx_2 - w_2 / 2
    ymin_2 = cy_2 - w_2 / 2
    xmax_2 = cx_2 + w_2 / 2
    ymax_2 = cy_2 + w_2 / 2

    # 没有重叠则交并比为 0
    if (
        ymax_1 <= ymin_2
        or ymax_2 <= ymin_1
        or xmax_2 <= xmin_1
        or xmax_1 <= xmin_2
    ):
        return 0.0
    # 计算重叠区域的定点坐标
    inter_x_min = max(xmin_1, xmin_2)
    inter_y_min = max(ymin_1, ymin_2)
    inter_x_max = min(xmax_1, xmax_2)
    inter_y_max = min(ymax_1, ymax_2)
    # 计算重叠区域面积
    intersection = (inter_y_max - inter_y_min) * (inter_x_max - inter_x_min)
    # 计算交并比
    return intersection / (w_1 * w_1 + w_2 * w_2)
```

在开始训练之前有必要验证一下标记方法的正确性，可以使用如下代码进行验证：

```
# show_grid.py
# 展示九宫格的标记情况
from torchvision import transforms
from PIL import Image, ImageDraw
import sys

# 将上级目录加入系统目录
sys.path.append("..")
from data import DetectionData, TrainTransform
```

```
from mark_data import mark_data

data = DetectionData(subset="train", transform=TrainTransform())
# 选择一张展示效果较好的图片
img, boxes = data[11]
topil = transforms.ToPILImage()
labels, _, _ = mark_data(boxes)
img = topil(img)
# 宽和高相等
width, height = img.size
for i in range(9):
    # 坐标转换
    xmin = (i % 3) * (width // 3)
    ymin = (i // 3) * (height // 3)
    xmax = xmin + (width // 3)
    ymax = ymin + (height // 3)
    # 绘制边界框
    draw = ImageDraw.Draw(img)
    if labels[0, i].item() == 1:
        draw.rectangle([(xmin, ymin), (xmax, ymax)], outline=(0, 0, 255), width=6)
    else:
        draw.rectangle([(xmin, ymin), (xmax, ymax)], outline=(255, 0, 0), width=2)
for box in boxes:
    cx, cy, w = box
    # 坐标转换
    xmin = cx - w / 2
    ymin = cy - w / 2
    xmax = cx + w / 2
    ymax = cy + w / 2
    draw.rectangle([(xmin, ymin), (xmax, ymax)], outline=(0, 255, 0), width=3)
img.save("../img/grids.jpg")
img.show()
```

上述代码将图片分成了 9 个格子，包含物体的格子用粗框画出，不包含物体的格子用细框画出，得到的标注后的图片文件如图 5-15 所示。可以看出，物体中心所在的格子被标记成了正例，不包含任何物体中心的格子被标记成了负例。

图 5-15　九宫格匹配结果

5.5　模型搭建与训练

因为检测模型要同时完成分类和回归两大任务，所以需要将输出结点进行分配，一部分分配给分类任务，一部分分配给回归任务。

本章检测模型的输出结点有 45 个，其中前 18 个为分类结点，分别对应 9 个格子的标签（每个格子有包含物体和不包含物体两种标签）；后面 27 个为回归结点，分别对应 9 个格子的坐标偏移值。

目标检测模型的相关代码如下：

```
# model.py
from torchvision.models import resnet18
from torch.nn import CrossEntropyLoss, L1Loss
from torch import optim, nn
from torch.utils.data import DataLoader
import torch
from tqdm import tqdm
import os.path as osp
from torch.utils.tensorboard import SummaryWriter

from data import DetectionData, TrainTransform, TestTransform
from config import batch_size, epoch_lr, device, checkpoint
from mark_data import multi_box_loss

def to_object_detection_model(net):
    # 9×2 个标签，9×3 个坐标，共 45 个输出值
    # 再加上 9×1 个 confidence，共 54 个输出值
    # net.fc = nn.Linear(512, 45)
    net.fc = nn.Linear(512, 54)
    return net

# 整合数据
def collate_fn(batch):
    img_list = []
    boxes_list = []
    # 遍历批次
    for b in batch:
        img_list.append(b[0].unsqueeze(0))
        boxes_list.append(b[1])
    # 整合图片
    img_batch = torch.cat(img_list, dim=0)
    # 图片以 Tensor 形式返回，box 以 list 形式返回
    return img_batch, boxes_list

def train():
    # 加载预训练的 ResNet-18
    net = resnet18(pretrained=True)
    # 修改最后的输出结点数量
    net = to_object_detection_model(net).to(device)
```

```
# 如果模型文件存在，则加载模型继续训练
if osp.exists(checkpoint):
    net.load_state_dict(torch.load(checkpoint))
    print("checkpoint loaded ...")
# 训练集
train_set = DetectionData(subset="train", transform=TrainTransform())
train_loader = DataLoader(
    train_set,
    batch_size=batch_size,
    shuffle=True,
    num_workers=4,
    collate_fn=collate_fn,
)
# 测试集
test_set = DetectionData(subset="test", transform=TestTransform())
test_loader = DataLoader(
    test_set,
    batch_size=batch_size,
    shuffle=True,
    num_workers=4,
    collate_fn=collate_fn,
)
# 损失函数
criteron = multi_box_loss()
# 定义 writer
writer = SummaryWriter()

for n, (num_epoch, lr) in enumerate(epoch_lr):
    # 随着训练进程的推进会多次改变学习率
    optimizer = optim.SGD(
        net.parameters(), lr=lr, momentum=0.9, weight_decay=5e-4
    )
    for epoch in range(num_epoch):
        epoch_loss = 0.0
        net.train()
        for i, (img, boxes) in tqdm(
            enumerate(train_loader), total=len(train_loader)
        ):
            img = img.to(device)
            prediction = net(img)
            # 整理模型输出
            predict_label = prediction[:, :18].view(-1, 9, 2)
            predict_offset = prediction[:, 18:45]
            predict_confidence = prediction[:, 45:]
            # 计算模型损失
            loss = criteron(
                predict_label, predict_offset, predict_confidence, boxes
            )
            optimizer.zero_grad()
            loss.backward()
            optimizer.step()
            # 累计损失
            epoch_loss += loss.item()
        # 打印损失
```

```
        print(
            "Epoch: {} , Epoch Loss :  {}".format(
                sum([e[0] for e in epoch_lr[:n]]) + epoch,
                epoch_loss / len(train_loader.dataset),
            )
        )
        # 将损失计入 TensorBoard
        writer.add_scalar(
            "Epoch_loss",
            epoch_loss / len(train_loader.dataset),
            sum([e[0] for e in epoch_lr[:n]]) + epoch,
        )

        # 验证模型
        net.eval()
        # 无梯度模式快速验证
        with torch.no_grad():
            test_loss = 0.0
            for j, (img, boxes) in tqdm(enumerate(test_loader)):
                img = img.to(device)
                prediction = net(img)
                # 整理输出
                predict_label = prediction[:, :18].view(-1, 9, 2)
                predict_offset = prediction[:, 18:45]
                predict_confidence = prediction[:, 45:]
                # 计算损失
                loss = criteron(
                    predict_label, predict_offset, predict_confidence, boxes
                )
                # 累计损失
                test_loss += loss.item()
            # 打印损失
            print(
                "Epoch: {} , Test Loss : {}".format(
                    sum([e[0] for e in epoch_lr[:n]]) + epoch,
                    test_loss / len(test_loader.dataset),
                )
            )
            # 将损失计入 TensorBoard
            writer.add_scalar(
                "Test_loss",
                test_loss / len(test_loader.dataset),
                sum([e[0] for e in epoch_lr[:n]]) + epoch,
            )
        torch.save(net.state_dict(), checkpoint)
    writer.close()

if __name__ == "__main__":
    train()
```

目标检测模型的输出较为复杂，得到输出之后需要进行结点划分和转换才能将其输入损失函数进行计算。因为每张图片中的物体数量不同，所以标签数量 box 不同，所以在数据封装成 DataLoader 的过程中，会因为 box 的维度不统一而报错。所以，在上述代码中，为 DataLoader

加入了一个 `collate_fn`，将 box 合并成一个列表，避免使用 PyTorch 默认的 `collate_fn` 时，出现维度不匹配的错误。

训练的损失曲线如图 5-16 所示。

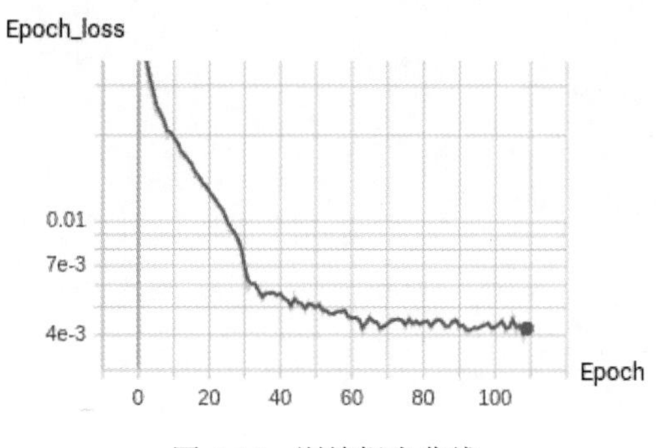

图 5-16　训练损失曲线

在验证集上的损失曲线如图 5-17 所示。

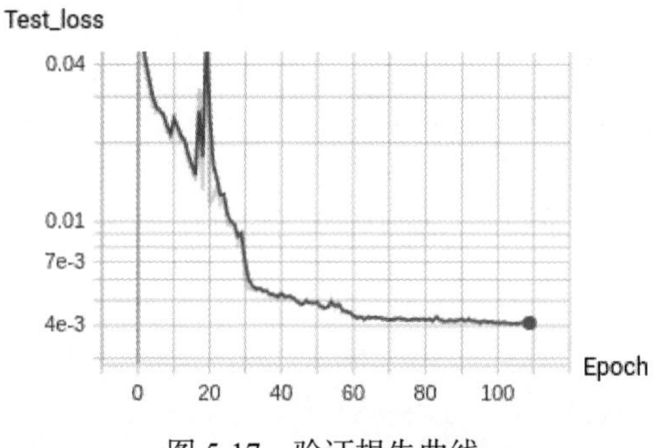

图 5-17　验证损失曲线

从上述两张图中可以看到，虽然验证集上的效果出现过较大波动，但是最终模型在验证集上的表现与训练集相当，说明模型已经学习到了很好的特征。

5.6　模型预测

模型训练完成之后，可以加载 `checkpoint` 中的参数进行模型演示。在演示过程中，需要对预测得到的坐标值进行解码，也就是把坐标的偏置根据对应的九宫格的坐标进行转换，变成真实坐标之后再进行展示。相关代码如下：

```
# demo.py
import torch
from torch import nn
```

```
import torchvision
from torchvision.transforms import ToPILImage
from torchvision.models import resnet18
import matplotlib.pyplot as plt
from PIL import ImageDraw
import numpy as np

from data import DetectionData, TestTransform
from config import checkpoint

# 非极大值抑制
def py_cpu_nms(boxes, scores, thresh):
    x1 = boxes[:, 0]
    y1 = boxes[:, 1]
    x2 = boxes[:, 2]
    y2 = boxes[:, 3]
    # 计算面积
    areas = (x2 - x1 + 1) * (y2 - y1 + 1)
    # 按分数排序
    order = scores.argsort()[::-1]
    keep = []
    while order.size > 0:
        # 保留分数最高的 box
        i = order[0]
        keep.append(i)
        # 计算 box 之间的交并比
        xx1 = np.maximum(x1[i], x1[order[1:]])
        yy1 = np.maximum(y1[i], y1[order[1:]])
        xx2 = np.minimum(x2[i], x2[order[1:]])
        yy2 = np.minimum(y2[i], y2[order[1:]])
        w = np.maximum(0.0, xx2 - xx1 + 1)
        h = np.maximum(0.0, yy2 - yy1 + 1)
        inter = w * h
        # 计算交并比
        ovr = inter / (areas[i] + areas[order[1:]] - inter)
        # 保留与高分 box 交并比低于阈值的 box
        inds = np.where(ovr <= thresh)[0]
        # ovr 中的 index 比 order 中小 1
        order = order[inds + 1]
    return keep

# 要求 torchvision 是 0.2.2 版本
# 因为 0.2.2 中的 ResNet-18 最后的池化层是 AdaptiveAvgPool，可以适应尺寸变化，免去尺寸不匹配的烦恼
dataset = DetectionData(subset="test", transform=TestTransform())
# 任取一个样本进行展示
img, boxes = dataset[6]  # 此图片出现重叠窗口

net = resnet18()
net.fc = nn.Linear(512, 54)
net.load_state_dict(torch.load(checkpoint))
net.eval()

# 预测并划分输出结果
out = net(img.unsqueeze(0))
```

```
out_label = out[:, :18].view(-1, 9, 2)
out_offset = out[:, 18:45]
out_score = out[:, 45:]
# 预测九宫格标签
predict_label = torch.argmax(out_label, dim=2)
# 预测的九宫格坐标和尺寸偏移量
predict_offset = out_offset.view(-1, 9, 3)
# 九宫格坐标和尺寸
anchors = torch.Tensor(
    [
        [100, 100, 300],
        [200, 100, 300],
        [300, 100, 300],
        [100, 200, 300],
        [200, 200, 300],
        [300, 200, 300],
        [100, 300, 300],
        [200, 300, 300],
        [300, 300, 300],
    ]
)
# 解码
predict_box = predict_offset * anchors
# 转换回图片
topil = ToPILImage()
img_pil = topil(img)
img_pil_nms = img_pil.copy()
draw = ImageDraw.Draw(img_pil)
positive_boxes = []
positive_scores = []
# 绘制标签为 1 的检测框
for i, b in enumerate(predict_box[0]):
    if predict_label[0][i] == 1:
        # 坐标转换
        xmin = b[0] - b[2] / 2
        ymin = b[1] - b[2] / 2
        xmax = b[0] + b[2] / 2
        ymax = b[1] + b[2] / 2
        # 绘制检测框
        draw.rectangle([(xmin, ymin), (xmax, ymax)], outline=(0, 255, 0))
        # 添加 score 文字
        draw.text((xmin, ymin), "{}".format(out_score[:, i].item()))
        # 包含物体的检测框
        positive_boxes.append(
            [xmin.item(), ymin.item(), xmax.item(), ymax.item()]
        )
        # 记录标签为 1 的检测框的分数
        positive_scores.append(out_score[:, i].item())
plt.figure(figsize=(5, 5))
plt.imshow(img_pil)
plt.savefig("img/sun_detect.jpg")

# 绘制 nms 之后的图片
draw_nms = ImageDraw.Draw(img_pil_nms)
```

```
boxes = np.array(positive_boxes)
scores = np.array(positive_scores)
# 保留的预测框 ID
keep_idx = py_cpu_nms(boxes, scores, 0.4)
keep_box = boxes[keep_idx]
# 绘制 nms 之后的预测框
for i, b in enumerate(keep_box):
    xmin, ymin, xmax, ymax = b
    # 绘制边框
    draw_nms.rectangle([(xmin, ymin), (xmax, ymax)], outline=(0, 255, 0))
    draw_nms.text((xmin, ymin), "{}".format(scores[i].item()))
plt.figure(figsize=(5, 5))
plt.imshow(img_pil_nms)
plt.savefig("img/sun_detect_nms.jpg")
plt.show()
```

在上述代码的预测过程中，只选择了标签为 1 的检测框，这些检测框原本对应着图片中的九宫格，在训练过程中，其坐标会发生变化，逐渐趋近于图片中的物体坐标。

使用预测结果绘制得到的检测结果如图 5-18 所示，显然，出现了检测框的重叠。

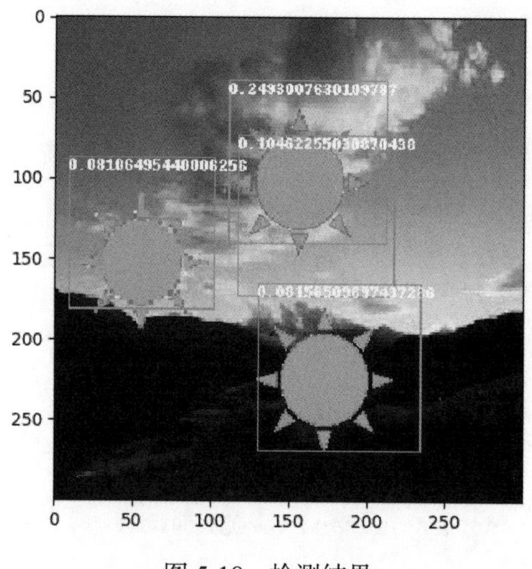

图 5-18　检测结果

在实际检测的时候，返回两个检测框是没有办法用的，而取平均也会影响到检测结果的精确度。从图 5-18 中可以看到，中间靠上的两个框中，有一个框是很准的，另一个框却不太准，所以我们只需要把不太准的检测框删除即可。

如何区分检测框是否准确呢？就需要用到模型中预测的分数 score 了，使用 NMS 算法可以保留最好的检测框，其工作流程如图 5-19 所示。

(1) 找到图片中分数最高（0.9）的检测框 A，计算其余检测框与 A 的交并比。

(2) 删掉交并比大于阈值（阈值根据实际情况设置）的检测框。

(3) 找到除 A 以外的分数最高（0.8）的检测框 B，重复(1)~(2)步，直到没有分数更小的检测框。

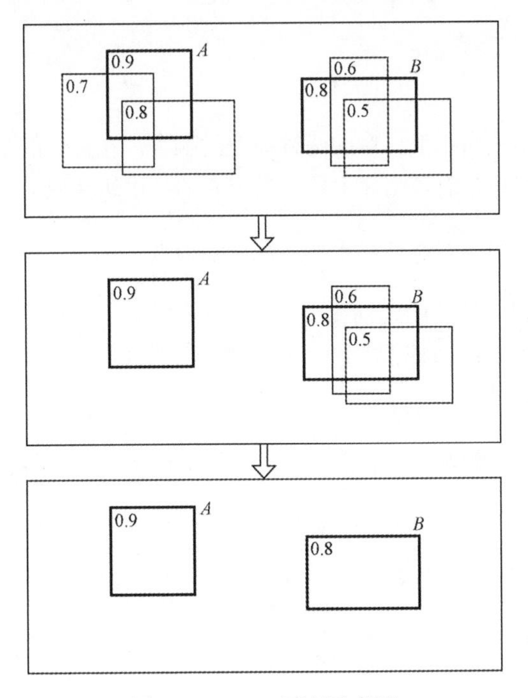

图 5-19　NMS 原理示意图

对图片中的检测框进行 NMS 处理即可得到如图 5-20 所示的图片。

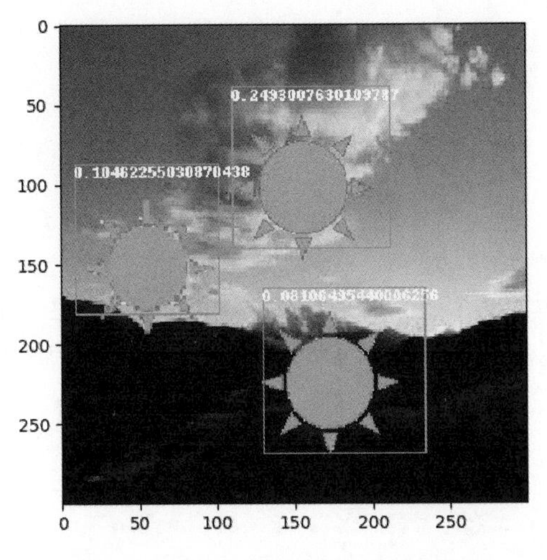

图 5-20　NMS 处理之后的检测结果

可以看到，经过 NMS 筛选后，分数为 0.10 的检测框被删除了，分数为 0.24 的检测框准确度更高，被保留了下来。至此，整个目标检测算法的流程就全部结束了。

5.7　小结

本章的物体检测模型相当于上一章的两种模型的融合，在融合的基础上又做了一定的修改，模型的训练对象不再是图片，而是图片中预先设定好的一块块区域。

通过本章的学习，希望读者能够熟悉如下几个知识点：

- 一段式检测和两段式检测的区别；
- 物体检测中锚框的匹配原理；
- 一段式检测算法的流程。

相信通过本章的学习，能够为读者学习工业级检测模型提供一些思路。

第 6 章

图像分割

图像分割是指根据图片的灰度、颜色、结构和纹理等特征，将图片划分成多个子区域的过程，常用于检测图片中物体的轮廓。常规的图像分割算法有基于阈值的分割、基于边缘检测的分割、区域生长算法、GrabCut 和分水岭算法等。

在深度学习中，图像分割是一种端到端的像素级分类任务，就是给定一张图片，对图片上的每一个像素分类，可以按照分类模型的思路来做，不同的是，分割模型的输出是一张分割图。

在深度学习中，图像分割的主流方法是将分割转变成一个像素级的分类问题。按图像分割的目的由粗到细来区分，图像分割有如下 3 种类型。

- 普通分割。将图片中的目标物体与其他像素区域分开，如前景和背景的分割，本章中的图像分割就是这种类型。
- 语义分割。在普通分割的基础上，分类出每一块区域的语义（即这块区域是什么物体）。
- 实例分割。在语义分割的基础上给每个物体编号，如分割出图片中的所有人物并给人脸编号。

与分类问题不同的是，语义分割需要根据图片的每个像素的类别进行精确分割。图像语义分割是像素级别的任务，但是由于 CNN 在进行卷积和池化的过程中丢失了图片细节，即特征图逐渐变小，所以不能很好地指出物体的具体轮廓，以及每个像素具体属于哪个物体，所以在图像分割网络中，一般都会有如下两种功能。

- 下采样+上采样的结构，保证最终输出特征图不能太小。
- 多尺度的特征融合，特征图相加或者拼接。

适合图像分割的网络有很多，下面介绍其中比较热门的 3 种。

1. FCN

FCN 是最早提出的用于图像分割的神经网络，它将传统卷积网络中的全连接层替换成了卷积网络，使得网络可以接受任意大小的图片，并输出和原图一样大小的分割图，以便对每个像素进行分类。其结构示意图如图 6-1 所示。

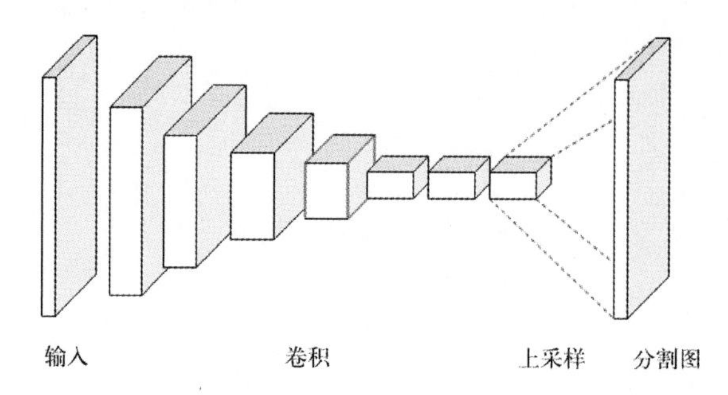

图 6-1　FCN 结构示意图

此外，FCN 中率先使用了反卷积层进行上采样。分类神经网络的特征图一般只有原图的几十分之一大小。想要映射回原图大小，必须对特征图进行上采样，这就是反卷积层的作用。

实际上，因为只用最后一层输出进行上采样的效果比较差，所以 FCN 会综合倒数几层的上采样结果。

2. Mask R-CNN

Mask R-CNN 演变自物体检测网络 Faster R-CNN，Mask R-CNN 的改造主要有两个方面。

- 在 Faster R-CNN 的基础上添加了一个全卷积网络用于图像分割。
- 把 Faster R-CNN 中的 ROIPooling 替换成了 ROIAlign，ROIAlign 处理后的特征图与原始图片中的像素是按比例对应的，更适合精细的图像分割任务。

Mask R-CNN 的结构如图 6-2 所示。

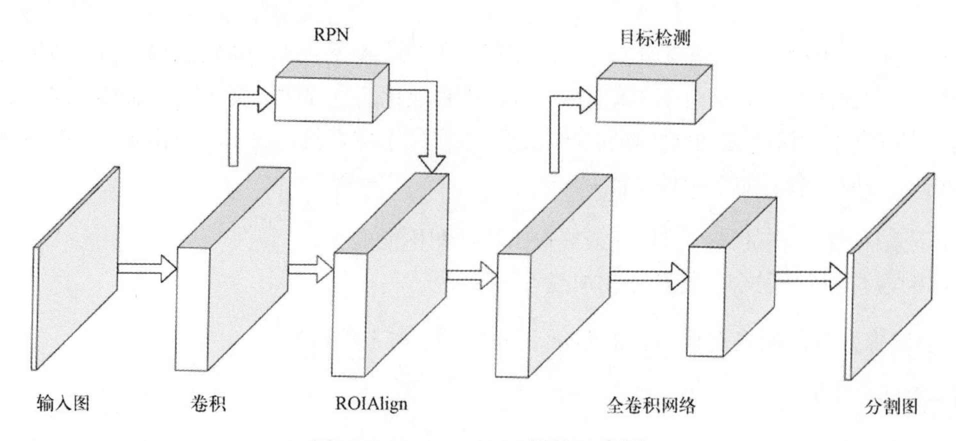

图 6-2　Mask R-CNN 结构示意图

Mask R-CNN 的运算流程如下。

(1) 将图片输入卷积层之后，得到特征图。
(2) 将特征图输入 RPN 网络，得到包含物体的区域范围（ROI）。
(3) 根据生成的区域范围在特征图上进行 ROIAlign 操作，获取包含物体的区域的特征图。
(4) 将特征图输入全卷积网络进行图像分割。

3. UNet

UNet 模型就像它的名字一样，是一个 U 形的结构，如图 6-3 所示。该模型分为两个部分：编码器（encoder）和解码器（decoder）。

编码器的结构与分类网络的特征提取部分类似。在编码器的运算过程中，图像特征图逐渐缩小，并将中间结果记录下来。然后将缩小的特征输入解码器，进行反卷积或者上采样操作，将图像特征图的尺寸逐步增大，形成一张与输入图片尺寸相同或者呈一定比例的图片。

编码器和解码器的各个单元之间还有 skip connection，用于将编码器的中间结果和解码器的中间结果拼接起来。与 ResNet 类似，这种结果能够减少网络训练过程中的梯度弥散现象。

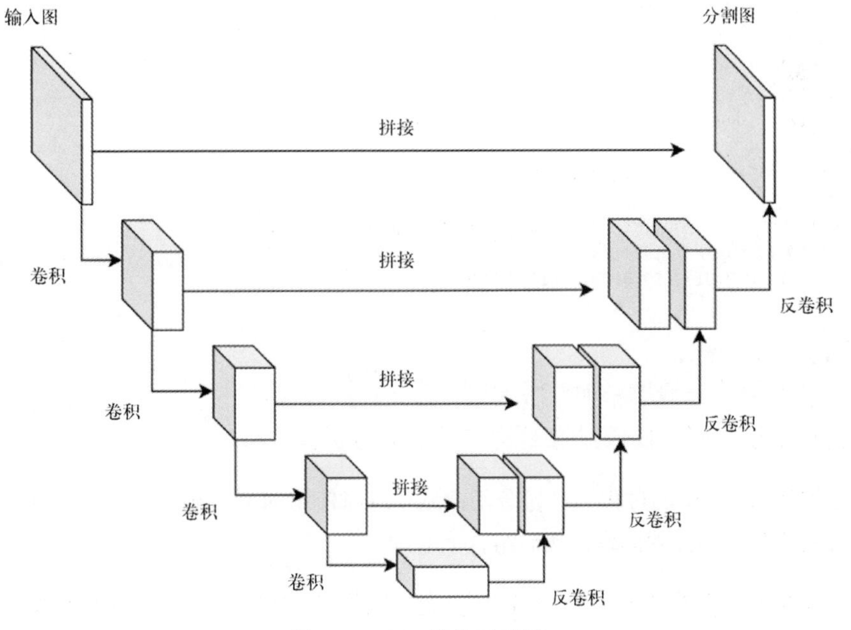

图 6-3　UNet 结构示意图

在本章中，我们将选用 UNet 搭建一个图像分割网络，从上一章的合成图片中找出物体的轮廓。

本章的项目结构如下：

```
.
├── config.py                  ----    配置文件
├── damu.py                    ----    弹幕实例
├── data.py                    ----    加载分割数据
├── demo.py                    ----    展示分割效果
├── model.py                   ----    分割模型
├── super_resolution_data.py   ----    加载超分辨率重建数据
├── super_resolution_demo.py   ----    展示超分辨率重建效果
├── super_resolution_train.py  ----    训练超分辨率重建模型
├── tools                      ----    存放工具代码
│   └── show_sample_data.py    ----    展示超分辨率重建图片样例
├── train_val.py               ----    训练分割模型
└── transform.py               ----    图像增强
```

6.1　数据加载

我们在上一章中已经生成了用于图像分割的数据集，因此数据加载工作只需从数据文件夹中读取生成的图片和对应的 mask 图片即可。

加载图片之前，先设置好必要的参数：

```
# config.py
import torch
# 定义数据存储设备
device = torch.device("cuda" if torch.cuda.is_available() else "cpu")
# mask 目录
mask_folder = "/data/object_detection_segment/segmentation"
# 图片目录
data_folder = "/data/object_detection_segment/object_detection"
# 定义学习率随 epoch 变化的规律
epoch_lr = [(20,0.01),(10,0.001),(10,0.0001)
# 批次大小
batch_size = 8
# 模型保存路径
checkpoint = "/data/chapter_three/net.pth"
```

利用这些参数，我们可以很方便地构建并修改后续的代码。

下面是构建 `Dataset` 的过程，图像分割模型训练时使用的 `x` 和 `y` 分别是图片和图片的掩码，现在只需将图片和掩码分别读取，然后组合成对即可。

与目标检测类似，图像分割任务也需要自定义图像增强方法。在定义数据加载方法前，需要先设计好图像增强方法。下面是图像增强方法的定义代码：

```
# transform.py
# 图像到图像模型的数据增强
import torch
```

```
import numpy as np
import cv2

# 用于合并所有的图像增强方法
class Compose:
    def __init__(self, transform_list):
        self.transform_list = transform_list

    def __call__(self, img, mask):
        # 遍历图像增强方法
        for transform in self.transform_list:
            # 同时处理图片和掩码
            img, mask = transform(img, mask)
        return img, mask

# 将 PIL.Image 对象转换成 Numpy.ndarray 矩阵
class ToArraySegment:
    def __call__(self, img, mask):
        img = np.array(img)
        mask = np.array(mask)
        return img, mask

# 将 Numpy.ndarray 转换成 torch.Tensor 并进行归一化
class ToTensorSegment:
    def __call__(self, img, mask):
        return (
            torch.from_numpy(img).permute(2, 0, 1).float() / 255.0,
            torch.from_numpy(mask).float() / 255.0,
        )

# 调整尺寸
class Resize:
    def __init__(self, size=300):
        self.size = size

    def __call__(self, img, mask):
        img = cv2.resize(img, (self.size, self.size))
        mask = cv2.resize(mask, (self.size, self.size))
        return img, mask

# 边框扩展
class Expand:
    def __call__(self, img, mask):
        if np.random.randint(2):
            width, _, channels = img.shape
            ratio = np.random.uniform()
            # 定义背景图片
            expand_img = np.zeros(
                (int(width * (1 + ratio)), int(width * (1 + ratio)), channels)
            )
            # 定义背景 mask
            expand_mask = np.zeros(
                (int(width * (1 + ratio)), int(width * (1 + ratio)))
            )
```

```
            # 随机生成图片位置
            left = np.random.uniform(0, width * ratio)
            top = np.random.uniform(0, width * ratio)
            left = int(left)
            top = int(top)
            # 粘贴背景图片
            expand_img[top : top + width, left : left + width, :] = img
            # 粘贴掩码
            expand_mask[top : top + width, left : left + width] = mask
            return expand_img, expand_mask
        else:
            return img, mask

# 镜像翻转
class Mirror:
    def __call__(self, img, mask):
        # 在绝对坐标下运行
        if np.random.randint(2):
            width = img.shape[0]
            img = img[:, ::-1]
            mask = mask[:, ::-1]
        return img, mask

# 训练模式的数据增强方法
class TrainTransform:
    def __init__(self, size=224):
        self.size = size
        self.augment = Compose(
            [
                ToArraySegment(),
                Mirror(),
                Expand(),
                Resize(self.size),
                ToTensorSegment(),
            ]
        )
        # self.augment = Compose([ToArraySegment(), ToTensorSegment()])

    def __call__(self, img, mask):
        img, mask = self.augment(img, mask)
        return img, mask

# 验证模式的数据增强方法
class TestTransform:
    def __init__(self, size=224):
        self.size = size
        # 验证集只需要如下的转换方法
        self.augment = Compose(
            [ToArraySegment(), Resize(self.size), ToTensorSegment()]
        )

    def __call__(self, img, boxes):
        img, mask = self.augment(img, mask)
        return img, mask
```

在上述代码中，实现了尺寸调整、图片翻转和边框扩展这3种不同的图像增强方法，以及相对坐标、绝对坐标之间的转换方法。然后使用一个自定义的 Compose 类将上述方法合并，便于批量处理。最后对训练和测试过程分别定义了两套不同的图像增强方法，因为在测试过程中不需要对图片的内容进行变换。

所有会修改图片内容的操作都必须同时作用于图片和掩码，保证了图片中的物体前后景与掩码中的前后景像素完全对应。

在数据加载类中，要实现的就是将图片和掩码配对，并应用 transform 中的图像增强方法：

```
# data.py
from torch.utils.data import Dataset
from torchvision.transforms import ToTensor

from PIL import Image
from glob import glob
import os.path as osp
import re
from sklearn.model_selection import train_test_split

from transform import TrainTransform, TestTransform
from config import data_folder, mask_folder

class SegmentationData(Dataset):
    def __init__(
        self,
        data_folder=data_folder,
        mask_folder=mask_folder,
        subset="train",
        transform=None,
    ):
        image_paths = sorted(glob(osp.join(data_folder, "*.jpg")))
        mask_paths = sorted(glob(osp.join(mask_folder, "*.jpg")))
        # 检查图片和掩码是否一致
        for i in range(len(image_paths)):
            assert osp.basename(image_paths[i]) == osp.basename(mask_paths[i])
        # 划分训练集和验证集
        image_paths_train, image_paths_test, mask_paths_train, mask_paths_test = train_test_split(
            image_paths, mask_paths, test_size=0.2, random_state=20
        )
        # 训练集
        if subset == "train":
            self.image_paths = image_paths_train
            self.mask_paths = mask_paths_train
        # 测试集
        else:
            self.image_paths = image_paths_test
            self.mask_paths = mask_paths_test

        self.transform = transform
```

```
    def __getitem__(self, index):
        # 根据index取图片和对应的掩码
        image = Image.open(self.image_paths[index]).resize((224, 224))
        mask_path = self.mask_paths[index]
        # 掩码转成黑白图片
        mask = Image.open(mask_path).resize((224, 224)).convert("L")
        # 数据增强
        if self.transform:
            image, mask = self.transform(image, mask)
        # 如果没有定义 transform 手段，就直接使用 ToTensor
        else:
            image, mask = ToTensor()(image), ToTensor()(mask)
        return image, mask

    def __len__(self):
        return len(self.image_paths)

if __name__ == "__main__":
    from torchvision.transforms import ToPILImage

    topil = ToPILImage()
    data = SegmentationData(transform=TrainTransform())
    image, mask = data[11]
    image, mask = topil(image), topil(mask)
    image.save("img/sample.jpg")
    mask.save("img/sample_mask.jpg")
    image.show()
    mask.show()
```

上述代码定义了用于数据分割的数据集，在`__init__`方法中读取了所有的原始图片和掩码的路径；在`__getitem__`方法中加入了对图片和掩码进行图像增强的操作。直接运行代码，可以看到数据集中生成了一对图像和掩码。

经过数据增强的图片和掩码如图 6-4 和图 6-5 所示，其中掩码中只有黑色和白色，其实是只有 0 和 1 两个值，1 的位置对应着原图中物体所在的位置。

图 6-4　增强后的图片

图 6-5　图像增强后的掩码

6.2 模型搭建

图像分割任务中的输入和输出都是类似图片形式的矩阵（宽高有可能相同，也有可能不同），输出矩阵的通道数量决定图片中物体的种类数量。在上一节的例子中，输入图片是之前生成的 3 个通道的图片，输出图片是有两个通道（对应 0 和 1）的图片。这里如果使用 `BCELoss` 作为损失函数的话，可以只使用一个通道的输出。

下面搭建基于 ResNet-18 的 UNet 网络。编码器选择的是 `torchvision.models` 中的 ResNet-18，因为这次的图片尺寸较大，不便再使用前面为 CIFAR 构建的 ResNet 了。在这里，我们可以将 ResNet-18 中的 `pretrained` 参数设置为 `True` 来获取 ImageNet 的预训练参数，以加快训练速度。解码器选择利用 `nn.ConvTranspose2d` 搭建一个“卷积+反卷积+卷积”结构的解码块，然后与编码器中的各个层对应拼接起来。相关代码如下：

```
# model.py
import torch
from torch import nn
from torchvision.models import resnet18

# 解码模块
class DecoderBlock(nn.Module):
    def __init__(self, in_channels, out_channels, kernel_size):
        """
        in_channels: 输入通道
        out_channels: 输出通道
        kernel_size: 卷积核大小
        """
        super(DecoderBlock, self).__init__()

        self.conv1 = nn.Conv2d(
            in_channels, in_channels // 4, kernel_size, padding=1, bias=False
        )
        self.bn1 = nn.BatchNorm2d(in_channels // 4)
        self.relu1 = nn.ReLU(inplace=True)
        # 反卷积
        self.deconv = nn.ConvTranspose2d(
            in_channels // 4,
            in_channels // 4,
            kernel_size=3,
            stride=2,
            padding=1,
            output_padding=1,
            bias=False,
        )
        self.bn2 = nn.BatchNorm2d(in_channels // 4)
        self.relu2 = nn.ReLU(inplace=True)

        self.conv3 = nn.Conv2d(
            in_channels // 4,
            out_channels,
```

```
            kernel_size=kernel_size,
            padding=1,
            bias=False,
        )
        self.bn3 = nn.BatchNorm2d(out_channels)
        self.relu3 = nn.ReLU(inplace=True)

    def forward(self, x):
        x = self.relu1(self.bn1(self.conv1(x)))
        x = self.relu2(self.bn2(self.deconv(x)))
        x = self.relu3(self.bn3(self.conv3(x)))
        return x

class ResNet18Unet(nn.Module):
    def __init__(self, num_classes=2, pretrained=True):
        super(ResNet18Unet, self).__init__()
        # base 没有作为类属性，这样可以避免保存模型时保存过多无用参数
        base = resnet18(pretrained=pretrained)
        # 将 ResNet 的前几层复制到 ResNet18Unet 中
        self.firstconv = base.conv1
        self.firstbn = base.bn1
        self.firstrelu = base.relu
        self.firstmaxpool = base.maxpool
        # 将 ResNet 中的 layer 作为编码器
        self.encoder1 = base.layer1
        self.encoder2 = base.layer2
        self.encoder3 = base.layer3
        self.encoder4 = base.layer4
        # 解码器的输出通道数量
        out_channels = [64, 128, 256, 512]
        # 使用 DecoderBlock 定义解码器
        self.center = DecoderBlock(
            in_channels=out_channels[3],
            out_channels=out_channels[3],
            kernel_size=3,
        )
        self.decoder4 = DecoderBlock(
            in_channels=out_channels[3] + out_channels[2],
            out_channels=out_channels[2],
            kernel_size=3,
        )
        self.decoder3 = DecoderBlock(
            in_channels=out_channels[2] + out_channels[1],
            out_channels=out_channels[1],
            kernel_size=3,
        )
        self.decoder2 = DecoderBlock(
            in_channels=out_channels[1] + out_channels[0],
            out_channels=out_channels[0],
            kernel_size=3,
        )
        self.decoder1 = DecoderBlock(
            in_channels=out_channels[0] + out_channels[0],
            out_channels=out_channels[0],
```

```
            kernel_size=3,
        )
        # 最后添加一个卷积层将特征图维度整理成图片对应的尺寸
        self.finalconv = nn.Sequential(
            nn.Conv2d(out_channels[0], 32, 3, padding=1, bias=False),
            nn.BatchNorm2d(32),
            nn.ReLU(),
            nn.Dropout2d(0.1, False),
            nn.Conv2d(32, num_classes, 1),
        )

    def forward(self, x):
        # 预处理
        x = self.firstconv(x)
        x = self.firstbn(x)
        x = self.firstrelu(x)
        x_ = self.firstmaxpool(x)

        # 编码器的下采样过程
        e1 = self.encoder1(x_)
        e2 = self.encoder2(e1)
        e3 = self.encoder3(e2)
        e4 = self.encoder4(e3)

       # 解码器的上采样过程
        center = self.center(e4)
        d4 = self.decoder4(torch.cat([center, e3], 1))
        d3 = self.decoder3(torch.cat([d4, e2], 1))
        d2 = self.decoder2(torch.cat([d3, e1], 1))
        d1 = self.decoder1(torch.cat([d2, x], 1))
        # 输出图片
        f = self.finalconv(d1)
        return f

if __name__ == "__main__":
    net = ResNet18Unet(pretrained=False)
    img = torch.rand(1, 3, 320, 320)
    out = net(img)
    print(out.shape)
```

上述代码使用 ResNet-18 中的特征提取部分充当编码器，使用自定义的解码模块充当解码器，然后将编码器和解码器都加入 UNet 网络中。先计算编码器，保存编码器每一个模块的计算结果，并将最终的计算结果输入解码模块，逐步进行解码器运算，将每次运算的结果输入与之前保存的编码器中间结果进行拼接，再输入下一个解码模块进行计算，最终得到分割图片。

6.3 模型训练

模型的训练过程与分类网络较为相似，不过因为本任务中的物体与背景之间的像素数量差距较大，所以正负样本不均衡。在分类学习算法中，不同类别样本的比例相差悬殊会对算法的学习过程造成重大干扰，所以需要为 CrossEntropyLoss 添加一个合适的权重，以缩小负样本数量对模型训练的影响。下面是图像分割网络的训练代码：

```
# train_val.py
import torch
from torch import nn, optim
from torch.utils.data import DataLoader
from torch.utils.tensorboard import SummaryWriter
from tqdm import tqdm
import os.path as osp

from data import SegmentationData
from transform import TrainTransform, TestTransform
from model import ResNet18Unet
from config import device, checkpoint, batch_size, epoch_lr

def train():
    net = ResNet18Unet().to(device)
    # 加载数据集
    trainset = SegmentationData(subset="train", transfrom=TrainTransform())
    testset = SegmentationData(subset="test", transform=TestTransform())
    # 加载 DataLoader
    trainloader = DataLoader(
        trainset, batch_size=batch_size, shuffle=True, num_workers=4
    )
    testloader = DataLoader(
        testset, batch_size=batch_size, shuffle=True, num_workers=4
    )
    # 损失函数
    criteron = nn.CrossEntropyLoss(weight=torch.Tensor([0.3, 1.0]).to(device))
    # 最佳损失，用于筛选最佳模型
    best_loss = 1e9
    # 如果有现成的模型，则加载模型，继续训练
    if osp.exists(checkpoint):
        ckpt = torch.load(checkpoint)
        best_loss = ckpt["loss"]
        net.load_state_dict(ckpt["params"])
        print("checkpoint loaded ...")
    # TensorBoard 记录器
    writer = SummaryWriter("log")
    for n, (num_epochs, lr) in enumerate(epoch_lr):
        optimizer = optim.SGD(
            net.parameters(), lr=lr, momentum=0.9, weight_decay=5e-3
        )
        for epoch in range(num_epochs):
            net.train()
            # 使用 pbar 可以在进度条旁边动态显示损失
            pbar = tqdm(enumerate(trainloader), total=len(trainloader))
            epoch_loss = 0.0
            for i, (img, mask) in pbar:
                out = net(img.to(device))
                loss = criteron(out, mask.to(device).long().squeeze(1))
                optimizer.zero_grad()
```

```
            loss.backward()
            optimizer.step()
            if i % 10 == 0:
                pbar.set_description("loss: {}".format(loss))
            epoch_loss += loss.item()
        # 打印当前 epoch 的损失
        print("Epoch_loss:{}".format(epoch_loss / len(trainloader.dataset)))
        # 将 epoch 的损失加入 TensorBoard
        writer.add_scalar(
            "seg_epoch_loss",
            epoch_loss / len(trainloader.dataset),
            sum([e[0] for e in epoch_lr[:n]]) + epoch,
        )
        # 无梯度模式下快速验证
        with torch.no_grad():
            # 验证模式
            net.eval()
            test_loss = 0.0
            for i, (img, mask) in tqdm(
                enumerate(testloader), total=len(testloader)
            ):
                out = net(img.to(device))
                loss = criteron(out, mask.to(device).long().squeeze(1))
                # 累计损失
                test_loss += loss.item()
            # 打印损失
            print(
                "Test_loss:{}".format(test_loss / len(testloader.dataset))
            )
            # 将损失加入 TensorBoard
            writer.add_scalar(
                "seg_test_loss",
                test_loss / len(testloader.dataset),
                sum([e[0] for e in epoch_lr[:n]]) + epoch,
            )
        if test_loss < best_loss:
            best_loss = test_loss
            torch.save(
                {"params": net.state_dict(), "loss": test_loss}, checkpoint
            )
    writer.close()

if __name__ == "__main__":
    train()
```

在上述代码中，我们使用了 `torch.nn.CrossEntropyLoss` 作为损失函数，因为这个项目是二分类任务。当然，也可以使用 `torch.nn.functional.binary_cross_entropy` 作为损失函数，不同的是需要将 `ResNet18Unet` 中的 `n_classes` 参数设置为 1。

图像分割模型的训练曲线如图 6-6 和图 6-7 所示。

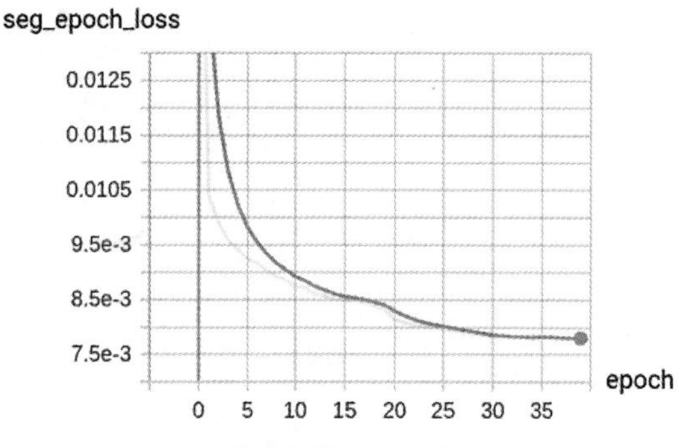

图 6-6　图像分割模型训练集损失曲线

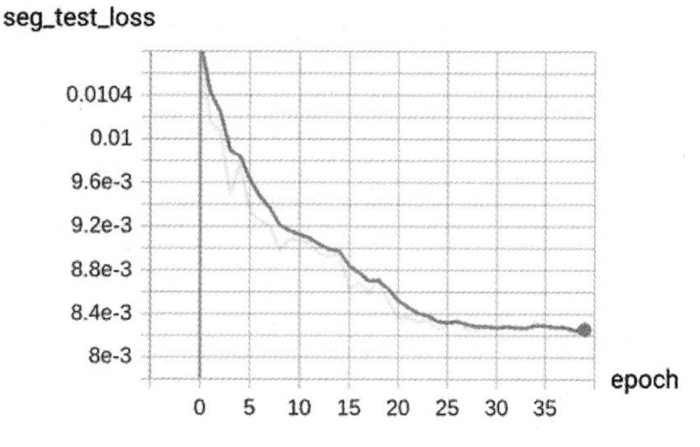

图 6-7　图像分割模型验证集损失曲线

从训练集和验证集的损失曲线可以看出，模型训练良好，基本已进入平稳期，可以继续进行模型展示了。

6.4 模型展示

模型训练完毕后，可以通过如下方式进行结果展示：

```
# demo.py
import torch
from torchvision.transforms import ToPILImage
import matplotlib.pyplot as plt

from model import ResNet18Unet
from data import SegmentationData
from config import checkpoint, device
# 定义模型
net = ResNet18Unet().to(device)
# 加载参数
net.load_state_dict(torch.load(checkpoint)["params"])
net.eval()
# 测试集
test_data = SegmentationData(subset="test")
img, _ = test_data[10]
# 模型推理
mask = net(img.unsqueeze(0).to(device))
topil = ToPILImage()
# 选取 dim=1 维度中概率最大的值，得到最终的预测掩码
mask_img = torch.argmax(mask, dim=1).squeeze(0).squeeze(0)
plt.subplot(121)
plt.imshow(topil(img))
plt.subplot(122)
plt.imshow(mask_img.data.cpu().numpy())
plt.show()
plt.savefig("img/result.jpg")
```

上述代码将之前训练好的模型参数加载到模型中，然后在测试集中挑选了一张图片进行模型预测。因为输出的预测掩码有两个通道（分别表示图片中的每个像素上有物体和无物体的概率），而我们需要的掩码图像只有一个通道，所以需要对预测掩码取概率最大的通道。此时会得到如图6-8所示的预测结果，可以看到这个模型已经具备了从图片中把目标物体分割出来的能力。

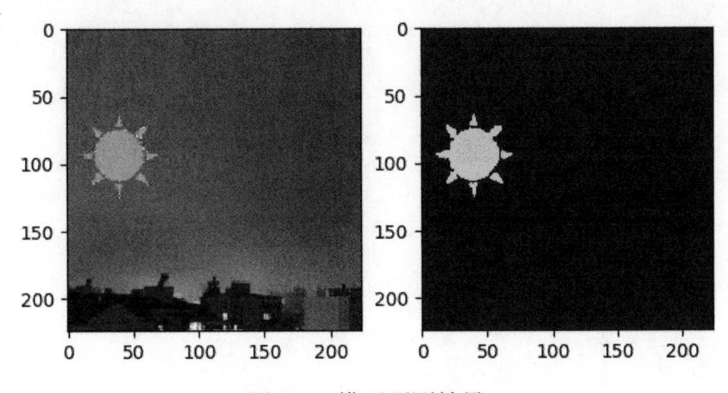

图 6-8 模型预测结果

6.5 智能弹幕

经常逛 B 站的读者可能会发现，2019 年，B 站的视频弹幕增加了过滤视频中人物的功能，这样无论弹幕多密集，都不会挡住人脸。

显然，这个功能是通过图像分割技术实现的，有了图像分割模型，就可以很轻松地实现智能弹幕功能。下面这段代码的思路就是根据分割后的掩码将原图中的物体复制到带有弹幕的画面上，这个功能的实现代码如下：

```
# danmu.py
# 演示如何制作能够过滤前景的弹幕
import torch
from PIL import ImageDraw, ImageFont, Image
from data import SegmentationData
from model import ResNet18Unet
from torchvision import transforms
from config import device, checkpoint
import numpy as np

# 加载模型
net = ResNet18Unet().to(device)
net.load_state_dict(torch.load(checkpoint)["params"])

# 从验证集中取图片
test_data = SegmentationData(subset="test")
img, _ = test_data[10]
# 模型推理
```

```
mask = net(img.unsqueeze(0).to(device))
topil = transforms.ToPILImage()
mask_img = torch.argmax(mask, dim=1).squeeze(0).squeeze(0)

im = topil(img)
# 图片备份
imcopy = im.copy()
font = ImageFont.truetype("simsun.ttf", size=15)
draw = ImageDraw.Draw(im)
mask = mask_img.cpu().data.numpy()
# 绘制弹幕
for j in range(10):
    draw.text((20, 20 * j), u"这是一个金色的太阳", font=font, fill=(0, 0, 0))
im.save("img/danmu1.jpg")
im_array = np.array(im)
# 把备份图片转成 array，便于粘贴
im_copy_array = np.array(imcopy)
im_array[mask == 1] = im_copy_array[mask == 1]
im = Image.fromarray(im_array)
im.show()
im.save("img/danmu2.jpg")
```

上述代码在借助图像分割模型预测出了图片的分割掩码图之后，复制得到了一张备份图 `imgcopy`。然后在原图中绘制了密集的文字，再根据掩码图，从无文字的备份图片 `imgcopy` 中将包含物体的像素粘贴到目标图中。得到的结果如图 6-9 和图 6-10 所示。

图 6-9　普通弹幕

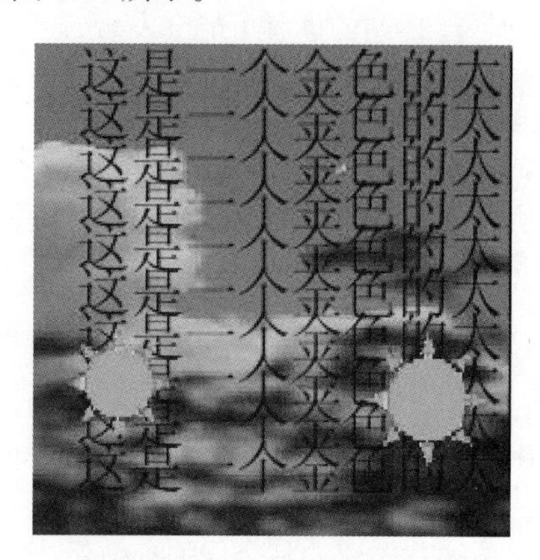

图 6-10　智能弹幕

经过分割模型处理之后，可以将弹幕隐藏在物体之后，获得更好的视觉观感。

6.6　像素级回归问题：超分辨率重建

在深度学习中，像 UNet 这种“编码器+解码器”结构并且输入和输出均为图片的网络有非常广的应用范围。在本章末尾，我们将再为大家介绍 UNet 的另一个应用：超分辨率重建。

6.6.1 超分辨率重建算法的发展

超分辨率重建指的是将一张低分辨率的图片进行处理，恢复出高分辨率图片的一种图像处理技术。这种技术可以改善图片的视觉效果，也能对图片识别和处理有帮助。目前，基于深度学习的超分辨率重建算法已经成为该领域的研究热点。下面介绍几种经典的深度学习超分辨率重建算法。

1. SRCNN

SRCNN 是最早的超分辨率重建算法，先使用双线性插值将图片缩放到期望的大小，然后使用非线性网络进行特征提取和重建。这个过程只用到了两个卷积层，如图 6-11 所示，可见超分辨率重建问题对网络结构的要求并不高，这种简单到极致的网络都可以轻松完成任务。

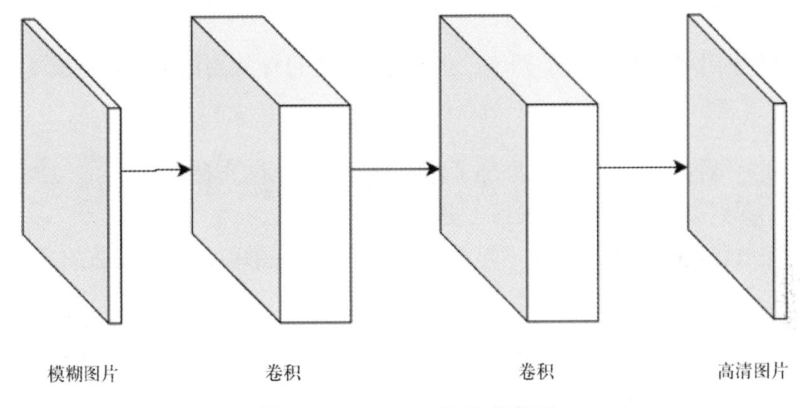

图 6-11　SRCNN 结构示意图

2. FSRCNN

FSRCNN 是对 SRCNN 的改进，它的创新点如下。

- 采用反卷积来放大图片，这样在进行不同比例的超分辨率重建时，只需训练反卷积部分的参数即可，其余层的参数保持不变。
- 使用 1×1 卷积进行降维，减少了计算量。
- 使用更小的卷积核和更多的卷积层。

图 6-12 是 FSRCNN 的结构示意图，从图中可以看出，模糊图片经过多层卷积之后得到一个特征图，然后使用反卷积和 1×1 卷积将特征图放大和降维，就可以得到最终的高清图片。我们只需训练反卷积部分，就可以实现多种不同比例的超分辨率重建模型了。

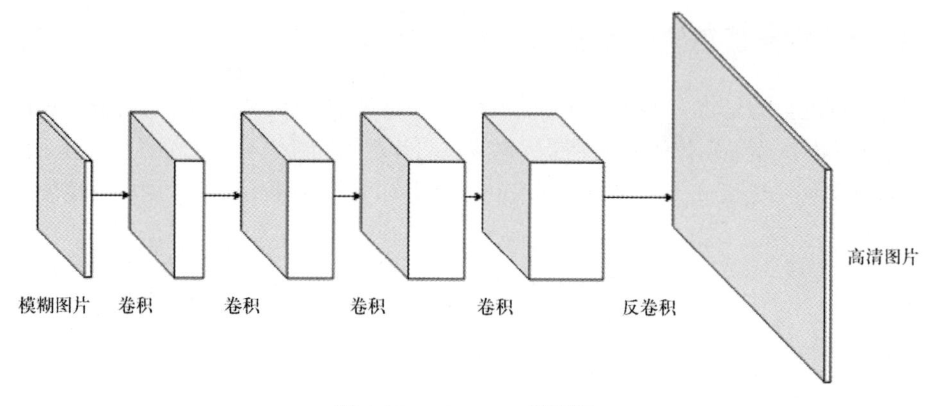

图 6-12　FSRCNN 示意图

3. VDSR

VDSR 在分割网络中使用了残差网络，也就是将训练目标从高清图片转化成了高清图片与模糊图片之间的像素差值。这个算法的创新点如下。

- 使用了残差结构，并在训练中添加了梯度裁剪操作，防止梯度爆炸。
- 将网络加深到 20 层，使模型具备了更大的感受野。
- 将不同缩放比例的图片混合在一起训练，这样模型能够解决不同倍数的高分辨率重建。

VDSR 的网络结构如图 6-13 所示，VDSR 使卷积网络变得更深，图片经过多层卷积之后得到的计算结果会与原图相加，得到最终的高清图片。在这种结构下，模型拟合的是高清图片和模糊图片之间的残差，比直接拟合高清图片更加容易。

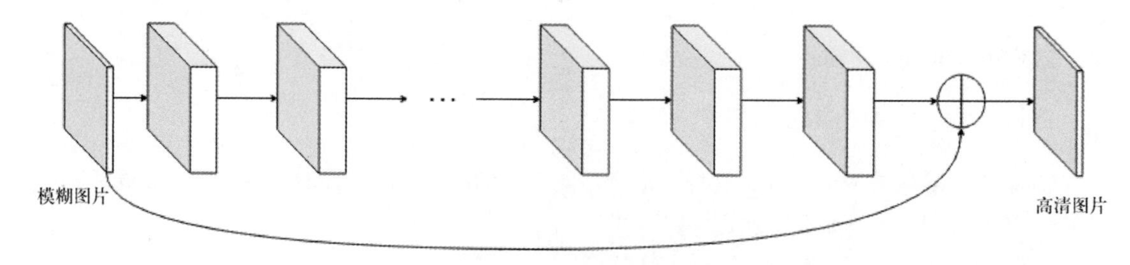

图 6-13　VDSR 示意图

6.6.2　数据加载

数据生成很简单：把搜集来的任意图片集作为标签，借助 OpenCV 或者 PIL 等工具将图片进行模糊化，即可得到训练数据。

为了让模型拟合更快，可以选择某一类图片来训练，比如可以选择蝴蝶图片来进行训练。图片下载方式也很简单，搜索“蝴蝶特写”之类的关键词，可以很容易搜到如图 6-14 所示的图片。

图 6-14　蝴蝶图片样例

本项目共使用了 1381 张蝴蝶图片，其中大部分图片只包含了一只蝴蝶的特写，且背景相对简单。

1. 数据加载

在数据预处理及加载的过程中，我们对图片进行了通道格式转换和通道抽取，并选择 PIL 库中的 `ImageFilter.BLUR` 函数进行了在线模糊化处理，代码如下：

```
# super_resolution_data.py
from torch.utils.data import Dataset
from torchvision import transforms

from glob import glob
import os.path as osp
from PIL import Image, ImageFilter
from sklearn.model_selection import train_test_split

from config import sr_data_folder

class SuperResolutionData(Dataset):
    def __init__(
        self,
        data_folder=sr_data_folder,
        subset="train",
        transform=None,
        demo=False,
    ):
```

```
        """
        data_folder: 数据文件夹
        subset: 训练集或者测试集
        transform: 数据增强方法
        demo: demo 模式（数据增强方法不同）
        """
        self.img_paths = sorted(glob(osp.join(sr_data_folder, "*.jpg")))
        train_paths, test_paths = train_test_split(
            self.img_paths, test_size=0.2, random_state=10
        )
        # 训练集
        if subset == "train":
            self.img_paths = train_paths
        # 测试集
        else:
            self.img_paths = test_paths
        self.subset = subset
        # demo 模式
        self.demo = demo
        # 如果没有定义 tranform，则使用默认 transform
        if transform is None:
            self.transform = transforms.ToTensor()
        else:
            self.transform = transform

    def __getitem__(self, index):
        # 将高清图片转换成 YCbCr
        high = (
            Image.open(self.img_paths[index])
            .resize((256, 256))
            .convert("YCbCr")
        )
        # 划分通道
        high_y, high_cb, high_cr = high.split()
        # 模糊化
        low = high.filter(ImageFilter.BLUR())
        # 划分通道
        low_y, low_cb, low_cr = low.split()
        # 训练集
        if self.subset == "train":
            # demo 模式下，返回各个通道
            if self.demo:
                return (
                    self.transform(low_y),
                    self.transform(high_y),
                    (high_cb, high_cr, low_cb, low_cr),
                )
            else:
                return self.transform(low_y), self.transform(high_y)
        # 测试集
        else:
            totensor = transforms.ToTensor()
            if self.demo:
                return (
                    totensor(low_y),
```

```
                totensor(high_y),
                (high_cb, high_cr, low_cb, low_cr),
            )
        else:
            return totensor(low_y), totensor(high_y)

    def __len__(self):
        return len(self.img_paths)
```

上述代码实现了构建超分辨重建数据集，在`__init__`方法中，我们加载了所有图片的路径并划分了训练集和验证集。在`__getitem__`方法中，我们将图片从RGB格式转换成了YCbCr格式，并进行了通道分割，然后设置了演示模式。在演示模式下，会返回模糊图片和高清图片的所有通道数据；在非演示模式下，只返回模糊图片和高清图片的Y通道数据。

2. 图片比对

通过如下代码，可以查看原始图片和模糊化之后的图片：

```
# tools/show_sample_data.py
# 在 tools 目录下运行
import torch
from torch import nn
from torchvision.transforms import ToPILImage

import matplotlib.pyplot as plt
from PIL import Image
import sys
# 将上级目录加入系统目录
sys.path.append("..")
from super_resolution_data import SuperResolutionData
# 从测试集中找图片进行演示
test_data = SuperResolutionData(subset="test", demo=True)
low, high, (high_cb, high_cr, low_cb, low_cr) = test_data[0]
topil = ToPILImage()
plt.subplot(121)
plt.title("low")
# 合并通道才能得到一张完整图片
low_rgb = Image.merge("YCbCr", [topil(low), low_cb, low_cr]).convert("RGB")
plt.imshow(low_rgb)
plt.subplot(122)
plt.title("high")
# 合并通道才能得到一张完整图片
high_rgb = Image.merge("YCbCr", [topil(high), high_cb, high_cr]).convert("RGB")
plt.imshow(high_rgb)
plt.savefig("../img/sr_sample.jpg")
plt.show()
```

上述代码加载了测试集，并在从训练集中获取模糊图片和高清图片的3个通道之后，将3个通道合并得到完整的模糊图片和高清图片，最后将两张图片绘制出来。模糊图片与高清图片如图6-15所示。

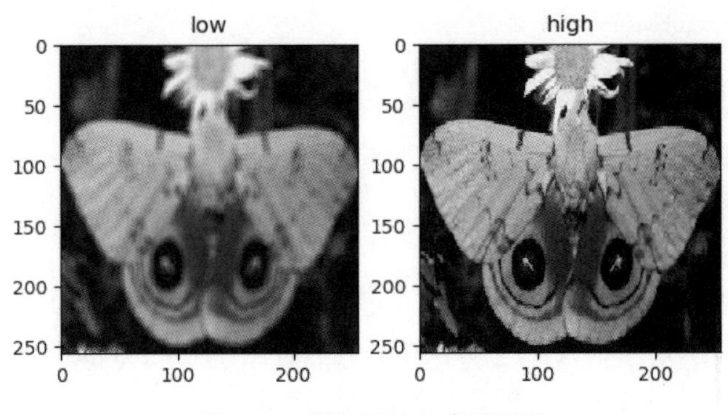

图 6-15　模糊图片与高清图片

6.6.3　模型搭建与训练

我们可以直接使用在图像分割任务中搭建的 `ResNet18Unet` 来完成这个任务。本节以回归的思路搭建这个超分辨率重建模型，直接生成高清图片中的 Y 通道，然后再与原图中的 CbCr 通道合并，得到最终的高清图片，最后根据 `MSELoss` 这一回归损失函数来优化模型。因为输出通道的数量为 1，所以模型最后的输出类别数量也需要设置为 1。

在超分辨率重建模型的训练过程中，我们使用了两个技巧。

- 将图片转化成 YCbCr 通道格式，只训练亮度通道 Y。
- 不直接训练图片，而是训练高清图片和模糊图片之间的残差，这样能减小回归问题的训练难度。

下面是超分辨率重建模型的训练代码:

```
# super_resolution_train.py
import torch
from torch import nn, optim
from torch.utils.data import DataLoader

from tqdm import tqdm
import os.path as osp

from super_resolution_data import SuperResolutionData, transform
from model import ResNet18Unet
from config import device, sr_checkpoint, batch_size, epoch_lr
from torch.utils.tensorboard import SummaryWriter
from transform import TrainTransform, TestTransform

def train():
    # 建立模型
    net = ResNet18Unet(num_classes=1)
    # 只训练 Y 通道
    net.firstconv = nn.Conv2d(
```

```
    1, 64, kernel_size=7, stride=2, padding=3, bias=False
)
# 将模型转入 GPU
net = net.to(device)
# 加载数据集
trainset = SuperResolutionData(subset="train", transform=TrainTransform)
testset = SuperResolutionData(subset="test", transform=TestTransform)
# 加载 DataLoader
trainloader = DataLoader(
    trainset, batch_size=batch_size, shuffle=True, num_workers=4
)
testloader = DataLoader(
    testset, batch_size=batch_size, shuffle=True, num_workers=4
)
# 损失函数
criteron = nn.MSELoss()
# 最佳损失，用于筛选最佳模型
best_loss = 1e9

if osp.exists(sr_checkpoint):
    ckpt = torch.load(sr_checkpoint)
    best_loss = ckpt["loss"]
    net.load_state_dict(ckpt["params"])
    print("checkpoint loaded ...")

writer = SummaryWriter("super_log")
for n, (num_epochs, lr) in enumerate(epoch_lr):
    optimizer = optim.SGD(
        net.parameters(), lr=lr, momentum=0.9, weight_decay=5e-3
    )
    for epoch in range(num_epochs):
        net.train()
        pbar = tqdm(enumerate(trainloader), total=len(trainloader))
        epoch_loss = 0.0
        for i, (img, mask) in pbar:
            img = img.to(device)
            mask = mask.to(device)
            out = net(img)
            # 只训练样本与标签之间的残差
            loss = criteron(out + img, mask)
            optimizer.zero_grad()
            loss.backward()
            optimizer.step()
            if i % 10 == 0:
                pbar.set_description("loss: {}".format(loss))
            epoch_loss += loss.item()
        print("Epoch_loss:{}".format(epoch_loss / len(trainloader.dataset)))
        writer.add_scalar(
            "super_epoch_loss",
            epoch_loss / len(trainloader.dataset),
            sum([e[0] for e in epoch_lr[:n]]) + epoch,
        )
        # 无梯度模式下快速验证
        with torch.no_grad():
            # 验证模式
            net.eval()
            test_loss = 0.0
```

```
                for i, (img, mask) in tqdm(
                    enumerate(testloader), total=len(testloader)
                ):
                    img = img.to(device)
                    mask = mask.to(device)
                    out = net(img)
                    loss = criteron(out + img, mask)
                    # 累计损失
                    test_loss += loss.item()
                print(
                    "Test_loss:{}".format(test_loss / len(testloader.dataset))
                )
                # 将损失加入 TensorBoard
                writer.add_scalar(
                    "super_test_loss",
                    test_loss / len(testloader.dataset),
                    sum([e[0] for e in epoch_lr[:n]]) + epoch,
                )
            # 如果模型效果比当前最好的模型都好，则保存模型参数
            if test_loss < best_loss:
                best_loss = test_loss
                torch.save(
                    {"params": net.state_dict(), "loss": test_loss},
                    sr_checkpoint,
                )
    writer.close()

if __name__ == "__main__":
    train()
```

上述代码实现了超分辨率重建模型的训练过程，先使用训练集训练模型，然后在验证集上测试模型效果，如果在验证模型时发现模型的损失得到了改善，则将改善后的模型保存下来，这样能够避免过拟合之后的模型覆盖掉最优模型。在计算损失时，将模型的预测值 `out` 与模型输入值 `img` 相加后再与 `mask` 计算损失，使用这种方式能获得更好的效果。

训练过程中模型的损失变化如图 6-16 和图 6-17 所示，可以看出，模型在训练集和验证集上的损失较为接近，且在 20 个 epoch 之后曲线变得平缓，可以认为模型已经训练到了较理想的状态。

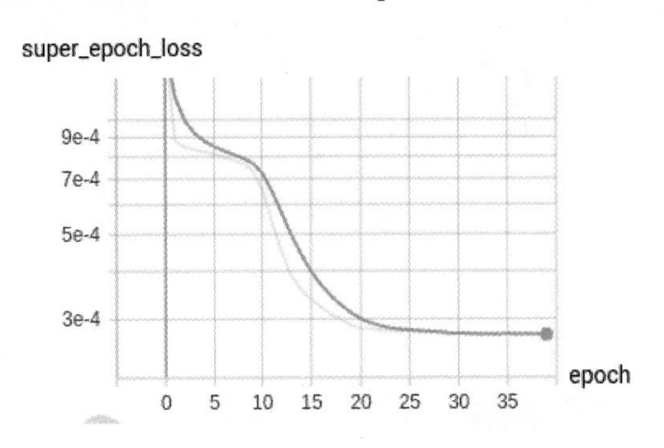

图 6-16　超分辨率重建训练集损失曲线

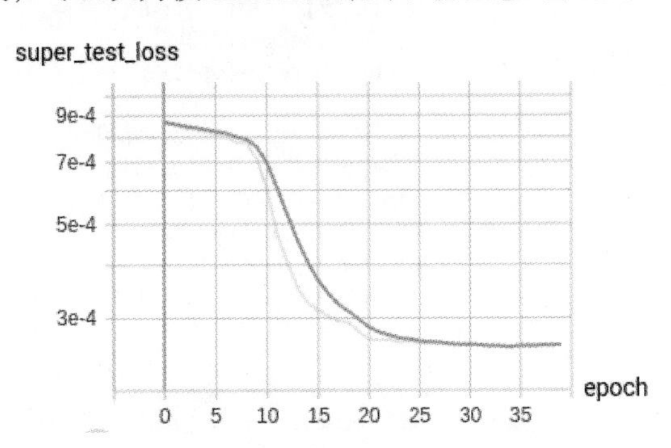

图 6-17　超分辨率重建测试集损失曲线

6.6.4 模型展示

训练完成之后，可以把生成的图片与样本中的两张图片做一个比对：

```
# super_solution_demo.py
import torch
from torch import nn
from torchvision.transforms import ToPILImage
import matplotlib.pyplot as plt
from PIL import Image

from model import ResNet18Unet
from super_resolution_data import SuperResolutionData
from config import sr_checkpoint, device

net = ResNet18Unet(num_classes=1)
# 只处理 Y 通道
net.firstconv = nn.Conv2d(1, 64, kernel_size=7, stride=2, padding=3, bias=False)
net = net.to(device)
net.load_state_dict(torch.load(sr_checkpoint)["params"])
# 从测试集中找图片验证
test_data = SuperResolutionData(subset="test", demo=True)
low, high, (high_cb, high_cr, low_cb, low_cr) = test_data[0]
mask = net(low.unsqueeze(0).to(device)).squeeze(0).data.cpu()
topil = ToPILImage()
plt.subplot(131)
plt.title("low")
# 合并通道
low_rgb = Image.merge("YCbCr", [topil(low), low_cb, low_cr]).convert("RGB")
plt.imshow(low_rgb)
plt.subplot(132)
plt.title("rebuilt")
# 残差累加，还原预测结果
rebuilt = mask + low
# 通道合并
rebuilt_rgb = Image.merge("YCbCr", [topil(rebuilt), low_cb, low_cr]).convert(
    "RGB"
)
plt.imshow(rebuilt_rgb)
plt.subplot(133)
plt.title("high")
high_rgb = Image.merge("YCbCr", [topil(high), high_cb, high_cr]).convert("RGB")
plt.imshow(high_rgb)
plt.savefig("img/sr_result.jpg")
plt.show()
```

上述代码实现了超分辨率重建模型的预测过程，分为 4 个步骤。

(1) 建立一个 ResNet18Unet 模型，将模型的输入通道（修改第一个卷积层的输入通道数量）和输出通道（修改最终的输出类别数）都修改成 1，加载预训练模型参数。

(2) 拆分原图的通道，并将 Y 通道输入模型进行前向传播，得到预测结果。

(3) 将预测结果与原图中的两个通道进行合并，得到预测图片。

(4) 绘制模糊图片、预测图片和高清图片的对比图。

预测得到的效果如图 6-18 所示，从中可以看到，图片的清晰度有了很大的提升。这说明我们的超分辨率重建模型已经学习到了模糊图片和清晰图片之间的像素映射关系。

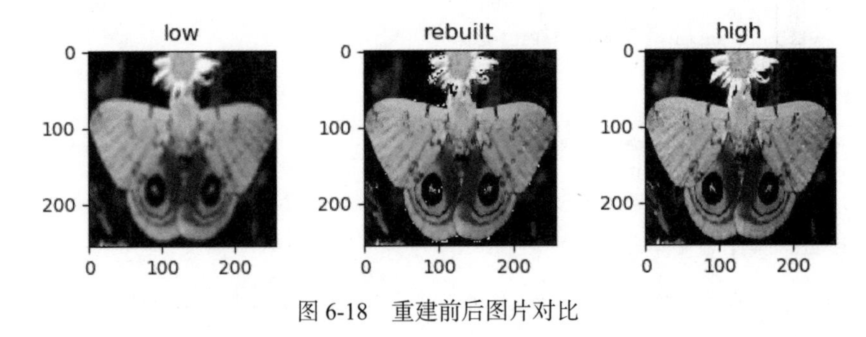

图 6-18　重建前后图片对比

6.7　小结

本章首先介绍了如何使用 UNet 进行像素级的分类任务和像素级的回归任务，然后介绍了 UNet 网络的搭建过程，我希望读者在学过本章内容之后，能够做到以下几点。

- 对图像分割和超分辨率重建的基本逻辑有一定了解。
- 学会搭建类似 UNet 结构的神经网络。
- 熟悉像素级的分类与回归建模方式。

第 7 章

图像搜索

利用图像识别技术，根据原始图片的颜色分布、几何形状和纹理等视觉特征，可以搜索数据库中的相似图片。搜索的主要依据是图片之间的相似度。

图像搜索有两个常用的应用场景，一个是人脸的 1：N 识别，另一个是以图搜图。与文字搜索不同的是，图片中包含的信息量非常大，如果使用完整的图片信息进行搜索，那么需要大量比对相关的运算，现有的计算机性能难以在短时间内完成，因此这种图像搜索任务都有一个共同的思路，就是先得到图片的特征信息，再通过比较特征的相似度来比较图片的相似度。

本章将以人脸识别为例，讲解如何使用卷积神经网络实现图像搜索功能。

本章的项目目录如下：

```
.
├── check_data.py          ----    检查下载的图片是否有效
├── classification.py      ----    构建并训练人脸分类模型
├── cluster.py             ----    图像聚类
├── compare.py             ----    图片比对
├── config.py              ----    参数配置文件
├── cosface.py             ----    CosFace 层
├── data.py                ----    加载 AutoEncoder 数据
├── download_data.py       ----    下载数据集
├── extract_face.py        ----    提取人脸
└── search.py              ----    图像搜索
```

再开始本章的实例讲解之前，先设定实例中需要用到的参数：

```
# config.py
import torch
# 模型和数据存储位置
device = torch.device("cuda:0" if torch.cuda.is_available() else "cpu")
# 图片尺寸
SIZE = 128
# 批处理数量大小
```

```
BATCH_SIZE = 16
# 训练分为两个阶段，分别使用两个不同的学习率，如第一阶段有 30 个 epoch，学习率 0.01
EPOCH_LR = [(30,0.01),(30,0.001)]
# 模型存储位置
CHECKPOINT = "/data/image_search"
# 数据存储位置
DATA_FOLDER = "/data/pubfig_faces"
```

7.1　分类网络的特征

分类网络的特征提取可以理解成如图 7-1 所示的形式，其中输入层将数据转化成神经网络能够处理的矩阵形式，特征提取层会对图片进行特征提取，输出层会将特征转化成与分类类别数相等的维度，便于进行分类的损失计算。

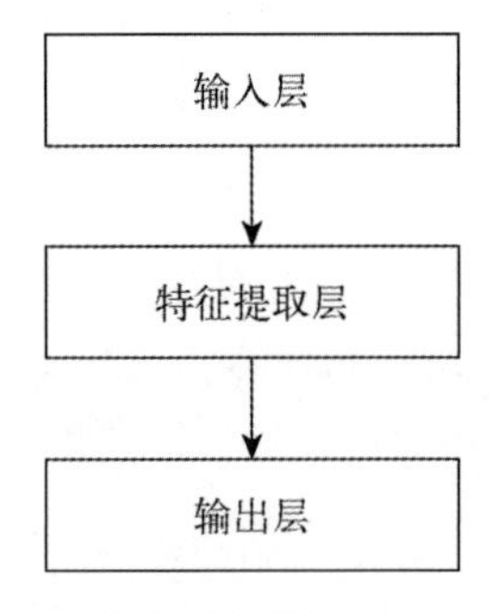

图 7-1　分类网络的特征提取功能

因此，要利用分类网络进行特征提取，只需要将输出层去掉即可。

利用分类网络来提取特征的方法比较简单，对于精度要求不高的图片搜索，甚至可以直接使用在 ImageNet 上训练好的模型（比如 VGG、ResNet 等）进行特征提取，再利用特征比对得到最佳匹配结果。

这种方法在人脸识别领域十分普及。在人脸识别场景中，每个人都是一个类别，不可能将全世界所有人的人脸信息都纳入模型中进行训练，所以人脸识别模型必须具备处理模型外类别的能力才能够有实际应用价值。

7.2　深度学习人脸识别技术

一直以来，人脸识别都是计算机视觉领域被研究最多的课题之一，目前基于深度学习的人脸识别方法已经取代了传统方法成为主流。

一般人脸识别都采取特征比对的方法，借助分类模型得到的特征进行比对搜索。这种方法能适应更广阔的人群，但是对训练精度和训练数据的要求更高。它要求模型能够精准地提取图片中的脸部特征，所以现在的人脸识别模型的损失函数变得越来越复杂，训练难度也越来越大，如ArcFace、CosFace等都是在不同空间上最大化分类界面。

7.2.1 FaceNet

FaceNet将图片经过深度网络处理之后进行L2正则化，得到128维的特征向量，然后再对这128维的特征向量计算三元组误差。

三元组误差的训练过程如图7-2所示，在训练时，模型会不断缩小同类人脸特征向量之间的距离，增大不同人脸特征向量之间的距离。

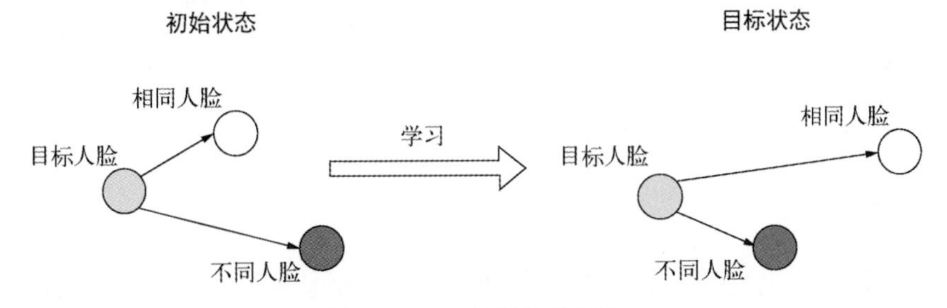

图7-2 三元组误差示意图

7.2.2 CosFace和ArcFace

CosFace和ArcFace都是从传统的Softmax余弦损失表达式演化而来的，前者是在余弦值后面添加了一个常数 m 以增大其在余弦空间上的分类界面，也就是在当前分类的余弦值的基础上减去常数 m 仍然属于这个分类，这样操作无疑增大了不同类别之间的差距，使模型的分类性能更强：

$$L=\frac{1}{N}\sum_i-\ln\left(\frac{\mathrm{e}^{s(\cos(\theta_{y_i,i})-m)}}{\mathrm{e}^{s(\cos(\theta_{y_i,i})-m)}+\sum_{j\neq y_i}\mathrm{e}^{s\cos(\theta_{j,i})}}\right)$$

而后者是在角度值后面加上一个常数 m，以增大其在角度空间上的分类界面：

$$L=\frac{1}{N}\sum_i-\ln\left(\frac{\mathrm{e}^{s(\cos(\theta_{y_i,i}+m))}}{\mathrm{e}^{s(\cos(\theta_{y_i,i}+m))}+\sum_{j\neq y_i}\mathrm{e}^{s\cos(\theta_{j,i})}}\right)$$

上述两个算法都由Softmax余弦损失表达式修改而得，其中 s 是为了避免特征向量的模长太小造成训练困难而添加的对权重和特征的缩放比例，m 是为了扩大分隔界面添加的常数。

Softmax 及这两种算法在角度空间上的分隔面对比如图 7-3 所示。

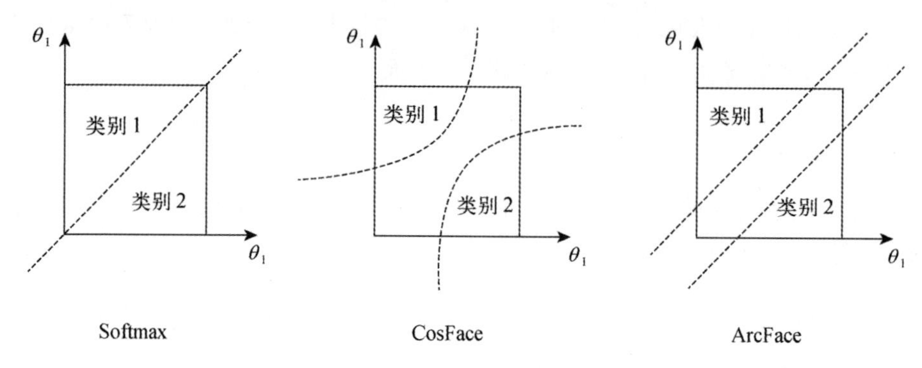

图 7-3　Softmax、CosFace 和 ArcFace 分类界面对比

分隔面的增大会导致模型训练困难，需要更大的数据集，这一点在本章后面的训练过程中可以看出来。

7.3　数据处理

在人脸识别领域，有两个比较著名的小型数据集，一个是 lfw，一个是 pubfig。二者的主要区别是 lfw 包含的人物较多（也就是人脸种类较多），但是平均每人的照片数少；而 pubfig 包含的人物较少，但平均每人的照片数较多，所以 pubfig 比 lfw 更加适合进行小规模的人脸识别训练。

7.3.1　数据下载

pubfig 官网只提供了图片的 URL 列表，需要自己下载，读者可以用 Python 写一个多线程下载程序。下面提供一个样例，其中用到了 requests 库，这个库常用于网络爬虫的请求模拟，下面是下载数据的代码：

```
# download.py
# 可以将两个数据集放在一起训练
# path = "D:\\datasets\\dev_urls.txt"
path = "D:\\datasets\\eval_urls.txt"
folder = "D:\\datasets\\pubfig_eval"

import pandas as pd
import os
from urllib.request import urlretrieve
from sklearn.utils import shuffle
from tqdm import tqdm
from time import ctime, time
import requests
```

```
# 因为 URL 文件的第一行是注释，第二行标题前面有个#号
# 所以在使用 pd.read_table 读取时,需要通过 header=1 参数略过第一行# 通过修改 df.columns 剔除掉#号
df = pd.read_table(path, header=1)
cols = df.columns[1:]
# md5sum 编码在此用处不大
df = df.drop(["md5sum"], axis=1)
df.columns = cols

def download(i, df):
    print("thread {} started in {}".format(i, ctime()))
    # 打乱 df，便于多进程运行
    df = shuffle(df)
    for i, row in tqdm(df.iterrows(), total=df.shape[0]):
        url = row["url"]
        # 目标文件夹
        target_folder = os.path.join(folder, row["person"])
        # 如果目标文件夹不存在，则创建文件夹
        if not os.path.exists(target_folder):
            os.mkdir(target_folder)
        target_path = os.path.join(
            target_folder, row["person"] + str(row["imagenum"]) + ".jpg"
        )
        if os.path.exists(target_path):
            continue
        # 先创建空文件，这样下载失败之后，其他进程（或线程）便不会再重复尝试
        with open(target_path, "wb") as f:
            try:
                # 发送 get 请求，设置超时时间为 3 秒，响应时间超过 3 秒则放弃
                r = requests.get(url, timeout=3)
                f.write(r.content)
            except Exception as e:
                pass

import threading
# 添加线程
threads = []
for i in range(4):
    t = threading.Thread(target=download, args=(i, df))
    threads.append(t)

if __name__ == "__main__":
    MULTI_THREAD = True
    # 多线程模式
    if MULTI_THREAD:
        for t in threads:
            t.start()
        print("Done")
    # 单线程模式
    else:
        download(0, df)
```

上述代码使用 pandas 库读取 URL 文件，然后使用 requests 库逐一访问 URL 地址，接着将得到的返回信息以二进制形式保存到文件中，即可得到图片。

代码的最后实现了多线程下载，能够加速图片下载过程，如果多线程的速度还不能满足需求，可以采取多进程运行的方式。最简单的多进程实现方式就是多开几个命令行，每个命令行中分别运行一次如下命令：

```
python download.py
```

7.3.2　数据检查

由于大多数图片位于国外的网站，所以会有不少图片下载失败或者已经失效，需要进一步筛选。筛选条件有两个：

- 图片能正常打开；
- 图片中能够检测到人脸。

检测人脸的工作可以使用 dlib 库来完成。dlib 是一个包含机器学习算法的 C++开源工具包，其中包含了很多机器学习及图像处理相关的算法，可以在不方便使用深度学习算法的时候使用，比如这里的人脸检测算法。为了清洗一下数据而重新训练一个检测模型，显然是不划算的，这时就可以直接使用 dlib 中的人脸检测算法，清洗图片的代码如下：

```
# check_data.py
# 使用 dlib 库验证图片是否正常,清理不正常的图片
# 如果 dlib 下载失败，可以尝试直接下载 dlib 的 whl 文件进行安装
# dlib 需要 cmake

from glob import glob
from PIL import Image
import numpy as np
import dlib
import os
from tqdm import tqdm

# 删除文件
def remove(path):
    try:
        os.remove(path)
    except:
        pass

# 数据目录
folder = "D:\\datasets\\pubfig"
image_paths = glob(os.path.join(folder, "*\\*.jpg"))
# 定义检测器
face_detector = dlib.get_frontal_face_detector()
for path in tqdm(image_paths):
    # 检查图片是否能打开，打不开就删除
    try:
        img = np.array(Image.open(path))
```

```
    except:
        remove(path)
        continue
    # 检查是否能正常检测图片，不能就删除
    try:
        face_rects = face_detector(img)
    except:
        f.write(path + "\n")
        remove(path)
        continue
    # 删除没有人脸的图片
    if len(face_rects) == 0:
        remove(path)
        continue

f.close()
```

上述代码首先尝试了图片能否正常打开（有些图片可能在下载过程中损坏），然后尝试了图片能否正常被检测（图片的格式可能不符合检测要求），最后检查了检测到的人脸个数是否大于0（图片中可能并不包含人脸）。在这3个步骤中，任何一步没有通过的图片都直接删除。

筛选完图片之后，便可以利用dev_urls.txt中提供的人脸坐标来截取图片中的人脸了。

7.3.3 数据提取

人脸坐标存储在 dev_urls.txt 中，人脸坐标是以`(xmin,ymin,xmax,ymax)`的格式存储的，我们可以直接使用文件中的坐标来截取图片中的人脸。

需要注意的是，很多图片中不止一个人脸。当dlib检测到多个人脸时，无法判断哪个人脸才是文件夹所对应的那个人脸，所以提取人脸这一步不能直接使用dlib检测，只能通过原始的标注文件的坐标来提取，相关代码如下：

```
# extract_face.py
import pandas as pd
import os
import numpy as np
import re
import time
import cv2
from tqdm import tqdm

# dev 数据集共有 60 个人
path = "/data/pubfig/dev_urls.txt"
# eval 数据集共有 140 个人
# path = "/data/pubfig/eval_urls.txt"
folder = "/data/pubfig"
# 第一行是注释，第二行标题前面有个#号
df = pd.read_table(path, header=1)
cols = df.columns[1:]
```

```
df = df.drop(["md5sum"], axis=1)
df.columns = cols
print(df.head())
for i, row in tqdm(df.iterrows(), total=df.shape[0]):
    src_folder = os.path.join(folder, row["person"])
    src_path = os.path.join(
        src_folder, row["person"] + str(row["imagenum"]) + ".jpg"
    )
    # 替换上级文件夹名称
    target_folder = re.sub("pubfig", "pubfig_faces", src_folder)
    target_path = re.sub("pubfig", "pubfig_faces", src_path)
    # 如果原始文件存在，则在目标文件夹中存入图片
    if os.path.exists(src_path):
        img = cv2.imread(src_path)
        # 检测框
        rect = row["rect"]
        rect = [int(r) for r in rect.split(",")]
        # 截取人脸
        face = img[rect[1] : rect[3], rect[0] : rect[2], :]
        if not os.path.exists(target_folder):
            os.makedirs(target_folder)
        cv2.imwrite(target_path, face)
```

上述代码使用了标注文件中的检测框坐标直接对图片中的人脸进行截取，因为标注文件中的坐标是人工标注，所以这样的处理结果比直接使用 dlib 库进行检测更加准确。但是还是有少数图片中的人脸标注错误，可以人工筛选或者在截取人脸之后再用 dlib 库检查一次。

至此，图片预处理工作便全部完成。

7.4　模型训练

在训练过程中，我们将尝试两种思路，第一种就是按普通分类模型进行训练，将 ResNet-18 的最后一层输出固定为 512 维：

```
net.fc = nn.Linear(512,512)
```

然后在模型计算结束后，添加一个分类层（人脸类别为 200）：

```
classifier = nn.Linear(512,200)
```

第二种思路是在 512 维的输出之后添加一个 CosFace 层。

7.4.1　普通分类模型

接下来，训练人脸分类模型的步骤就很简单了，按照训练 CIFAR-10 的方式训练即可。可以在一个文件中写全部代码，下面是建立并训练分类模型的代码：

```
# classification.py
from torch.utils.data import DataLoader, Dataset
from torchvision.models import resnet18
from torch import nn, optim
from torchvision import transforms
from config import DATA_FOLDER, BATCH_SIZE, device, CHECKPOINT, EPOCH_LR
import torch
import os
from glob import glob
from PIL import Image
from sklearn.model_selection import train_test_split
from torch.utils.tensorboard import SummaryWriter
from tqdm import tqdm
from cosface import MarginCosineProduct

class FaceData(Dataset):
    def __init__(self, root=DATA_FOLDER, transform=None, subset="train"):
        # 对glob结果进行排序，避免出现标签混乱的情况
        label_list = sorted(glob(os.path.join(root, "*")))
        # 标签与id对照表
        self.label2index = {
            k.split("/")[-1]: v for v, k in enumerate(label_list)
        }
        # 加载所有图片路径
        img_paths = glob(os.path.join(root, "*/*.jpg"))
        self.train_paths, self.test_paths = train_test_split(
            img_paths, test_size=0.15, random_state=10
        )
        # 训练集
        if subset == "train":
            self.img_paths = self.train_paths
        # 测试集
        else:
            self.img_paths = self.test_paths
        # 所有标签
        self.labels = [
            self.label2index[path.split("/")[-2]] for path in self.img_paths
        ]
        # 将所有图片的尺寸变换为128x128
        if transform is None:
            self.transform = transforms.Compose(
                [transforms.Resize((128, 128)), transforms.ToTensor()]
            )

    def __getitem__(self, index):
        # 按index取图片和标签
        img = self.transform(Image.open(self.img_paths[index]))
        label = self.labels[index]
        return img, label

    def __len__(self):
        return len(self.img_paths)
```

```
def train(cos=False):
    # 加载数据
    train_data = FaceData(subset="train")
    val_data = FaceData(subset="val")
    train_loader = DataLoader(train_data, batch_size=BATCH_SIZE, shuffle=True)
    val_loader = DataLoader(val_data, batch_size=BATCH_SIZE * 2)
    # 定义并修改模型
    net = resnet18(pretrained=True)
    net.fc = nn.Linear(512, 512)
    net.to(device)
    # 是否使用 CosFace
    if cos:
        classifier = MarginCosineProduct(512, 200).to(device)
    else:
        classifier = nn.Linear(512, 200).to(device)
    criteron = nn.CrossEntropyLoss()
    writer = SummaryWriter("log")
    # 模型保存路径
    ckpt = os.path.join(CHECKPOINT, "face_cos_{}.pth".format(cos))
    # 查看是否有预训练模型
    if os.path.exists(ckpt):
        net.load_state_dict(torch.load(ckpt))

    for n, (num_epoch, lr) in enumerate(EPOCH_LR):
        optimizer = optim.Adam(net.parameters(), lr=0.001)
        for epoch in range(num_epoch):
            epoch_loss = 0.0
            epoch_acc = 0.0
            for img, label in tqdm(train_loader, total=len(train_loader)):
                optimizer.zero_grad()
                img, label = img.to(device), label.to(device)
                out = net(img)
                # CosFace和普通分类模型有不同的classifier
                if cos:
                    out = classifier(out, label)
                else:
                    out = classifier(out)
                loss = criteron(out, label)
                # 计算 label
                pred = torch.argmax(out, dim=1)
                # 累计准确率
                epoch_acc += torch.sum(pred == label).item()
                loss.backward()
                optimizer.step()
                epoch_loss += loss.item()
            print(
                "epoch_loss : {} acc :  {}".format(
                    epoch_loss / len(train_loader), epoch_acc / len(train_data)
                )
            )
```

```
        # 将损失加入 TensorBoard
        writer.add_scalar(
            "epoch_acc : cos {}".format(cos),
            epoch_acc / len(train_data),
            sum([e[0] for e in EPOCH_LR[:n]]) + epoch,
        )
        # 无梯度模式快速验证
        with torch.no_grad():
            val_loss = 0.0
            val_acc = 0.0
            for i, (img, label) in tqdm(
                enumerate(val_loader), total=len(val_loader)
            ):
                img, label = img.to(device), label.to(device)
                out = net(img)
                # 是否使用 CosFace
                if cos:
                    out = classifier(out, label)
                else:
                    out = classifier(out)
                pred = torch.argmax(out, dim=1)
                val_acc += torch.sum(pred == label).item()
                loss = criteron(out, label)
                val_loss += loss.item()
            print(
                "val: {} val_loss {} val_acc : {}".format(
                    sum([e[0] for e in EPOCH_LR[:n]]) + epoch,
                    val_loss / len(val_loader),
                    val_acc / len(val_data),
                )
            )
            # 将损失加入 TensorBoard
            writer.add_scalar(
                "val_acc : cos {}".format(cos),
                val_acc / len(val_data),
                sum([e[0] for e in EPOCH_LR[:n]]) + epoch,
            )
            # 保存模型
            torch.save(net.state_dict(), ckpt)

if __name__ == "__main__":
    train()
```

上述代码把 ResNet-18 的 fc 层的输出修改为 512 维作为人脸图片的特征层，并在 fc 后面添加了一个分类层（添加一个分类层是为了便于模型拓展，如果数据集中增加了更多人的照片，特征维度可以保持不变，只需修改最后的分类层结点数，这样能减少模型升级的成本）进行人脸分类。除此之外，上述训练过程与普通分类模型无异。

训练过程中的准确率被添加到 TensorBoard 中进行展示，训练过程中的准确率曲线如图 7-4 和图 7-5 所示。

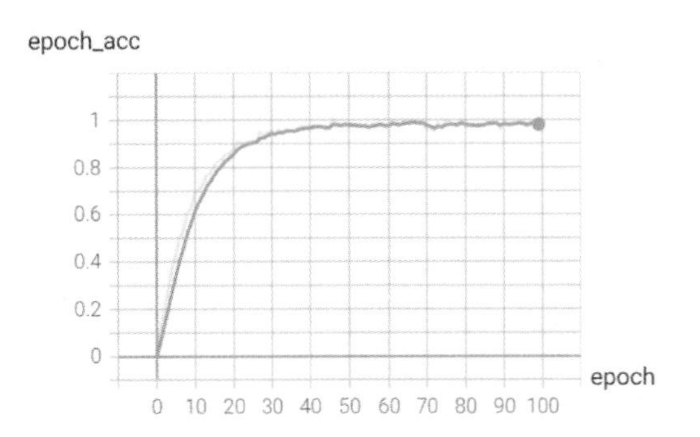

图 7-4　分类模型训练准确率曲线

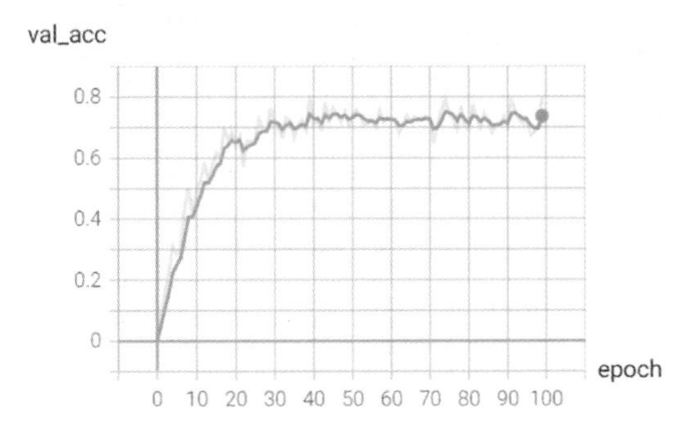

图 7-5　分类模型验证准确率曲线

从曲线中可以看出，模型在训练集上的准确率达到了 90%以上，但是在验证集上的准确率停留在 74%~78%，说明模型的能力还不够强，可能跟数据量不足有关。不过分类模型中提取到的特征质量比较高，训练到这个程度就可以进行简单的搜索实验了。

7.4.2　CosFace

要将普通分类模型修改成 CosFace 模型，只需将输出层修改成如下形式即可，相关代码参照 7.2 节中的 CosFace 公式实现即可，实现 CosFace 层的代码如下：

```
import torch
import torch.nn as nn
import torch.nn.functional as F
from torch.nn import Parameter
import math

# 计算公式中的cosθ
def cosine_sim(x1, x2, dim=1, eps=1e-8):
    ip = torch.mm(x1, x2.t())
    w1 = torch.norm(x1, 2, dim)
    w2 = torch.norm(x2, 2, dim)
    return ip / torch.ger(w1,w2).clamp(min=eps)

# 计算 CosFace 损失
class MarginCosineProduct(nn.Module):
    def __init__(self, in_features, out_features, s=30.0, m=0.40):
        super(MarginCosineProduct, self).__init__()
        self.in_features = in_features
        self.out_features = out_features
        self.s = s
        self.m = m
        self.weight = Parameter(torch.Tensor(out_features, in_features))
    def forward(self, input, label):
```

```
        cosine = cosine_sim(input, self.weight)
        # 创建 one_hot 矩阵
        one_hot = torch.zeros_like(cosine)
        one_hot.scatter_(1, label.view(-1, 1), 1.0)
        # m 为余弦间隔
        output = self.s * (cosine - one_hot * self.m)
        return output
```

上述代码使用 `Parameter` 函数定义了 CosFace 层中的参数，得到上述计算结果之后，会将其继续输入 `CrossEntropyLoss` 函数中计算预测值和真实标签之间的损失。

训练之后的准确率曲线如图 7-6 和图 7-7 所示。

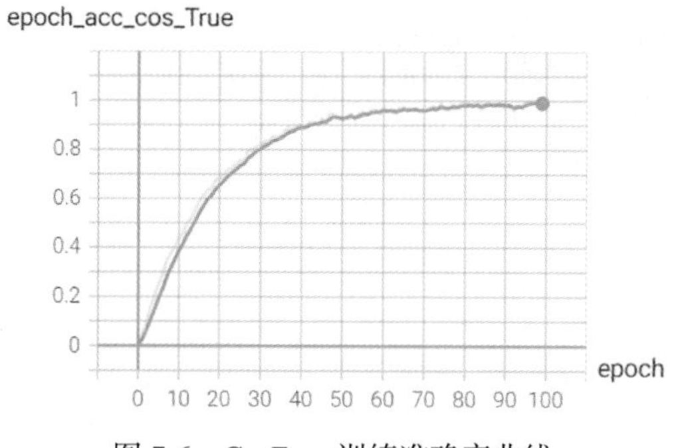

图 7-6　CosFace 训练准确率曲线

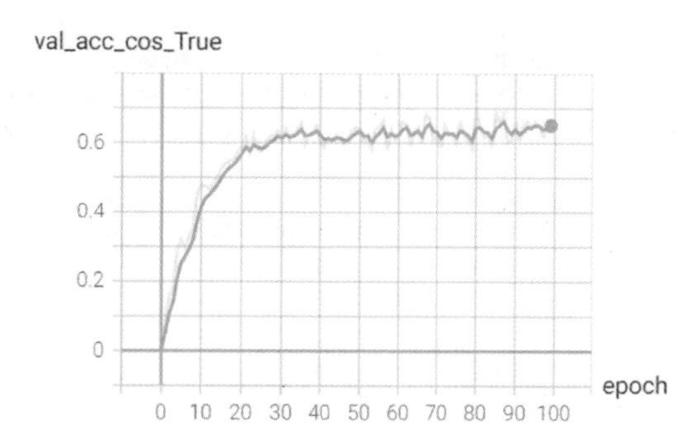

图 7-7　CosFace 验证准确率曲线

从准确率曲线中可见，因为添加的 CosFace 层增加了模型的训练难度，所以模型在验证集上的表现变得更差了一点，为了获得更好的验证集表现，读者可以自行添加更多的开源人脸识别数据集。

7.5　图像搜索

图像搜索即从众多图片中搜索与目标图片最相似的图片，在提取到图片特征之后，这个问题就变成了在特征空间中寻找与目标图片距离最接近的图片。在特征空间维度不高或者图片库中图片数量不多的情况下，可以使用两两比对的方式；当图片数量或者特征维度高到一定程度时，就需要借助一些特殊的算法来加速搜索过程。

7.5.1　图像比对

在获取图片特征之后，便可以实现更高效的图像比对计算。图像比对的目的是计算图片之间的相似度，相似度可以用图片特征之间的余弦距离表示。两个向量的余弦相似度可以通过欧几里得点积公式得到，假设向量 $\boldsymbol{A}$ 和 $\boldsymbol{B}$ 的夹角为θ，则点积公式为：

$$\boldsymbol{A} \cdot \boldsymbol{B} = \|\boldsymbol{A}\| \times \|\boldsymbol{B}\| \times \cos(\theta)$$

其中的 $\cos(\theta)$ 即为余弦相似度，公式如下：

$$\text{Similarity} = \cos(\theta) = \frac{\boldsymbol{A} \cdot \boldsymbol{B}}{\|\boldsymbol{A}\| \times \|\boldsymbol{B}\|}$$

在实际运算时，可以先将每个向量归一化（除以其模长），然后再计算点积。

下面我们分别用分类模型和自编码器进行人脸比对，相关代码如下：

```
# 选择 3 张照片
img_path1 = "/data/pubfig_faces/Anderson Cooper/Anderson Cooper77.jpg"
img_path2 = "/data/pubfig_faces/Anderson Cooper/Anderson Cooper104.jpg"
img_path3 = "/data/pubfig_faces/Hugh Laurie/Hugh Laurie205.jpg"

# 分类模型
from torchvision.models import resnet18
from torchvision import transforms
from PIL import Image
import os
import torch
import torch.nn.functional as F

from config import CHECKPOINT, device, SIZE
from auto_encoder import AutoEncoder

cls_ckpt = os.path.join(CHECKPOINT, "face.pth")
cls_net = resnet18().to(device)
cls_net.load_state_dict(torch.load(cls_ckpt))
cls_net.eval()

def extract_feature_cls(net, img_tensor):
    feature = net(img_tensor)

    return feature

def compare(img1, img2):
    transform = transforms.Compose(
        [transforms.Resize((SIZE, SIZE)), transforms.ToTensor()]
    )
    img_tensor1 = transform(img1).unsqueeze(0).to(device)
    img_tensor2 = transform(img2).unsqueeze(0).to(device)
    feature1 = F.normalize(
            extract_feature_cls(cls_net, img_tensor1).view(1, -1)
        )
    feature2 = F.normalize(
            extract_feature_cls(cls_net, img_tensor2).view(1, -1)
        )

    # 余弦相似度
    similarity = feature1.mm(feature2.t())
```

```
# 欧式距离
    # similarity = torch.sqrt(torch.sum((feature1 - feature2) ** 2))
    return similarity

if __name__ == "__main__":

    img1 = Image.open(img_path1)
    img2 = Image.open(img_path2)
    img3 = Image.open(img_path3)
    similarity_cls_1 = compare(img1, img2)
    similarity_cls_2 = compare(img1, img3)
    print("Similarity between {} and {} is {}".format(os.path.basename(img_path1),os.path.
basename(img_path2),similarity_cls_1")
print("Similarity between {} and {} is {}".format(os.path.basename(img_path1),os.path.
basename(img_path3),similarity_cls_1")
```

上述代码使用训练好的特征提取模型提取了 3 张人脸图片的特征，接着计算了图片两两之间的余弦相似度。这个过程有两点需要注意。

- 特征提取不需要用到模型最后的分类层（classification.py 中的 `classifier`）。
- 图片输入特征提取网络前需要进行尺寸变换。

得到的比对结果如下：

```
"Similarity between Anderson Cooper77.jpg and Anderson Cooper104.jpg is 86.07"
"Similarity between Anderson Cooper77.jpg and Hugh Laurie205.jpg is 51.64"
```

前两张图片来自同一个人，计算出来的相似度为 86.07%，最后一张图片来自另外一个人，与最左边的图相似度为 51.64%。可见，分类模型能够通过特征相似度较好地区分不同人脸。

7.5.2 KD-Tree 搜索

无论是以图搜图还是人脸识别，都是在非常大的图像数据库中搜索结果，所以不可能再使用顺序搜索的方式。我们选择的工具是 sklearn 中的 KD-Tree 算法。

KD-Tree 是一种对多维欧式空间进行分割，从而构建二叉搜索树的算法。二叉搜索树指的是对于二叉树中的任意结点，有如下性质：

- 若左子树不为空，则左子树上所有结点的值均小于根结点的值；
- 若右子树不为空，则右子树上所有结点的值均大于根结点的值；
- 左子树和右子树都是二叉搜索树。

KD-Tree 的构建方法与决策树有点类似，具体过程如下。

(1) 找到数据集中方差最大的特征维度 d。

(2) 找到这个维度上数据的中位数 m，根据 m 将数据分为两个子集 D_1 和 D_2。

(3) 对子集 D_1 和 D_2 重复进行第(1)步和第(2)步操作，并将新划分出的子集加入上一次划分的左右子树中。

(4) 递归第(1)步~第(3)步，直到不能再划分。将对应的数据保存至最后的结点中，这些最后的结点也就是叶子结点，非叶子结点中保存的是划分的维度和该维度的中位数。

二维空间上的划分过程如图 7-8 所示，通过一个个点将空间划分成多个子区域，在搜索过程中就可以直接根据目标点所在的区域迅速返回与之相近的样本。

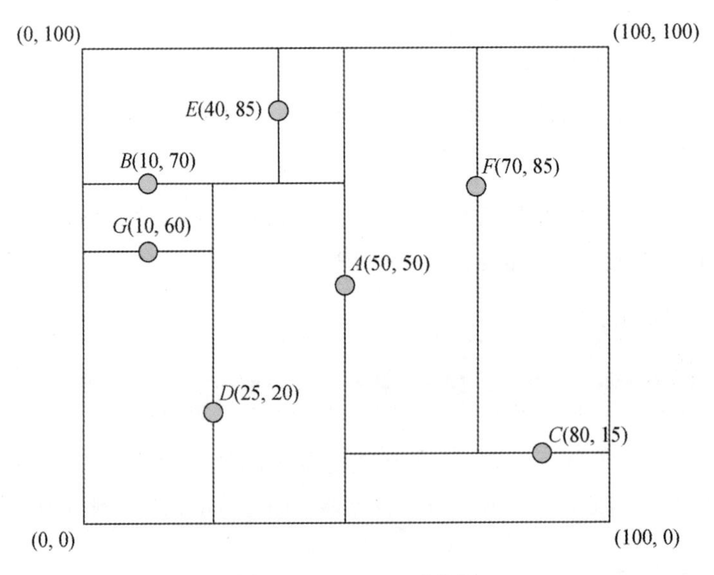

图 7-8　KD-Tree 示意图

这里使用 sklearn 中的 KD-Tree 进行搜索，分两步进行。

(1) 使用 `sklearn.neighbors.KDTree` 构建搜索树，输入参数为所有图片的特征向量组成的矩阵，可以指定叶子结点的数据个数。

(2) 输入待搜索的特征向量，可以指定返回的最相似图片个数。

建立特征树并进行人脸搜索的代码如下：

```
# search.py

from PIL import Image
from sklearn.neighbors import KDTree
from torchvision import transforms
from glob import glob
from tqdm import tqdm
```

```
import numpy as np
import os

from classification import resnet18
from compare import cls_net, enc_net, extract_feature_cls
from config import CHECKPOINT, DATA_FOLDER, device

img_path = "/data/pubfig_faces/Ali Landry/Ali Landry67.jpg"

transform = transforms.Compose(
    [transforms.Resize((128, 128)), transforms.ToTensor()]
)

def extract_feature(img_path):
    img = Image.open(img_path)
    feature = extract_feature_cls(cls_net, img_tensor)
    return feature.view(-1)

if __name__ == "__main__":
    img_paths = glob(os.path.join(DATA_FOLDER, "*/*.jpg"))

    x = []
    for path in tqdm(img_paths):
        x.append(extract_feature(path).cpu().data.numpy())
    tree = KDTree(np.array(x), leaf_size=2)
    v = extract_feature(img_path).unsqueeze(0).cpu().data.numpy()
    # 返回相似图片的 ID 和到目标图片的距离
    dist, ind = tree.query(v, k=9)
    for i in ind.reshape(-1):
        print(img_paths[i])
```

上述代码利用训练好的特征提取模型，提取了模型的所有人脸特征，并将这些特征合并成一个矩阵，利用 sklearn 中的 KD-Tree 模型搭建了搜索树，然后在搜索树中搜索与目标图片最相似的图片的前 9 张图片。

模型的搜索结果如下：

```
AliLandry67.jpg
AliLandry25.jpg
AliLandry20.jpg
AliLandry14.jpg
RosarioDawson91.jpg
AliLandry31.jpg
AliLandry140.jpg
MichelleTrachtenberg48.jpg
MonicaBellucci26.jpg
```

上述是与 AliLandry67.jpg 这张图片最相似的 9 张图片，前 4 张均为本人照片。可见，通过分类网络得到的图片特征非常有效，可以直接借助这种特征之间的余弦相似度来比对人脸图片之间的相似度，大大降低了图像搜索的运算量。

7.6 小结

本章介绍了如何使用分类模型进行图像特征提取，以及如何利用提取到的特征进行图像聚类和图像搜索。我希望读者学完本章内容后，能够做到以下几点。

- 熟悉图像特征提取方法。
- 了解图像聚类的基本思路。
- 对 KD-Tree 的工作原理有所认识。
- 对人脸识别技术的原理有初步认知。

第 8 章

图像压缩

图像压缩是一种去除图片中冗余信息以减小图片大小的技术，我们日常生活中使用的 JPEG、PNG 格式的图片就是经过压缩的图片。图片压缩技术分为无损压缩和有损压缩，无损压缩就是说图片压缩之后还可以完全恢复成未压缩的状态；而有损压缩后的图片解压后只能近似恢复成未压缩的状态。这两种技术都很常用，因为我们用肉眼很难看出它们之间的差别。

本章介绍的图片压缩技术属于有损压缩方法，使用的主要算法是 AutoEncoder（自编码器）。本章的项目目录如下：

```
.
├── auto_encoder.py          ----    搭建 AutoEncoder 模型
├── auto_encoder_gan.py      ----    将 AutoEncoder 和 GAN 结合训练
├── config.py                ----    配置文件
├── config_dcgan.py          ----    DCGAN 配置文件
├── data.py                  ----    数据加载
├── demo.py                  ----    DCGAN 效果展示
├── evaluate.py              ----    展示 AutoEncoder 效果
├── fix_data.py              ----    加载图像修复数据
├── model_dcgan.py           ----    DCGAN 模型搭建
├── train_val.py             ----    训练 AutoEncoder
└── train_val_dcgan.py       ----    训练 DCGAN
```

在开始讲解实例前，先设定好实例中需要用到的参数：

```
# config.py
import torch
# 模型和参数存储设备
device = torch.device("cuda:0" if torch.cuda.is_available() else "cpu")
# 图片尺寸
SIZE = 128
# 批处理数量大小
BATCH_SIZE = 16
# 模型训练分为 3 个阶段，分别使用不同的学习率，如第一阶段 30 个 epoch，学习率 0.01
EPOCH_LR = [(30, 0.01), (30, 0.001), (50, 0.001)]
```

```
# 模型存储文件夹
CHECKPOINT = "/data/image_compress"
# 数据存储文件夹
DATA_FOLDER = "/data/pubfig_faces"
```

8.1　AutoEncoder

AutoEncoder 是一种在半监督学习和非监督学习中使用的神经网络结构，它以输入信息作为训练标签，对输入信息进行学习。

8.1.1　AutoEncoder 的原理

AutoEncoder 是一种有效的基于深度学习的数据降维网络和特征提取方法，网络分为编码器和解码器两个部分，其中编码器可以将图片压缩成一个小的向量（或者一个小的特征图），解码器可以将向量（或者特征图）还原成图片，其结构如图 8-1 所示。因此这种中间向量（特征）便可以代表这张图片，相似的图片计算出来的中间向量也会比较相似。但是 AutoEncoder 要学习到有效的特征，一般需要具备比分类模型更多且更优质的数据。

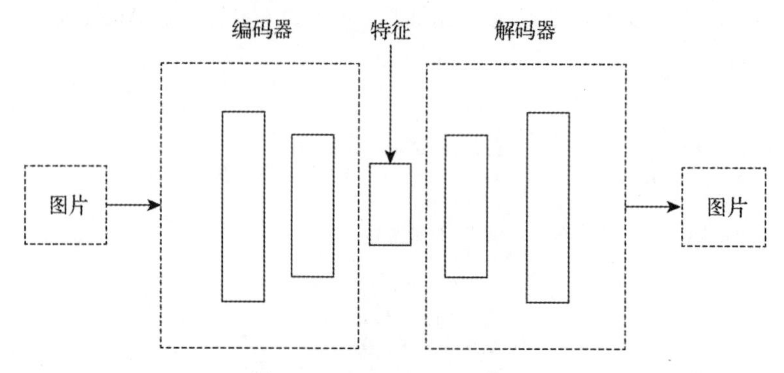

图 8-1　AutoEncoder 示意图

8.1.2　AutoEncoder 模型搭建

AutoEncoder 网络与图像分割中使用的 UNet 网络有点相似，将图像分割任务中使用的 UNet 模型中间的短接切断，就变成了一个 AutoEncoder 模型。

搭建 AutoEncoder 模型的代码如下：

```
# autoencoder.py
from torch import nn
import torch
from torchvision.models import resnet18
```

```
from config import device

# 解码器部分可以借用 UNet 的解码块
# 解码块
class DecoderBlock(nn.Module):
    def __init__(self, in_channels, out_channels, kernel_size):
        super(DecoderBlock, self).__init__()
        # 第一层是卷积
        self.conv1 = nn.Conv2d(
            in_channels, in_channels // 4, kernel_size, padding=1, bias=False
        )
        self.bn1 = nn.BatchNorm2d(in_channels // 4)
        self.relu1 = nn.ReLU(inplace=True)
        # 第二层是反卷积
        self.deconv = nn.ConvTranspose2d(
            in_channels // 4,
            in_channels // 4,
            kernel_size=3,
            stride=2,
            padding=1,
            output_padding=1,
            bias=False,
        )
        self.bn2 = nn.BatchNorm2d(in_channels // 4)
        self.relu2 = nn.ReLU(inplace=True)
        # 第三层又是卷积
        self.conv3 = nn.Conv2d(
            in_channels // 4,
            out_channels,
            kernel_size=kernel_size,
            padding=1,
            bias=False,
        )
        self.bn3 = nn.BatchNorm2d(out_channels)
        self.relu3 = nn.ReLU(inplace=True)

    def forward(self, x):
        x = self.relu1(self.bn1(self.conv1(x)))
        x = self.relu2(self.bn2(self.deconv(x)))
        x = self.relu3(self.bn3(self.conv3(x)))
        return x

# 定义 AutoEncoder
class AutoEncoder(nn.Module):
    def __init__(self, num_classes=1, pretrained=True):
        super(AutoEncoder, self).__init__()
        # 以 torchvision 中的 ResNet-18 为基础
        base = resnet18(pretrained=pretrained)
        # 因为是黑白图片，只有一个通道，所以需要重新定义第一层
        # self.firstconv = base.conv1
        self.firstconv = nn.Conv2d(
            1, 64, kernel_size=7, stride=2, padding=3, bias=False
        )
        self.firstbn = base.bn1
        self.firstrelu = base.relu
        self.firstmaxpool = base.maxpool
        self.encoder1 = base.layer1
```

```
        self.encoder2 = base.layer2
        self.encoder3 = base.layer3
        self.encoder4 = base.layer4
        # 解码器输出通道数量
        out_channels = [64, 128, 256, 512]
        # 创建解码块
        self.center = DecoderBlock(
            in_channels=out_channels[3],
            out_channels=out_channels[3],
            kernel_size=3,
        )
        self.decoder4 = DecoderBlock(
            in_channels=out_channels[3],
            out_channels=out_channels[2],
            kernel_size=3,
        )
        self.decoder3 = DecoderBlock(
            in_channels=out_channels[2],
            out_channels=out_channels[1],
            kernel_size=3,
        )
        self.decoder2 = DecoderBlock(
            in_channels=out_channels[1],
            out_channels=out_channels[0],
            kernel_size=3,
        )
        self.decoder1 = DecoderBlock(
            in_channels=out_channels[0],
            out_channels=out_channels[0],
            kernel_size=3,
        )
        # 通过最后两层卷积来将输出整理成图片对应的尺寸
        self.finalconv = nn.Sequential(
            nn.Conv2d(out_channels[0], 32, 3, padding=1, bias=False),
            nn.BatchNorm2d(32),
            nn.ReLU(),
            nn.Dropout2d(0.1, False),
            nn.Conv2d(32, num_classes, 1),
        )

    def forward(self, x, extract_feature=False):
        x = self.firstconv(x)
        x = self.firstbn(x)
        x = self.firstrelu(x)
        x = self.firstmaxpool(x)

        # 编码器
        x = self.encoder1(x)
        x = self.encoder2(x)
        x = self.encoder3(x)
        x = self.encoder4(x)

        # 在执行压缩的时候可以直接将extract_feature 设置为 True
        # 就可以得到压缩后的图片矩阵了
        if extract_feature:
            return x
        # 解码器
```

```
        x = self.center(x)
        x = self.decoder4(x)
        x = self.decoder3(x)
        x = self.decoder2(x)
        x = self.decoder1(x)
        # 整理输出
        f = self.finalconv(x)
        return f

if __name__ == "__main__":
    from torchsummary import summary

    inp = torch.ones((1, 3, 128, 128)).to(device)
    net = AutoEncoder().to(device)
    out = net(inp, extract_feature=False)
    print(out.shape)
    # summary(net, (3, 224, 224))
```

上述代码由图像分割中使用的 UNet 模型代码修改而得，其中的 DecoderBlock 完全相同，AutoEncoder 和 ResNet18Unet 的主要区别在模型的 forward 方法，AutoEncoder 在 forward 中对编码器和解码器进行了顺序推理，而 ResNet18Unet 在 forward 方法中进行了跨层的特征拼接，读者可以对比一下。

8.1.3 数据加载

AutoEncoder 的数据和超分辨率重建一样无须标注，属于无监督学习算法，只需训练一个从图片自身到自身的映射。所以构建的数据集只需返回图片自身。

下面是加载 AutoEncoder 的数据集的代码：

```
# data.py
from torch.utils.data import DataLoader, Dataset
from torchvision.datasets import ImageFolder
from sklearn.model_selection import train_test_split
from config import DATA_FOLDER, BATCH_SIZE, SIZE
from glob import glob
import os.path as osp
from PIL import Image
from torchvision import transforms

# 定义 AutoEncoder 中的 Dataset
class Data(Dataset):
    def __init__(self, folder=DATA_FOLDER, subset="train", transform=None):
        img_paths = glob(osp.join(DATA_FOLDER, "*/*.jpg"))
        train_paths, test_paths = train_test_split(
            img_paths, test_size=0.2, random_state=10
        )
        # 训练集
        if subset == "train":
            self.img_paths = train_paths
```

```
        # 测试集
        else:
            self.img_paths = test_paths
        # 如果没有定义 transform，则使用默认的 transform
        if transform is None:
            self.transform = transforms.Compose(
                [transforms.Resize((SIZE, SIZE)), transforms.ToTensor()]
            )
        else:
            self.transform = transform

    def __getitem__(self, index):
        # 图片需要转为黑白
        img = Image.open(self.img_paths[index]).convert("L")
        img = self.transform(img)
        return img, img

    def __len__(self):
        return len(self.img_paths)

transform = transforms.Compose(
    [

        transforms.Resize((SIZE, SIZE)),
        transforms.ToTensor(),
    ]
)

train_data = Data(subset="train", transform=transform)
val_data = Data(subset="test")
train_loader = DataLoader(train_data, batch_size=BATCH_SIZE, shuffle=True)
val_loader = DataLoader(val_data, batch_size=BATCH_SIZE * 2, shuffle=True)
```

上述代码对数据进行了封装，如果读者发现模型训练结果不够理想，可以添加数据增强方法，但是需要保证原图片和目标图片的转换方法完全相同。

8.1.4　模型训练

训练模型的代码如下，训练过程中使用 L1Loss 或者 MSELoss 都可以，下面是训练 AutoEncoder 模型的代码：

```
# train_val.py
from torch import nn, optim
import torch
import os.path as osp
from tqdm import tqdm
from torch.utils.tensorboard import SummaryWriter

from data import train_loader, val_loader
from auto_encoder import AutoEncoder
from config import BATCH_SIZE, EPOCH_LR, device, CHECKPOINT
```

```python
def train():
    # 定义模型并转入 GPU
    net = AutoEncoder(pretrained=True).to(device)
    criteron = nn.L1Loss()
    # 模型保存位置
    ckpt = osp.join(CHECKPOINT, "net.pth")
    writer = SummaryWriter("log")
    # 检查是否有可用模型，有则加载模型
    if osp.exists(ckpt):
        net.load_state_dict(torch.load(ckpt))
    for n, (num_epoch, lr) in enumerate(EPOCH_LR):
        optimizer = optim.Adam(net.parameters(), lr=lr)
        for epoch in range(num_epoch):
            epoch_loss = 0.0
            for i, (src, target) in tqdm(
                enumerate(train_loader), total=len(train_loader)
            ):
                optimizer.zero_grad()
                # 虽然这个图像压缩的 AutoEncoder 中的 src 和 target 是一样的图片
                # 但是为了适用更多的任务，这里将 src 和 target 进行了区分
                src, target = src.to(device), target.to(device)
                out = net(src)
                loss = criteron(out, target)
                loss.backward()
                optimizer.step()
                epoch_loss += loss.item()
            print(
                "epoch: {} epoch_loss {}".format(
                    sum([e[0] for e in EPOCH_LR[:n]]) + epoch,
                    epoch_loss / len(train_loader),
                )
            )
            # 将损失加入 TensorBoard
            writer.add_scalar(
                "epoch_loss",
                epoch_loss / len(train_loader),
                sum([e[0] for e in EPOCH_LR[:n]]) + epoch,
            )
            # 无梯度模式快速验证
            with torch.no_grad():
                val_loss = 0.0
                for i, (src, target) in tqdm(
                    enumerate(val_loader), total=len(val_loader)
                ):
                    src, target = src.to(device), target.to(device)
                    out = net(src)
                    loss = criteron(out, target)
                    val_loss += loss.item()
            print(
                "val: {} val_loss {}".format(
                    sum([e[0] for e in EPOCH_LR[:n]]) + epoch,
                    val_loss / len(val_loader),
                )
            )
```

```
            # 将 loss 加入 TensorBoard
            writer.add_scalar(
                "val_loss",
                val_loss / len(val_loader),
                sum([e[0] for e in EPOCH_LR[:n]]) + epoch,
            )
            # 保存模型到预设的路径中
            torch.save(net.state_dict(), ckpt)
    # 训练结束后需要关闭 writer
    writer.close()

if __name__ == "__main__":
    train()
```

在上述代码中，原始图片输入 AutoEncoder 后，会得到一张生成图片。将生成图片与原始图片中的各个像素进行比对，即可得到模型的损失，再根据损失调整模型参数。模型参数更新后分别在训练集和验证集上计算了损失，将损失添加到 TensorBoard 中就可以看见训练过程中损失的变化曲线了。

训练误差变化如图 8-2 所示，验证误差变化如图 8-3 所示。

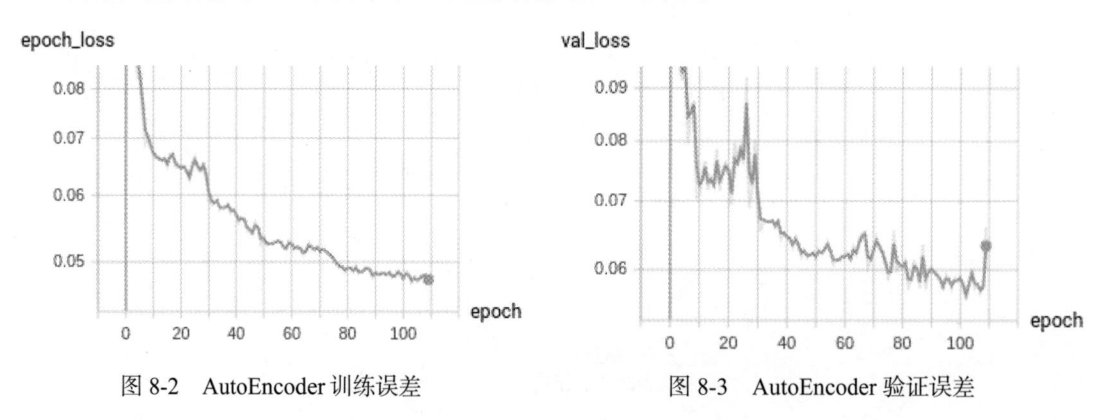

图 8-2　AutoEncoder 训练误差　　图 8-3　AutoEncoder 验证误差

从曲线图中可以看出，训练到 100 个 epoch 之后，模型在验证集上的损失出现振荡及小幅上升的趋势，说明模型即将过拟合，在此时停止模型训练是比较合适的。

8.1.5　结果展示

训练完成之后，可以通过如下代码查看训练效果：

```
# evaluate.py
from auto_encoder import AutoEncoder
from config import CHECKPOINT
from fix_data import val_data, train_data
import torch
import os.path as osp
```

```
from torchvision import transforms
from PIL import Image
import matplotlib.pyplot as plt

net = AutoEncoder()
# net.pth 是普通 AutoEncoder
# G.pth 是添加了 GAN 的 AutoEncoder
# G_fix 是图像修复的 AutoEncoder
# ckpt = osp.join(CHECKPOINT, "net.pth")
# ckpt = osp.join(CHECKPOINT, "G.pth")
ckpt = osp.join(CHECKPOINT, "G_fix.pth")
# 加载模型
net.load_state_dict(torch.load(ckpt))
net.eval()
for i in range(6):
    src, _ = val_data[i]
    img = transforms.ToPILImage()(src)
    print(i)
    plt.subplot(3, 4, (i + 1) * 2 - 1)
    plt.title("src_img")
    plt.imshow(img, cmap="gray")
    out = net(src.unsqueeze(0)).squeeze(0)
    out_img = transforms.ToPILImage()(out)
    plt.subplot(3, 4, (i + 1) * 2)
    plt.title("out_img")
    plt.imshow(out_img, cmap="gray")
    plt.savefig("img/auto_encoder_face.jpg")
plt.show()
```

上述代码调用了训练好的 AutoEncoder 模型进行预测，也就是先对原始图片进行压缩，然后再还原成一张图片，最后把得到的图片按网格排列，得到的训练效果如图 8-4 所示。

图 8-4 AutoEncoder 训练效果

图片的人脸已经具备了基本的人脸轮廓，但不是很清晰，这个结果与 AutoEncoder 选择的损失函数有关，选择 `L1Loss` 或者 `MSELoss`，有如下 3 个缺点。

- 在介绍 PyTorch 的损失函数时曾提到过，这两个损失函数的曲线比较平坦，损失下降速度慢。
- 在 AutoEncoder 任务中，这两个损失函数会考虑整体的误差值，而对线条轮廓缺乏敏感度。
- 在优化过程中，这两个损失函数都会倾向于靠近平均值，导致图像变得模糊。

为了解决损失函数的问题，可以考虑引入一个能够自主学习的损失函数。

这里可以借助搭建生成对抗网络模型的方式来解决这个问题。

8.2 GAN

GAN（generative adversarial network，生成对抗网络）的概念最早在 2014 年由 Ian Goodfellow 提出。GAN 中包含一个生成网络 G 和一个判别网络 D，两者是相互博弈的关系。

8.2.1 GAN 原理

在训练过程中，生成网络 G 的任务就是生成足以乱真的图片，而判别网络 D 的任务是学习如何辨别生成的图片和真图片。两者既是相互对抗的，也是相辅相成的：更好的判别网络 D 能够督促生成网络 G 生成更真实的图片；而生成网络 G 生成的图片越真实，判别网络 D 的训练效果也会更好。

GAN 的损失函数分为两个部分，一个是生成器损失，一个是判别器损失。

生成器损失的计算过程如下。

(1) 生成器生成一张图片 `img_fake`。
(2) 将 `img_fake` 标记为真图片，然后将其输入判别器 D。
(3) 计算损失，并更新生成器参数（注意此步不更新判别器）。

判别器损失的计算过程如下。

(1) 从生成器中获取一张图片 `img_fake`，标记为假图片。
(2) 计算损失 `loss_fake`。
(3) 获取一张真图片，标记为真图片。
(4) 计算损失 `loss_real`。
(5) 将两个损失值相加之后反向传播，更新判别器参数。

8.2.2 GAN 训练流程

GAN 的训练流程如下。

(1) 将 `img` 输入 AutoEncoder，生成 `fake_img`。

(2) 将 `img` 和 `fake_img` 输入 ResNet-18 进行分类训练（计算损失，反向传播，更新 `resnet18` 参数），并记录下每个网络模块输出的特征图。

(3) 计算 `fake_img` 和 `img` 得到的每个特征图的差距，加上 AutoEncoder 的最终输出损失，即为生成网络 AutoEncoder 的损失，然后反向传播，更新 `AutoEncoder` 参数。

(4) 重复上面 3 个步骤。

8.2.3 GAN 随机生成人脸图片

在介绍如何使用 GAN 处理图像压缩任务之前，先用一个基于 DCGAN 算法的小例子演示 GAN 的常规用法。

1. DCGAN 原理

DCGAN 的全称是 deep convolutional generative adversarial networks，从名字可以看出，这个网络就是在经典的 GAN 模型下增加了深度卷积网络结构。

DCGAN 生成器的结构如图 8-5 所示，模型的输入是一个向量，这个向量经过一系列的反卷积操作，其尺寸得到扩张、通道逐步压缩，最后生成一张图片，即为 DCGAN 生成的假图片。

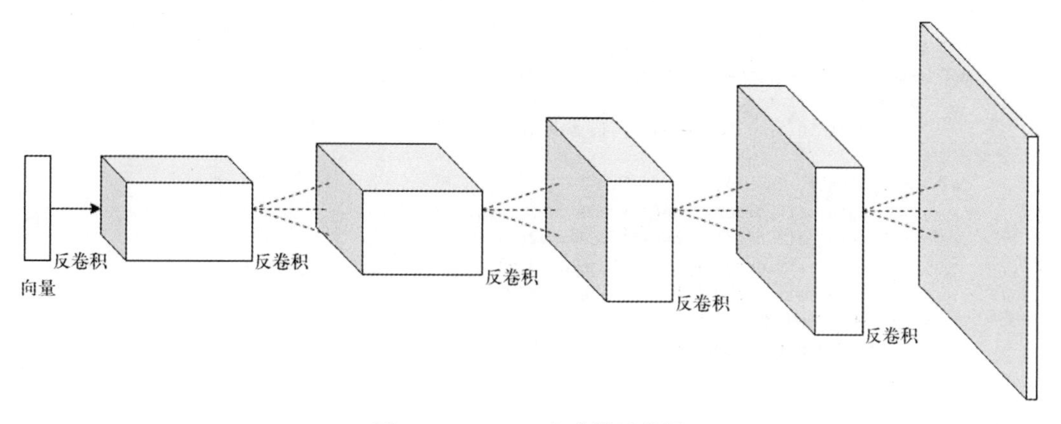

图 8-5　DCGAN 生成器示意图

2. DCGAN 搭建

DCGAN 由生成器 G 和判别器 D 组成，两个网络的拼接方式相当于一个倒过来的 AutoEncoder。

生成器 G 负责将一段随机初始化的向量逐步扩展为一张图片，而判别器 D 是一个分类器，会逐步将生成的图片压缩成特征向量，通过特征向量进行分类。

下面是 DCGAN 的模型代码：

```
# dcgan_model.py
import torch
from torch import nn
import torch.nn.functional as F

# 初始化参数
def normal_init(m, mean, std):
    if isinstance(m, nn.ConvTranspose2d) or isinstance(m, nn.Conv2d):
        m.weight.data.normal_(mean, std)
        m.bias.data.zero_()

# 生成器
class generator(nn.Module):
    def __init__(self, d=128):
        super(generator, self).__init__()
        self.deconv1 = nn.ConvTranspose2d(100, d * 8, 4, 1, 0)
        self.deconv1_bn = nn.BatchNorm2d(d * 8)
        self.deconv2 = nn.ConvTranspose2d(d * 8, d * 4, 4, 2, 1)
        self.deconv2_bn = nn.BatchNorm2d(d * 4)
        self.deconv3 = nn.ConvTranspose2d(d * 4, d * 2, 4, 2, 1)
        self.deconv3_bn = nn.BatchNorm2d(d * 2)
        self.deconv4 = nn.ConvTranspose2d(d * 2, d, 4, 2, 1)
        self.deconv4_bn = nn.BatchNorm2d(d)
        # self.deconv5 = nn.ConvTranspose2d(d, 3, 4, 2, 1)
        self.deconv5 = nn.ConvTranspose2d(d, 1, 4, 2, 1)

    # 参数初始化
    def weight_init(self, mean, std):
        for m in self._modules:
            normal_init(self._modules[m], mean, std)

    def forward(self, input):
        x = F.relu(self.deconv1_bn(self.deconv1(input)))
        x = F.relu(self.deconv2_bn(self.deconv2(x)))
        x = F.relu(self.deconv3_bn(self.deconv3(x)))
        x = F.relu(self.deconv4_bn(self.deconv4(x)))
        # 最后使用 Tanh 激活函数
        x = torch.tanh(self.deconv5(x))
        return x

# 判别器，判断是真图片还是假图片
class discriminator(nn.Module):
    def __init__(self, d=128):
        super(discriminator, self).__init__()
        # self.conv1 = nn.Conv2d(3, d, 4, 2, 1)
        # 黑白图片使用一个通道，彩色图片使用 3 个通道
```

```
        self.conv1 = nn.Conv2d(1, d, 4, 2, 1)
        self.conv2 = nn.Conv2d(d, d * 2, 4, 2, 1)
        self.conv2_bn = nn.BatchNorm2d(d * 2)
        self.conv3 = nn.Conv2d(d * 2, d * 4, 4, 2, 1)
        self.conv3_bn = nn.BatchNorm2d(d * 4)
        self.conv4 = nn.Conv2d(d * 4, d * 8, 4, 2, 1)
        self.conv4_bn = nn.BatchNorm2d(d * 8)
        self.conv5 = nn.Conv2d(d * 8, 1, 4, 1, 0)

    # 参数初始化
    def weight_init(self, mean, std):
        for m in self._modules:
            normal_init(self._modules[m], mean, std)

    def forward(self, input):
        x = F.leaky_relu(self.conv1(input), 0.2)
        x = F.leaky_relu(self.conv2_bn(self.conv2(x)), 0.2)
        x = F.leaky_relu(self.conv3_bn(self.conv3(x)), 0.2)
        x = F.leaky_relu(self.conv4_bn(self.conv4(x)), 0.2)
        # 二分类常使用 Sigmoid 激活函数
        x = torch.sigmoid(self.conv5(x))
        return x

if __name__ == "__main__":
    inp = torch.randn(1, 100, 1, 1)
    net = generator()
    out = net(inp)
    print(out.shape)
```

上述代码建立了两个模型：生成模型 generator 和判别模型 discriminator。其中生成模型的作用是将一个向量逐步扩张成一张图片，由多个反卷积层和 BatchNorm 层构成，激活函数选择的是 relu。而判别模型就是一个普通的图像二分类模型，只使用了卷积层和 BatchNorm 层，激活函数选择了 leaky_relu，因为是一个二分类（判断图片真伪）模型，所以输出层的激活函数选择了 sigmoid。

3. DCGAN 训练

训练过程中选择了 BCELoss 作为损失函数。BCELoss 的全称为 binary cross entropy，即二分类交叉熵，其输入格式的要求与 CrossEntropyLoss 不同，因为只有两个类别，所以数据无须整理成 One-Hot 编码，其使用方法如下：

```
>>> m = nn.Sigmoid()
>>> loss = nn.BCELoss()
>>> input = torch.randn(3, requires_grad=True)
>>> target = torch.empty(3).random_(2)
>>> output = loss(m(input), target)
>>> output.backward()
```

下面是 DCGAN 的训练代码：

```
# dcgan_train.py
from model import generator, discriminator
from config import (
    lr,
    num_epoch,
    batch_size,
    noise_length,
    device,
    checkpoint_D,
    checkpoint_G,
)

from data import train_loader, val_loader

from torch import optim, nn
import torch
from torch.utils.data import DataLoader
from tqdm import tqdm

# 模型保存路径
resume_path_G = checkpoint_G
resume_path_D = checkpoint_D

G = generator(128).to(device)
D = discriminator(128).to(device)
# 加载预训练模型
if resume_path_D:
    D.load_state_dict(torch.load(resume_path_D))
    print("loaded model D")
if resume_path_G:
    G.load_state_dict(torch.load(resume_path_G))
    print("loaded model G")
# 模型参数初始化
G.weight_init(mean=0.0, std=0.02)
D.weight_init(mean=0.0, std=0.02)

# Binary Cross Entropy loss
BCE_loss = nn.BCELoss()

# 两个 optimizer 需要分开定义
G_optimizer = optim.Adam(G.parameters(), lr=lr, betas=(0.5, 0.999))
D_optimizer = optim.Adam(D.parameters(), lr=lr, betas=(0.5, 0.999))

def train():
    for epoch in range(num_epoch):
        D.train()
        G.train()
        for i, (img, _) in tqdm(
            enumerate(train_loader), total=len(train_loader)
        ):
            # 训练判别器
```

```
        D_optimizer.zero_grad()
        mini_batch = img.size()[0]
        # 真假图片的对应标签
        y_real = torch.ones(mini_batch)
        y_fake = torch.zeros(mini_batch)
        # 将所有数据传入 GPU
        img, y_real, y_fake = (
            img.to(device),
            y_real.to(device),
            y_fake.to(device),
        )
        # 真图片输入 D
        D_result = D(img).squeeze()
        # 计算真图片的损失
        D_real_loss = BCE_loss(D_result, y_real)
        # 新建一个随机变量
        noise = (
            torch.randn((mini_batch, noise_length))
            .view((-1, noise_length, 1, 1))
            .to(device)
        )
        # 生成一张假图片
        img_fake = G(noise)
        # 将假图片输入判别器 D
        D_result = D(img_fake).squeeze()
        # 计算假图片的损失
        D_fake_loss = BCE_loss(D_result, y_fake)
        # 真假图片的判别器损失相加之和反向传播
        D_train_loss = D_real_loss + D_fake_loss
        D_train_loss.backward()
        D_optimizer.step()

        # 训练生成器
        # 清空生成器梯度
        G_optimizer.zero_grad()
        # 创建随机变量
        noise = (
            torch.randn((mini_batch, noise_length))
            .view((-1, 100, 1, 1))
            .to(device)
        )
        # 生成一张假图片
        img_fake = G(noise)
        # 输入判别器 D 计算损失
        D_result = D(img_fake).squeeze()
        # 给假图片打上真标签，计算损失
        G_train_loss = BCE_loss(D_result, y_real)
        # 生成器反向传播
        G_train_loss.backward()
        G_optimizer.step()

    print(
        "D train loss : {} , G train loss : {}".format(
            D_train_loss, G_train_loss
```

```
    )
)
# 无梯度模式
with torch.no_grad():
    D.eval()
    G.eval()
    for i, (img, _) in tqdm(
        enumerate(val_loader), total=len(val_loader)
    ):
        mini_batch = img.size()[0]
        # 真假图片标签
        y_real = torch.ones(mini_batch)
        y_fake = torch.zeros(mini_batch)
        # 数据传入 GPU
        img, y_real, y_fake = (
            img.to(device),
            y_real.to(device),
            y_fake.to(device),
        )
        # 计算真图片损失
        D_result = D(img).squeeze()
        D_real_loss = BCE_loss(D_result, y_real)
        # 新建随机变量
        noise = (
            torch.randn((mini_batch, noise_length))
            .view((-1, noise_length, 1, 1))
            .to(device)
        )
        # 计算假图片损失
        img_fake = G(noise)
        D_result = D(img_fake).squeeze()
        D_fake_loss = BCE_loss(D_result, y_fake)
        D_test_loss = D_real_loss + D_fake_loss

        # 训练生成器
        G_optimizer.zero_grad()
        # 新建随机变量
        noise = (
            torch.randn((mini_batch, noise_length))
            .view((-1, 100, 1, 1))
            .to(device)
        )
        # 生成假图片
        img_fake = G(noise)
        D_result = D(img_fake).squeeze()
        # 计算假图片打上真标签之后的损失
        G_test_loss = BCE_loss(D_result, y_real)
print(
    "D test loss : {} , G test loss : {}".format(
        D_test_loss, G_test_loss
    )
)
```

```
        torch.save(G.state_dict(), checkpoint_G)
        torch.save(D.state_dict(), checkpoint_D)


if __name__ == "__main__":
    train()
```

上述代码的训练过程分为两个步骤。

(1) 将真图片和生成的假图片（由随机向量经过生成器计算得到）分别标注成 1 和 0（1 代表真图片，0 代表生成的假图片），然后将它们输入判别模型，计算判别器损失，更新判别模型参数，以便将判别模型训练成能正确分辨真假图片的模型。

(2) 将生成的假图片标注成 1（真图片）输入判别模型，计算损失，更新生成模型参数，以便将生成模型训练成能生成比较真实的图片的模型。

DCGAN 在训练过程中，很难通过损失值判断模型的训练效果，所以需要每隔一段时间查看一下训练结果，保证模型在向正确的方向优化。

4. DCGAN 效果展示

在进行效果展示时，只需要加载生成器 G 即可。在 GAN 中，判别器 D 是为生成器 G 服务的，并不参与最终预测。模型预测代码如下：

```
# dcgan_demo.py
import torch
from torchvision import transforms
from model import generator
import matplotlib.pyplot as plt
from config import checkpoint_G
import os.path as osp

topil = transforms.ToPILImage()
# 实例化生成器
net = generator()
# 加载生成器模型参数
if osp.exists(checkpoint_G):
    net.load_state_dict(torch.load(checkpoint_G))
    print("model loaded")
# 一次生成 9 张人脸
for i in range(9):
    input_array = torch.randn(1, 100, 1, 1)
    out_tensor = net(input_array).squeeze(0)
    out_img = topil(out_tensor)
    plt.subplot(330 + i + 1)
    plt.imshow(out_img,cmap = "gray")
plt.show()
```

上述代码生成了 9 个随机向量，分别把这 9 个随机向量输入生成器，计算得到 9 张人脸图片，最后将 9 张人脸图片以九宫格的排列方式绘制出来，结果如图 8-6 所示。

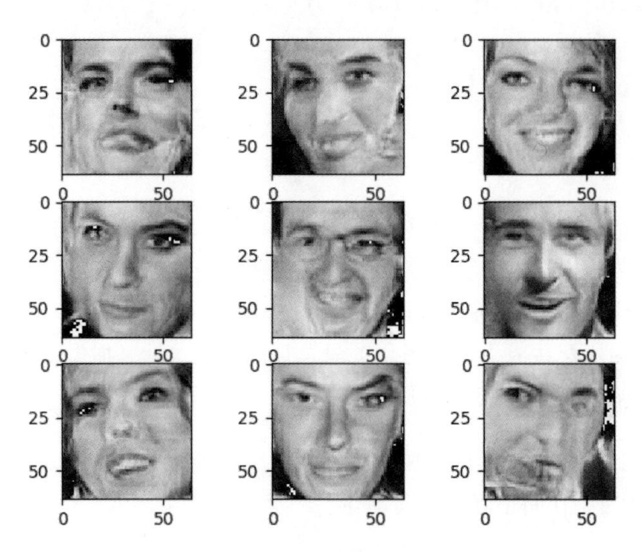

图 8-6　DCGAN 效果展示

从图 8-6 中可以看到，DCGAN 生成的人脸已经具备了基本的五官，但是有一点扭曲。下面我们将把 DCGAN 与 AutoEncoder 结合起来，生成更加逼真的人脸。

8.2.4　GAN 与 AutoEncoder 的结合

本节将要介绍如何使用 GAN 实现图像搜索中的图像压缩功能。实现这项功能需要将 GAN 和 AutoEncoder 结合起来，将 AutoEncoder 作为 GAN 中的生成网络 G，然后添加一个分类网络作为 GAN 中的判别网络 D，这里可以选择 ResNet-18 作为判别网络。

这个 AutoEncoder-GAN 模型的损失函数由三部分组成。

- 判别器的分类损失。
- AutoEncoder 损失。
- 生成图片和真图片输入判别器后的中间特征图的损失。

损失函数的公式如下：

$$J_G(x) = \|x - \hat{x}\|^2 + \beta \sum_{i=1}^{n} \|D_i(x) - D_i(\hat{x})\|^2$$

其中 x 是真图片；$\hat{x}$ 是生成器 G 生成的图片；β 是调节系数，本章中的调节系数设为 1；$D_i(x)$ 是真图片在判别器 D 中第 i 层计算得到的特征图；$D_i(\hat{x})$ 是生成器 G 生成的图片在判别器 D 中

第 i 层计算得到的特征图。

因为本章直接调用了 torchvision 中的默认 ResNet，不便于调取每一层输出的特征图，所以第二部分的损失使用了 ResNet 的每一个模块得到特征图（共 5 张特征图）进行计算。下面是将 AutoEncoder 和 GAN 结合起来训练的代码：

```
from torch import nn, optim
from auto_encoder import AutoEncoder
from config import device, EPOCH_LR, CHECKPOINT

# from data import train_loader, val_loader
from fix_data import train_loader, val_loader

from torchvision.models import resnet18
from tqdm import tqdm
import os
import torch
from torch.utils.tensorboard import SummaryWriter

# 计算特征图损失
def feature_map_loss(D, fake_img, img):
    fm_criteron = nn.MSELoss()
    # 初始化损失
    fm_loss = 0.0
    # ResNet-18 前几层得到的特征图
    f1 = D.maxpool(D.relu(D.bn1(D.conv1(img))))
    f1_fake = D.maxpool(D.relu(D.bn1(D.conv1(fake_img))))
    fm_loss += fm_criteron(f1_fake, f1)
    # ResNet-18 layer1 得到的特征图
    f2 = D.layer1(f1)
    f2_fake = D.layer1(f1_fake)
    fm_loss += fm_criteron(f2_fake, f2)
    # ResNet-18 layer2 得到的特征图
    f3 = D.layer2(f2)
    f3_fake = D.layer2(f2_fake)
    fm_loss += fm_criteron(f3_fake, f3)
    # ResNet-18 layer3 得到的特征图
    f4 = D.layer3(f3)
    f4_fake = D.layer3(f3_fake)
    fm_loss += fm_criteron(f4_fake, f4)
    # ResNet-18 layer4 得到的特征图
    f5 = D.layer4(f4)
    f5_fake = D.layer4(f4_fake)
    fm_loss += fm_criteron(f5_fake, f5)
    return fm_loss

# 生成器
G = AutoEncoder().to(device)
# 判别器
D = resnet18(num_classes=1)
# 黑白图片一个通道
D.conv1 = torch.nn.Conv2d(1, 64, kernel_size=7, stride=2, padding=3, bias=False)
```

```
D = D.to(device)

# 图像压缩
checkpoint_G = os.path.join(CHECKPOINT, "G.pth")
checkpoint_D = os.path.join(CHECKPOINT, "D.pth")
# 图像修复
# checkpoint_G = os.path.join(CHECKPOINT, "G_fix.pth")
# checkpoint_D = os.path.join(CHECKPOINT, "D_fix.pth")

# 判断模型文件是否存在
if os.path.exists(checkpoint_G):
    G.load_state_dict(torch.load(checkpoint_G))
if os.path.exists(checkpoint_G):
    D.load_state_dict(torch.load(checkpoint_D))

# 用于判别器损失
BCE_loss = nn.BCELoss()
# 用于特征图损失
MSE_loss = nn.MSELoss()
writer = SummaryWriter("log")
for n, (num_epoch, lr) in enumerate(EPOCH_LR):
    G_optimizer = optim.Adam(G.parameters(), lr=lr, betas=(0.5, 0.999))
    D_optimizer = optim.Adam(D.parameters(), lr=lr, betas=(0.5, 0.999))

    for epoch in range(num_epoch):
        D.train()
        G.train()
        for i, (img_src, img_tgt) in tqdm(
            enumerate(train_loader), total=len(train_loader)
        ):
            # 训练判别器
            D_optimizer.zero_grad()
            mini_batch = img_src.size()[0]
            # 建立标签
            y_real = torch.ones(mini_batch)
            y_fake = torch.zeros(mini_batch)
            # 计算真图片误差
            img_src, img_tgt, y_real, y_fake = (
                img_src.to(device),
                img_tgt.to(device),
                y_real.to(device),
                y_fake.to(device),
            )
            D_result = torch.sigmoid(D(img_tgt)).squeeze()
            D_real_loss = BCE_loss(D_result, y_real)
            # 计算假图片误差
            img_fake = G(img_src)
            D_result = torch.sigmoid(D(img_fake)).squeeze()
            D_fake_loss = BCE_loss(D_result, y_fake)
            # 反向传播
            D_train_loss = D_real_loss + D_fake_loss
            D_train_loss.backward()
            D_optimizer.step()
```

```
        # 训练 AutoEncoder
        G_optimizer.zero_grad()
        img_fake = G(img_src)
        AE_train_loss = MSE_loss(img_fake, img_tgt)

        # 训练生成器
        # G_optimizer.zero_grad()
        img_fake = G(img_src)
        D_result = torch.sigmoid(D(img_fake)).squeeze()
        G_train_loss = AE_train_loss + feature_map_loss(
            D, img_fake, img_tgt
        )
        G_train_loss.backward()
        G_optimizer.step()

    print(
        "D train loss : {} , G train loss : {}, AE train Loss : {}".format(
            D_train_loss, G_train_loss, AE_train_loss
        )
    )
    # 将几种损失分别加入 TensorBoard
    writer.add_scalar(
        "D_train_loss",
        D_train_loss / len(train_loader),
        sum([e[0] for e in EPOCH_LR[:n]]) + epoch,
    )
    writer.add_scalar(
        "G_train_loss",
        G_train_loss / len(train_loader),
        sum([e[0] for e in EPOCH_LR[:n]]) + epoch,
    )
    writer.add_scalar(
        "AE_train_loss",
        AE_train_loss / len(train_loader),
        sum([e[0] for e in EPOCH_LR[:n]]) + epoch,
    )
    with torch.no_grad():
        D.eval()
        G.eval()
        for i, (img_src, img_tgt) in tqdm(
            enumerate(val_loader), total=len(val_loader)
        ):
            mini_batch = img_src.size()[0]
            # 真假标签
            y_real = torch.ones(mini_batch)
            y_fake = torch.zeros(mini_batch)
            # 传入 GPU
            img_src, img_tgt, y_real, y_fake = (
                img_src.to(device),
                img_tgt.to(device),
                y_real.to(device),
                y_fake.to(device),
            )
```

```
                # 真图片损失
                D_result = torch.sigmoid(D(img_tgt)).squeeze()
                D_real_loss = BCE_loss(D_result, y_real)
                # 生成假图片
                img_fake = G(img_src)
                # 假图片损失
                D_result = torch.sigmoid(D(img_fake)).squeeze()
                D_fake_loss = BCE_loss(D_result, y_fake)

                D_val_loss = D_real_loss + D_fake_loss
                # 生成器损失
                AE_val_loss = MSE_loss(img_fake, img_tgt)
                img_fake = G(img_src)
                D_result = torch.sigmoid(D(img_fake)).squeeze()
                G_val_loss = BCE_loss(D_result, y_real)

        print(
            "D val loss : {} , G val loss : {} , AE val loss : {} ".format(
                D_val_loss, G_val_loss, AE_val_loss
            )
        )
        # 将各种损失加入 TensorBoard
        writer.add_scalar(
            "D_val_loss",
            D_val_loss / len(val_loader),
            sum([e[0] for e in EPOCH_LR[:n]]) + epoch,
        )
        writer.add_scalar(
            "G_val_loss",
            G_val_loss / len(val_loader),
            sum([e[0] for e in EPOCH_LR[:n]]) + epoch,
        )
        writer.add_scalar(
            "AE_val_loss",
            AE_val_loss / len(val_loader),
            sum([e[0] for e in EPOCH_LR[:n]]) + epoch,
        )
        torch.save(G.state_dict(), checkpoint_G)
        torch.save(D.state_dict(), checkpoint_D)
writer.close()
```

在上述代码中，定义了一个 `feature_map_loss` 函数，用于计算真图片和生成图片分别输入分类网络时得到的各层特征图之间的差异，将特征图损失加入生成器损失，能够让生成器学习到除像素值之外的信息（如图片的轮廓、纹理等），从而得到优秀的生成结果。

在 GAN 的训练过程中，D 和 G 的损失都可能会有很大波动，何时停止训练还是要根据图形生成结果来判断。

训练完成之后，生成的图片如图 8-7 所示。

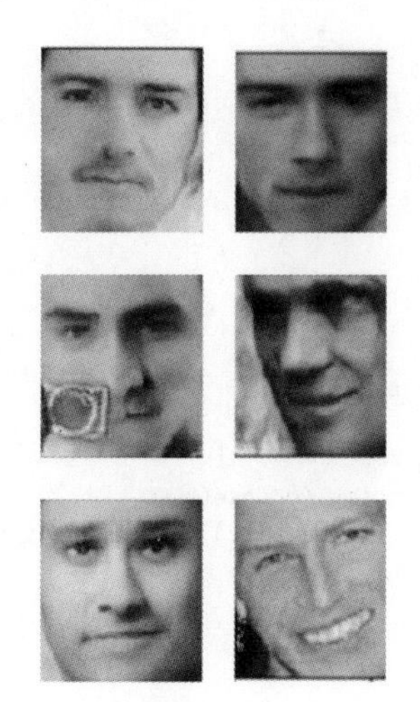

图 8-7 AutoEncoder-GAN 预测效果

显然，虽然 AutoEncoder 的结构没有做任何修改，但是经过 GAN 加持之后，AutoEncoder 的生成图片的轮廓、线条相对更加完善，跟真图片相差无几。

8.2.5 图像修复

AutoEncoder-GAN 模型和图像分割用到的 UNet 模型虽然在结构上差异较大，但都是图片到图片的模型，所以 AutoEncoder-GAN 也可以完成一些图像处理类的任务。同样地，超分辨率重建模型也可以用于图像压缩，感兴趣的读者可以自己去实现。

例如，AutoEncoder-GAN 模型还可以用于图像修复，只需要修改一下 `Dataset` 即可。在这个 `Dataset` 中，我们会生成一个随机的马赛克，覆盖在人脸上一个随机的正方形区域，然后将覆盖之后的图片与原图片组成图片对，分别作为 `img_src` 和 `img_tgt` 输入前面的 AutoEncoder-GAN 模型训练代码中。下面是图像修复任务的数据加载代码：

```
from torch.utils.data import DataLoader, Dataset
from torchvision.datasets import ImageFolder
from sklearn.model_selection import train_test_split
from config import DATA_FOLDER, BATCH_SIZE, SIZE
from glob import glob
import os.path as osp
from PIL import Image
from torchvision import transforms
import random
import torch

class FixData(Dataset):
    def __init__(self, folder=DATA_FOLDER, subset="train", transform=None):
        img_paths = glob(osp.join(DATA_FOLDER, "*/*.jpg"))
```

```
        # 划分训练集和测试集
        train_paths, test_paths = train_test_split(
            img_paths, test_size=0.2, random_state=10
        )
        # 训练集
        if subset == "train":
            self.img_paths = train_paths
        # 测试集
        else:
            self.img_paths = test_paths
        # 数据增强
        if transform is None:
            self.transform = transforms.Compose(
                [transforms.Resize((SIZE, SIZE)), transforms.ToTensor()]
            )
        else:
            self.transform = transform

    def __getitem__(self, index):
        img = Image.open(self.img_paths[index]).convert("L")
        img = self.transform(img)
        # 随机选择顶点
        w = int(SIZE / 3)
        xmin, ymin = (
            int(random.random() * (SIZE - w)),
            int(random.random() * (SIZE - w)),
        )
        img_src = img.clone()
        # 添加马赛克
        img_src[:, ymin : ymin + w, xmin : xmin + w] = torch.rand((1, w, w))
        return img_src, img

    def __len__(self):
        return len(self.img_paths)

# 数据增强
transform = transforms.Compose(
    [
        transforms.RandomRotation(15),
        transforms.Resize((SIZE, SIZE)),
        transforms.ToTensor(),
    ]
)

# 数据加载
train_data = FixData(subset="train", transform=transform)
val_data = FixData(subset="test")
train_loader = DataLoader(train_data, batch_size=BATCH_SIZE, shuffle=True)
val_loader = DataLoader(val_data, batch_size=BATCH_SIZE * 2, shuffle=True)

if __name__ == "__main__":
    img_src, img_tgt = train_data[0]
    topil = transforms.ToPILImage()
    img_src = topil(img_src)
    img_tgt = topil(img_tgt)
    import matplotlib.pyplot as plt
```

```
    plt.subplot(121)
    plt.imshow(img_src, cmap="gray")
    plt.subplot(122)
    plt.imshow(img_tgt, cmap="gray")
    plt.show()
```

上述代码构建了一个用于图像修复任务的数据集，在__getitem方法中，我们生成了一个边长是图片边长的1/3大小的马赛克方块，然后在图片中选择了一个随机的位置进行粘贴，这样就实现了图片的遮挡，而图片修复的任务就是要将被遮挡的区域还原出来。

在对图片进行了遮盖之后，模型训练难度会变大，代码中的FixData可以直接输入8.2.4节的训练代码中进行训练，训练之后的结果如图8-8所示。

图8-8 图像修复结果1

上面的图片还有明显的遮挡印迹，继续迭代更多次数之后，效果有所改善，如图8-9所示。

图8-9 图像修复结果2

从图 8-9 中可以看到，除部分图片仍然有明显遮挡印迹外，其余图片中的遮挡部分已经被很好地修复了。

8.3 小结

本章以图像压缩为题，介绍了在深度学习领域应用广泛的 AutoEncoder 和 GAN，希望读者在学习了本章内容后，可以了解到以下知识点：

- AutoEncoder 的原理；
- GAN 模型的构建逻辑；
- AutoEncoder 和 GAN 的结合训练思路。

第 9 章

不定长文本识别

本书在第 4 章介绍了如何使用神经网络完成验证码识别任务，当时采取的是多标签分类的方法。这种方法对定长验证码的识别效果尚可，但是如果验证码中包含的字符数量不确定，也就是标签数量不确定时，就无法使用多标签分类的方法来解决了。

本章我们将介绍图像识别领域的一种分类任务：不定长文本识别。在这类任务中，识别的目标是类似于序列的长条形图片，我们将会使用到自然语言处理和时间序列预测任务中常用的循环神经网络算法。

本章项目的目录如下：

```
.
├── config.py           ----    参数配置文件
├── data.py             ----    数据加载
├── sin_series.py       ----    拟合正弦曲线
├── time_rnn.py         ----    时间序列模型
├── time_series.py      ----    时间序列预测
├── train.py            ----    训练识别模型
├── demo.py             ----    结果展示
```

9.1 循环神经网络概述

在使用循环神经网络前，我们先简单地介绍一下循环神经网络的三种常见结构。因为循环神经网络的计算方式与卷积网络差异较大，了解原理可以减少读者搭建模型时的疑惑。

1. RNN

RNN 最早在 1990 年由 Elman 提出，最初的模型结构非常简单。如图 9-1 所示，左边是 RNN 的基本单元结构，右边是把基本单元结构展开之后的结果，能更清晰地展示计算过程。

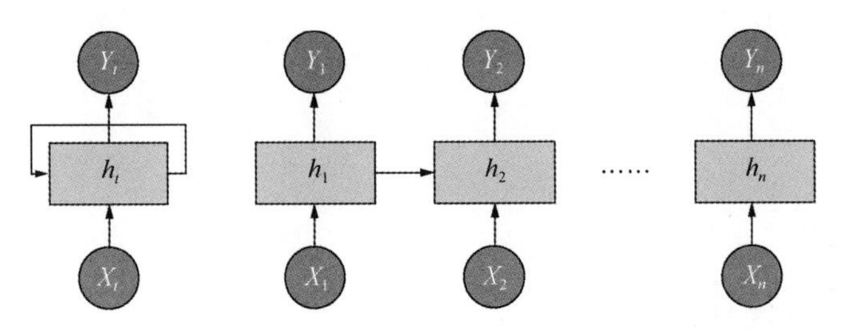

图 9-1　Elman RNN 示意图

其中的隐藏层 h_t 定义了整个系统的状态空间，这个状态会从第一次循环一直传递到最后一次循环，计算公式为：

$$h_t = f_H(o_t)$$

其中 $o_t = w_{ih}x_t + w_{hh}h_{t-1} + b_h$，而 $y_t = f_o(w_{ho}h_t + b_o)$。

这种从前往后一次次循环的计算方式使得越靠前的输入对最终结果的影响越小，越靠后的输入对最终结果影响越大。在文本长度很长的时候，比较靠前的句子信息很难传递到最终结果，因此这个性质限制了 RNN 的发展。

2. LSTM

LSTM（long short-term memory）由 Hochreiter 和 Schmidhuber 在 1997 年提出，旨在解决上面提到的 RNN 长期依赖的问题，使循环神经网络能够记住更长时间的信息。

LSTM 也是重复的链条结构，但其内部有 4 个隐藏层，并且通过门控机制进行交互，使得 LSTM 单元可以选择性地让信息通过，从而减少长时间序列的信息损失。

3. GRU

GRU 是 2014 年 Cho 在提出用于机器翻译的 Sequence2Sequence 模型时提出的，是 LSTM 的变体，也是目前比较流行的 RNN 结构。

在上述 3 个网络结构中，LSTM 的拟合能力最强，也最为常用。RNN 在实际项目中已经很少见了，为了兼顾性能和训练速度，本章的实例都将以 GRU 为例进行展示。

9.2　时间序列预测

在介绍不定长文本识别之前，我们先通过一个简单的例子看一下 RNN 对序列型数据建模的常规方法。这里介绍的是 RNN 的时间序列预测，是一个回归问题，与 CNN 一样，RNN 也可以解决回归问题，而从分类问题转换成回归问题，只需修改输出结点数量和损失函数即可（另外注意回归问题通常要对数据进行归一化）。RNN 中最典型的回归问题就是时间序列预测。

9.2.1 创建模型

我们选择一个简单的正弦波曲线作为时间序列预测的训练数据，训练一个能够总结正弦波规律的模型。

首先需要创建一个用于时间序列预测的循环神经网络模型，相关代码如下：

```
# time_rnn.py
from torch import nn

class TimeRNN(nn.Module):
    def __init__(
        self, input_size, hidden_size=32, num_classes=1, num_layers=2, pad_idx=0
    ):
        super(TimeRNN, self).__init__()
        # 此处也可选择 nn.rnn 作为基础模型
        self.rnn = nn.GRU(input_size, hidden_size, num_layers)
        self.fc = nn.Linear(hidden_size, num_classes)

    def forward(self, x):
        out, _ = self.rnn(x)
        out = self.fc(out[-1])
        return out
```

上述代码以 GRU 为网络的基本单元，模型会取循环神经网络的最后一个输出值，经过线性层转换得到最终的输出结果。

因为正弦波的单时刻点只有一个值，所以 `input_size` 为 `1`。`hidden_size` 可以自己定，一般来说，`hidden_size` 越大，模型的表达能力越强，但是也更容易发生过拟合，在这个模型中，`32` 已经足够用了。

9.2.2 生成数据

创建完模型之后，还需要生成数据，生成数据代码如下：

```
# sin_series.py
import numpy as np
import matplotlib.pyplot as plt
from tqdm import tqdm
from torch.utils.data import Dataset, DataLoader
from time_rnn import TimeRNN
from torch import nn
```

```
import torch

# 生成样本
sample_num = 1000
window_size = 50
data_x = np.linspace(0, sample_num, 1000) / 2
data_y = np.sin(data_x)

# 整理样本数据
class SinData(Dataset):
    def __init__(self, data, window_size=window_size):
        self.data = data
        self.window_size = window_size

    # 通过滑窗的方式提取数据
    def __getitem__(self, index):
        x = self.data[index : index + self.window_size].reshape(-1, 1)
        y = self.data[index + self.window_size].reshape(-1, 1)
        return x, y

    def __len__(self):
        return len(self.data) - self.window_size

d = SinData(data_y)
dl = DataLoader(d, batch_size=4, shuffle=True)

# 展示图片
def show_data():
    plt.figure()
    for x, y in dl:
        # 以线型绘制 x
        for arr in x.cpu().data.numpy():
            plt.plot(arr)
        # 以散点绘制 y
        plt.scatter(
            [x.shape[1] for i in range(x.shape[0])],
            y.data.numpy(),
            color="black",
        )
        break
    plt.show()
```

上述代码建立了正弦数据集，可以通过取下标的方式抽取其中长度为 windows_size 的一段数据。在 show_data 函数中，抽取了第一个批次的数据进行展示，结果如图 9-2 所示，显示的是生成的数据集中的 x 和 y 之间的关系。

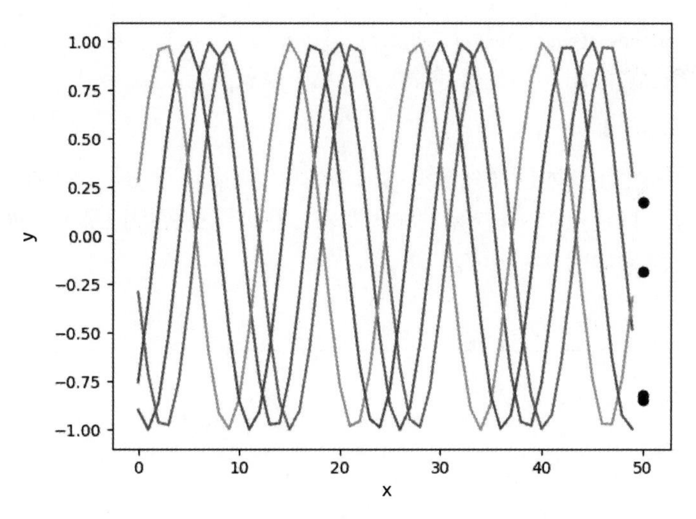

图 9-2 正弦曲线数据展示（另见彩插）

我们共绘制了 4 对 x 和 y，左边的曲线是 x 右边的黑点是 y，这个模型的目的就是通过左边的 x 值预测下一个时间点的 y 值。

9.2.3 模型训练

下面就可以开始训练模型了，以下是正弦时间序列模型的预测代码：

```
# sin_seris.py
def train():
    net = TimeRNN(1).cuda()
    criteron = nn.MSELoss()
    optimizer = torch.optim.Adam(net.parameters(), lr=0.01)
    dl = DataLoader(d, batch_size=100, shuffle=False)
    loss_curve = []
    # 这个模型拟合非常容易，所以这里刻意少训练几个 epoch，方便查看预测效果
    for i in range(5):
        epoch_loss = 0.0
        for x, y in tqdm(dl):
            x = x.cuda()
            y = y.cuda()
            # 维度转换
            x = x.permute(1, 0, 2).float()
            y = y.float()
            optimizer.zero_grad()
            out = net(x)
            loss = criteron(out, y.squeeze(2))
            loss.backward()
            optimizer.step()
            epoch_loss += loss.item()
        print("epoch_loss", epoch_loss / len(dl))
```

```
        loss_curve.append(epoch_loss / len(dl))
    plt.plot(loss_curve)
    plt.show()
    return net
```

上述代码实现了一个正弦时间序列模型的训练过程，需要注意的是，在输入模型之前，需要对 x 的维度进行转换，以适应 RNN 模型的输入要求。在训练过程中记录下了损失的变化过程，并进行了曲线绘制，结果如图 9-3 所示。

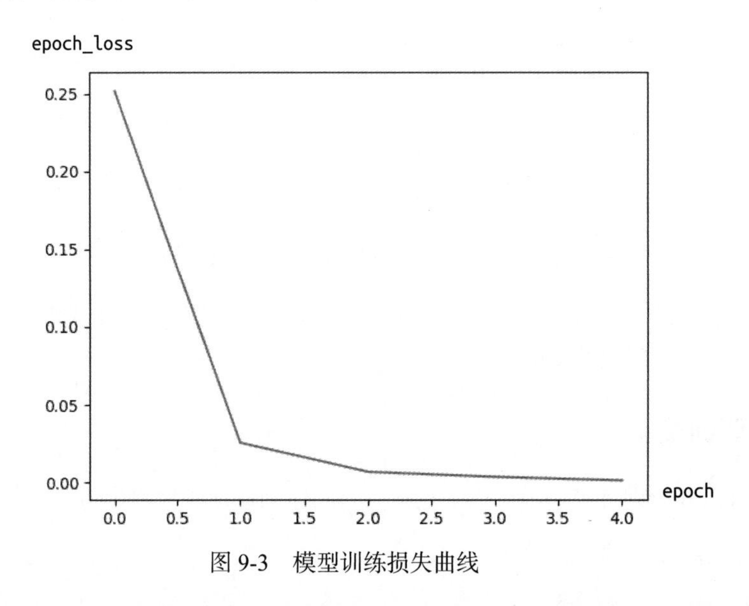

图 9-3　模型训练损失曲线

从图 9-3 中可以看到，模型收敛很快，仅仅 5 个 epoch 之后，就获得了较低的损失。在这里模型还可以继续优化，但是继续训练下去模型的预测值会与真实值完全重合，为了展示预测值与真实值之间的差距，这里刻意地没有把模型训练到位。

9.2.4　模型预测

训练之后，可以对模型的预测结果进行展示，模型预测代码如下：

```
# sin_series.py
# 展示预测结果
def show_result(net, data):
    window_size = 50
    init_input = (
        torch.from_numpy(data_y[:window_size]).view(-1, 1, 1).float().cuda()
    )
    outputs = []
    # 逐步以预测值代替输入值
    for i in range(len(data) - window_size - 800):
        output = net(init_input)
```

```
            outputs.append(output)
            init_input[0 : window_size - 1, :, :] = init_input[1:window_size, :, :]
            init_input[window_size - 1, :, :] = output
    plt.figure(figsize=(24, 8))
    plt.plot(outputs, color="g")
    plt.plot(data[: len(data) - window_size - 800], color="r")

    plt.show()

if __name__ == "__main__":
    # show_data()
    net = train()
    show_result(net, data_y)
```

上述代码逐步使用预测值替代了原有的真实值，也就是每次输入 50 个数值，得到一个预测值，然后把这个预测值加到输入数据的末尾，并删除输入数据的第一个值，按这样的预测流程得到的预测结果如图 9-4 所示。

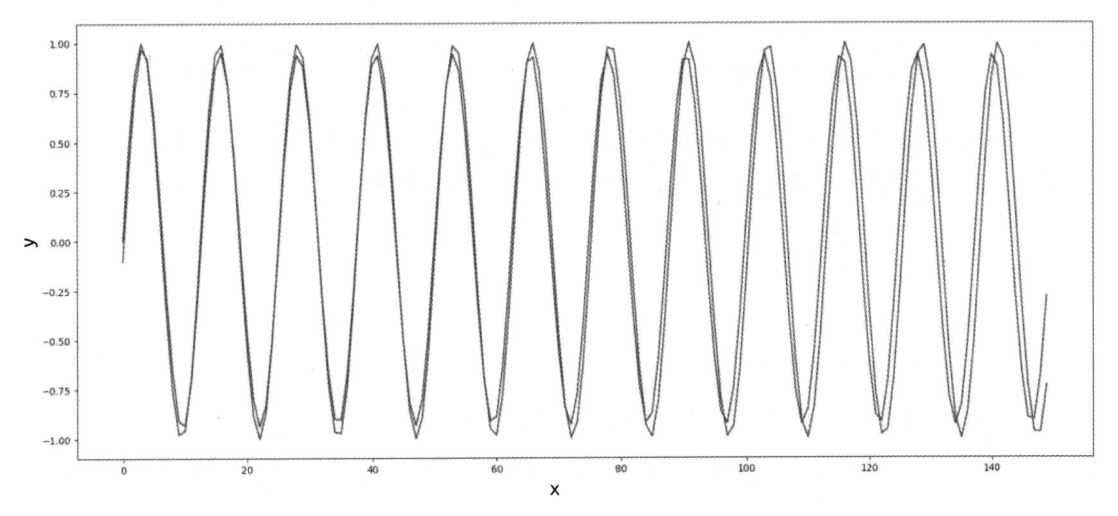

图 9-4　正弦曲线预测曲线（另见彩插）

从图 9-4 中可以看出，模型预测出来的正弦曲线已经非常接近真的正弦曲线了。

9.3　CRNN 模型

本节来介绍一下 CRNN 模型。

9.3.1　CRNN 算法简介

与一般的时间序列预测不同，CRNN 中的循环神经网络取整个输出序列作为结果，而非取最后一个输出值，其计算流程如图 9-5 所示。

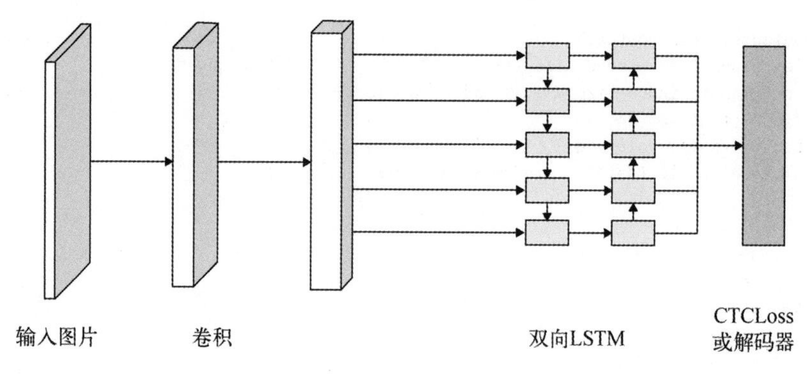

图 9-5　CRNN 结构示意图

CRNN 算法的训练流程如下。

- 输入图片为文本序列，一般是长条形图片，经过卷积层计算之后得到序列特征。
- 将序列特征输入 RNN 模型进行计算，得到输出序列。
- 计算输出序列与图片标签之间的 `CTCLoss` 值，再进行反向传播，更新参数。

CRNN 的预测流程与训练过程稍有不同，需要经过解码器处理才能得到识别结果。解码器的规则是：相邻结果如果是同一个字符则合并，如果是空格则略过。

9.3.2　CTCLoss 函数

`CTCLoss` 函数是 CRNN 中实现不定长序列预测的关键，`CTCLoss` 扩展了标签集，在标签集中添加了一个 `blank` 标签，`CTCLoss` 可以通过映射函数将原始预测序列转换为真实序列的预测序列，这个映射过程是多对一的映射，即一个预测序列可能对应着多个原始预测序列。

在训练过程中，`CTCLoss` 会最大化所有的正确原始序列的概率和，整个过程无须进行标签对齐。

本项目中使用的 `CTCLoss` 来自 PyTorch 的 `CTCLoss` 函数，其输入格式较为复杂，下面将对模型的输入做简单介绍。

`CTCLoss` 的输入参数主要有 4 个：`log_probs`、`targets`、`input_lengths` 和 `target_lengths`。它们的作用如下。

- **`log_probs`**：模型预测结果，尺寸为(T, N, C) 其中 T 为输入的序列长度，N 为样本数量（`batch_size`），C 为类别数量（包含 `blank`）。注意 `log_probs` 是经过 `torch.nn.functional.log_softmax` 计算得到的结果。

- **targets**：样本标签，尺寸为(N, S)或者 sum，如果尺寸是(N, S)，则其中 N 为样本数量（batch_size），S 为每个样本对应的标签序列的长度（需要补齐到相同长度）。如果尺寸是 sum，则 sum 代表样本标签的总长度，这种情况下 targets 由所有样本的标签首尾顺序拼接而成。
- **input_lengths**：预测序列长度，尺寸为 N（N为样本数量 batch_size）。
- **target_lengths**：每个样本的标签长度，尺寸为 N（N为样本数量 batch_size）。

了解了以上内容后就要开始构建 CRNN 模型了，在构建和训练模型之前，需要先设置模型的相关参数，参数如下：

```
import torch
# 运算设备
device = torch.device("cuda:0") if torch.cuda.is_available() else torch.device("cpu")
# 图片中可能出现的字母列表
char_list = ["0", "1", "2", "3", "4", "5", "6", "7", "8", "9", "a", "b",
             "c", "d", "e", "f", "g", "h", "i", "j", "k", "l", "m", "n",
             "o", "p", "q", "r", "s", "t", "u", "v", "w", "x", "y", "z"]

# 调试模型时可以使用更短的 char_list
# char_list = ["0","1"]

# 模型保存地址
ckpt = "models/crnn.pth"
# 批处理数量
batch_size = 64
```

9.3.3 模型结构

CNN 部分是由“卷积+BatchNorm+ReLU”组合搭建的序列网络。输入为高度是 32 像素的长条形图片，输出为高度是 1 像素的特征图。

RNN 部分采用双层双向 LSTM 拼接而成。

模型搭建代码如下：

```
# model.py
from torch import nn
import torch.nn.functional as F

# 双向的 GRU 模型，如果想提高精度可以换成 LSTM
class BidirectGRU(nn.Module):
    def __init__(self,input_size,hidden_size,output_size):
        super(BidirectGRU,self).__init__()
        self.rnn = nn.GRU(input_size,hidden_size,bidirectional=True)
        self.fc = nn.Linear(hidden_size*2,output_size)
```

```
    def forward(self, x):
        r,_ = self.rnn(x)
        t,b,h = r.size()
        x = r.view(t * b,h)
        out = self.fc(x)
        return out.view(t,b,-1)

# 两层 GRU
class R(nn.Sequential):
    def __init__(self,input_size,hidden_size,output_size):
        super(R, self).__init__(
            BidirectGRU(input_size,hidden_size,hidden_size),
            BidirectGRU(hidden_size,hidden_size,output_size)
        )

# 卷积+BatchNorm+ReLU 是常见的组合，将其定义为基本单元可以简化模型搭建过程
# 通过 bn 参数可以切换有 BatchNorm 和无 BatchNorm 两种模式
class ConvBNReLU(nn.Sequential):
    def __init__(self,in_channels,out_channels,kernel_size=3,stride=1,
                 padding=1,bn = False):
        if bn:
            super(ConvBNReLU,self).__init__(
                nn.Conv2d(in_channels,out_channels,kernel_size,stride,padding),
                nn.BatchNorm2d(out_channels),
                nn.ReLU(inplace=True)
            )
        else:
            super(ConvBNReLU,self).__init__(
                nn.Conv2d(in_channels,out_channels,kernel_size,stride,padding),
                nn.ReLU(inplace=True)
            )


# CRNN 的 CNN 部分，目的是将长条形图片的高度压缩为 1
class C(nn.Sequential):
    def __init__(self,height,in_channels):
        super(C,self).__init__()
        cs = [1,64,128,256,256,512,512,512]
        ps = [1,1,1,1,1,1,0]
        ks = [3,3,3,3,3,3,2]
        cnn = nn.Sequential()
        for i in range(7):
            if i in [0,1,2,3,6]:
                cnn.add_module("conv{}".format(i),
                               ConvBNReLU(cs[i],cs[i+1],ks[i],1,ps[i]))
            if i in [4,5]:
                cnn.add_module("conv{}".format(i),
                               ConvBNReLU(cs[i],cs[i+1],ks[i],1,ps[i],bn = True))
            if i in [0, 1]:
                cnn.add_module("pool{}".format(i), nn.MaxPool2d(2, 2))
            if i in [3, 5]:
                cnn.add_module("pool{}".format(i), nn.MaxPool2d(2, (2,1),(0,1)))
        self.cnn = cnn
```

```
    def forward(self, x):
        return self.cnn(x)

# CRNN 主题结构, CNN 和 RNN 中间需要进行形状变换
class CRNN(nn.Module):
    def __init__(self,height,in_channels,input_size,hidden_size,output_size):
        super(CRNN,self).__init__()
        self.cnn = C(height,in_channels)
        self.rnn = R(input_size,hidden_size,output_size)

    def forward(self, x):
        conv = self.cnn(x)
        conv = conv.squeeze(2)
        conv = conv.permute(2,0,1)
        output = self.rnn(conv)
        return F.log_softmax(output,dim = 2)

if __name__ == "__main__":
    import torch
    net = CRNN(32,1,512,256,36)
    print(net)
    x = torch.randn(1,1,32,100)
    out = net(x)
    print(out.shape)
```

上述代码搭建了 CRNN 网络并进行了简单的测试，CRNN 网络由 CNN 和 RNN 组成，分别定义为 C 类和 R 类，其中：

- C 类由多个 `ConvBNReLU` 模块和最大池化层堆叠而成，因为 `CTCLoss` 中的原始预测序列长度不能低于标签长度，所以上述代码中对 CRNN 原始论文中的最大池化层的步长做了修改；
- R 类使用了两层的双向 GRU，在对精度要求较高或者字符种类较多（如中文识别）的场景下，可以使用 LSTM 替代 GRU。

9.3.4 数据预处理

颜色并不会影响文字的含义，一般在训练和推理时，要输入灰度图片。但是，不同颜色灰度处理后颜色的深浅不同，因此训练时可以在训练数据中添加对比度、饱和度之类的颜色处理，推理时需要提高图片的对比度。

由于 EAST 模型的预测结果为倾斜矩形，而长文本行对倾斜矩形的角度要求较高，所以为了避免角度预测不够准确带来的识别误差，在训练识别模型时，也需要对训练数据做一定的旋转处理。

数据处理代码如下：

```
# data.py
from captcha.image import ImageCaptcha,WheezyCaptcha
from torch.utils.data import Dataset,DataLoader
from torchvision import transforms
import torch
from PIL import Image
import numpy as np
from config import char_list,batch_size


class CaptchaData(Dataset):
    def __init__(self, char_list, num=100):
        self.char_list = char_list
        self.char2index = {
            self.char_list[i]: i for i in range(len(self.char_list))
        }

    def __getitem__(self, index):
        # 生成随机长度的字符串
        chars = ""
        for i in range(np.random.randint(1,10)):
            chars+= self.char_list[np.random.randint(len(char_list))]
        # 把字符串转换成图片
        image = ImageCaptcha(width = 40 * len(chars),height = 60).generate_image(chars)
#         image = WheezyCaptcha(width = 60 * len(chars),height = 60).generate_image(chars)
        # 把图片和标签转成 Tensor
        chars_tensor = self._numerical(chars)
#         image_tensor = self._totensor(image)
        return image, chars_tensor

    def _numerical(self, chars):
        # 标签字符转 ID
        chars_tensor = torch.zeros(len(chars))
        for i in range(len(chars)):
            chars_tensor[i] = self.char2index[chars[i]] + 1
        return chars_tensor

    def _totensor(self, image):
        # 图片转 Tensor
        return transforms.ToTensor()(image)

    def __len__(self):
        # 必须指定 Dataset 的长度
        return 10000

class resizeNormalize(object):

    def __init__(self, size, interpolation=Image.BILINEAR):
        self.size = size
        self.interpolation = interpolation
        # 图像增强方式
        self.transform = transforms.Compose([
            transforms.ColorJitter(),
            transforms.RandomRotation(degrees=(0,5)),
            transforms.ToTensor()
        ])
```

```
    def __call__(self, img):
        img = img.resize(self.size, self.interpolation)
        img = self.transform(img)
        # 图片归一化
        img.sub_(0.5).div_(0.5)
        return img

class alignCollate(object):
    def __init__(self, imgH=32, imgW=100, keep_ratio=False, min_ratio=1):
        self.imgH = imgH
        self.imgW = imgW
        self.keep_ratio = keep_ratio
        self.min_ratio = min_ratio

    def __call__(self, batch):
        images = [b[0].convert("L") for b in batch]
        labels = [b[1] for b in batch]

        imgH = self.imgH
        imgW = self.imgW
        # 是否保持比例
        if self.keep_ratio:
            # 如果设置 keep_ratio=True，那么会将所有图片缩放到同一尺寸

            ratios = []
            for image in images:
                w, h = image.size
                ratios.append(w / float(h))
            ratios.sort()
            max_ratio = ratios[-1]
            imgW = int(np.floor(max_ratio * imgH))
            imgW = max(imgH * self.min_ratio, imgW)
        # 图像增强
        transform = resizeNormalize((imgW, imgH))
        images = [transform(image) for image in images]
        images = torch.cat([t.unsqueeze(0) for t in images], 0)

        return images, labels

# 建立 Dataset 和 DataLoader
data = CaptchaData(char_list)
c = alignCollate()
train_dl = DataLoader(data,batch_size = batch_size,collate_fn = c,num_workers=4)
test_dl = DataLoader(data,batch_size=batch_size * 2,collate_fn=c,num_workers=4)
```

上述代码实现了以下 4 个功能。

(1) 在 `CaptchaData` 中使用 `captcha` 随机生成不定长的验证码图片。

(2) 在 `resizeNormalize` 中对图片进行数据增强。

(3) 在 `alignCollate` 中对每个批次的数据进行整理，便于批量训练。

(4) 将数据整合成 `DataLoader`。

注意，由于每条数据都是随机生成的，几乎不会重复，所以在这个项目中，无须显式地定义训练集和验证集，train_dl 和 test_dl 可以共用一个 data 实例。

9.3.5 模型训练

在训练和预测过程中，CRNN 算法还有一个特殊的步骤：解码。一般分类模型解码只需使用 torch.argmax 求出最大值的 index 即可，而在 CRNN 中，输出序列中有很多 blank 和重复值，这些都要删掉。因此需要有一个解码器对输出序列进行处理。

注意：在 GPU 计算模式下，targets 只能使用首尾相接的拼接方式，input_lengths 中的所有样本长度必须为 T，blank 必须为 0，target_lengths 必须小于 256，其中的整型参数必须使用 torch.int32 类型。

blank 为 0 的规定使得我们必须在计算 CTCLoss 之前对样本标签值进行移位。例如 a、b、c 原本对应的标签分别为 0、1、2，但是因为 blank 必须为 0，所以我们需要把 a、b、c 的标签修改为 1、2、3，才能计算 CTCLoss。在模型推理过程中，需要把预测结果的 index 值减 1，方可映射到正确的字符。

模型训练代码如下：

```
# train.py
from model import CRNN
from data import train_dl,test_dl,char_list
import torch
from torch import nn,optim
from tqdm import tqdm
from config import device,ckpt
import os.path as osp

# 初始化模型
net = CRNN(32,1,512,256,len(char_list)+1)

class strLabelConverter(object):

    def __init__(self, alphabet):
        self.alphabet = alphabet + 'ç'

    def encode(self, labels):
        length = []
        result=[]
        # 记录每条标签的长度
        for label in labels:
            length.append(len(label))
            for index in label:
               result.append(index.item()) # 0 代表 blank
        text = result
        return (torch.IntTensor(text), torch.IntTensor(length))
```

```
    def decode(self, t, length):
        # 解码，去除blank和重复字符
        char_list = []
        for i in range(length):
            if t[i] != 0 and (not (i > 0 and t[i - 1] == t[i])):
                char_list.append(self.alphabet[t[i] - 1])
        return ''.join(char_list)

# 初始化转换器
converter = strLabelConverter("".join(char_list))

def train():
    net.to(device)
    optimizer = optim.Adam(net.parameters(),lr = 1e-3)
    criterion = nn.CTCLoss(reduction='sum') # ,zero_infinity=True)
    # 检查是否有预训练模型
    # 如果有的话，加载模型以及预训练模型的损失
    if osp.exists(ckpt):
        c = torch.load(ckpt)
        net.load_state_dict(c['state_dict'])
        best_loss = c['best_loss']
    else:
        best_loss = 1e9

    # 开始训练
    for m in range(100):
        epoch_loss = 0.0
        # 训练
        for n,(image,label) in tqdm(enumerate(train_dl),total=len(train_dl)):
            optimizer.zero_grad()
            image = image.to(device)
            out = net(image)
            text,lengths = converter.encode(label)
            pred_lengths = torch.IntTensor([out.size(0)] * out.shape[1])
            loss = criterion(out,text,pred_lengths,lengths)
            loss.backward()
            optimizer.step()
            epoch_loss += loss.item()
        epoch_loss /= len(train_dl.dataset)
        print(epoch_loss)
        val_loss = 0.0
        # 在无梯度模式下验证模型
        with torch.no_grad():
            for m,(image,label) in tqdm(enumerate(test_dl),total=len(test_dl)):
                image = image.to(device)
                out = net(image)
                text, lengths = converter.encode(label)
                pred_lengths = torch.IntTensor([out.size(0)] * out.shape[1])
                loss = criterion(out, text, pred_lengths, lengths)
                val_loss += loss.item()
        val_loss /= len(test_dl.dataset)
        print(val_loss)
        # 如果模型获得更优的效果则保存下来
```

```
        if val_loss < best_loss:
            best_loss = val_loss
            torch.save({"state_dict":net.state_dict(),
                        "best_loss":best_loss},ckpt)

if __name__ == "__main__":
    train()
```

上述代码首先定义了 strLabelConverter 类，类中包含了 encode 和 decode 方法：在 encode 中对标签进行了处理，使之符合 CTCLoss 的输入格式；decode 的作用是将原始预测标签序列转化为标签序列。

训练过程与常规模型相似，需要注意的是，pred_lengths 需要根据模型输出结果进行手动构建。

9.3.6　模型预测

在模型训练完成之后，就可以加载模型进行验证码识别了，模型预测代码如下：

```
# demo.py
from torchvision import transforms
import torch
import numpy as np

from data import test_dl
import matplotlib.pyplot as plt
from config import device,ckpt,char_list
from train import converter,net

if __name__ == "__main__":
    # 加载模型参数
    params = torch.load(ckpt)
    net.load_state_dict(params['state_dict'])
    print("current loss: {}".format(params['best_loss']))

    net.to(device)

    # 用于绘制九宫格的参数
    col = 0
    row = 1
    # 使用测试集中的数据进行测试
    for d in test_dl.dataset:
        img = d[0].convert("L")
        h,w = img.size
        img = img.resize((int(h*(32/w)),32))
        img_tensor = transforms.ToTensor()(img).unsqueeze(0)
        label = d[1].int()
        label = [char_list[i - 1] for i in label]
        # 模型预测
        preds = net(img_tensor.to(device))
```

```
        # 处理输出结果
        _, preds = preds.max(2)
        preds = preds.transpose(1, 0).contiguous().view(-1)
        preds_size = torch.IntTensor([preds.size(0)])
        # 解码
        sim_pred = converter.decode(preds.data, preds_size.data)
        # 绘图
        plt.subplot(330 + col + 1)
        plt.title("".join(sim_pred))
        plt.imshow(np.array(img))
        col += 1
        if col == 9:
            break
    plt.show()
```

上述代码加载预训练模型之后进行了预测，并将结果绘制成了九宫格，结果如图 9-6 所示。

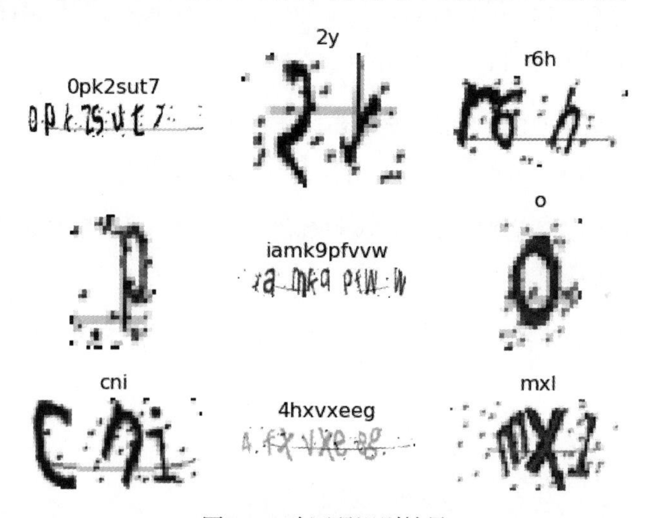

图 9-6 验证码识别结果

上述图片对应的损失为 1.7，就验证码识别任务来说，精度已经可以接受了，因为本项目的数据集足够大（随机生成的数据集几乎不会重复），继续训练可以得到更好的效果。

9.4 小结

本章以不定长文本识别为例，介绍了循环神经网络在图像识别领域的应用，希望读者在学习了本章内容后，可以了解到以下知识点：

- 循环神经网络的工作原理；
- 循环神经网络的训练方法；
- 卷积神经网络和循环神经网络搭配使用的技巧。

第 10 章

神经网络压缩与部署

随着深度学习的发展，算法变得越来越复杂，模型参数越来越多，对硬件的性能要求也越来越高。GPU 的价格也在逐年攀升，模型使用的成本随之增加。

在这种情况下，模型压缩技术变得越来越热门。模型压缩主要是为了提高推理速度，降低参数数量和运算量。主要关注点有两个，一个是尺寸，一个是速度。

现行主流的模型压缩方法有两大类：剪枝和量化。剪枝的目的是减少参数量和运算量，量化的目的是压缩每个数据的资源占用量。

下面以 CIFAR-10 作为样例，展示如何进行剪枝和量化工作。本章项目的目录如下：

```
.
├── api.py              ----    服务接口
├── api_request.py      ----    访问示例
├── base_train.py       ----    训练基础模型
├── config.py           ----    配置文件
├── data.py             ----    数据加载
├── model.py            ----    模型定义
├── prune.py            ----    模型剪枝
├── retrain.py          ----    重新训练
├── sparsify_train.py   ----    稀疏化训练
└── weight_quantize.py  ----    权重量化
```

10.1 剪枝

剪枝即剪去神经网络模型中不重要的网络连接，本章使用的剪枝方式为通道剪枝，即在训练过程中逐步将权重较小的参数置零，然后将全为 0 的通道剪除。

剪枝有一个大前提：模型结构和参数冗余。对于 MobileNet 这种已经简化过的轻量级网络来说，剪枝的效果不算大。

下面介绍一下如何对 CIFAR 分类的 VGG-11 网络进行剪枝，剪枝过程可以参考 Han 在 2015 年发表的论文。

剪枝之前先要进行多轮稀疏化训练，稀疏化训练的流程如图 10-1 所示。

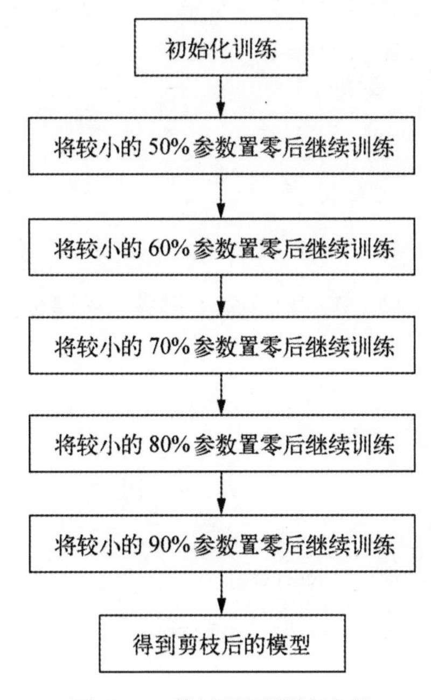

图 10-1　剪枝的预训练流程

10.1.1　模型设计

模型结构选择与第 3 章中 VGG 比较接近的结构，但是需要做一点点修改，以便在压缩模型之后修改通道。使用 VGG 的原因是 VGG 中没有 shortcut 结构，剪枝过程比较直观。

开始前需要设定一些与剪枝相关的参数：

```
# config.py
import torch

# 训练初始模型时的学习率
init_epoch_lr = [(10, 0.01), (20, 0.001), (20, 0.0001)]
# 每次稀疏化的参数占比
SPARISITY_LIST = [50, 60, 70, 80, 90]

# 稀疏化之后，微调模型的分阶段 epoch 数量和对应的学习率
finetune_epoch_lr = [
    # 50
    [(3, 0.01),(3, 0.001), (3, 0.0001)],
```

```
    # 60
    [(6, 0.01),(6, 0.001), (6, 0.0001)],
    # 70
    [(9, 0.01),(9, 0.001), (9, 0.0001)],
    # 80
    [(12, 0.01),(12, 0.001), (12, 0.0001)],
    # 90
    [(20, 0.01),(20, 0.001), (20, 0.0001)],
]
# 模型保存目录
CHECKPOINT = "/data/chapter_seven"
# 批次数量
BATCH_SIZE = 128

device = torch.device("cuda:0") if torch.cuda.is_available() else torch.device("cpu")
```

参数设定好之后，便可以参照 CIFAR-10 分类任务来构建模型，下面是 VGG 网络模型的构建代码：

```
# model.py
from torch import nn

class VGG_prunable(nn.Module):
    def __init__(self, cfg):
        super(VGG_prunable, self).__init__()
        self.features = self._make_layers(cfg)
        # 便于使用 cfg 配置线性层的通道数量
        self.classifier = nn.Linear(cfg[-2], 10)

    def _make_layers(self, cfg):
        layers = []
        in_channels = 3
        for x in cfg:
            if x == "M":
                layers += [nn.MaxPool2d(kernel_size=2, stride=2)]
            else:
                layers += [
                    Conv2D(True, in_channels=in_channels, out_channels=x, kernel_size=3, padding=1),
                    nn.BatchNorm2d(x),
                    nn.ReLU(inplace=True),
                ]
                in_channels = x
        layers += [nn.AvgPool2d(kernel_size=1, stride=1)]
        return nn.Sequential(*layers)

    def forward(self, x):
        out = self.features(x)
        out = out.view(out.size(0), -1)
        out = self.classifier(out)
        return out

def VGG_11_prune(cfg=None):
    if cfg is None:
        cfg = [64, "M", 128, "M", 256, 256, "M", 512, 512, "M", 512, 512, "M"]
    return VGG_prunable(cfg)
```

这里利用 VGG_11_prune 函数调整通道列表，可以构建不同的 VGG 模型。与第 3 章搭建 VGG 模型的代码不同，本章 VGG 的 classifier（包含一个线性层）的输入通道数量会根据 cfg 列表变动，方便后续在剪枝的过程中修改通道数量。

10.1.2 训练基础模型

在数据加载部分，我们直接使用 PyTorch 提供的 CIFAR-10 数据加载接口。数据加载代码如下：

```
# data.py
import torchvision
from torchvision import transforms
import torch
from config import BATCH_SIZE

# 训练集的数据增强方式
transform_train = transforms.Compose(
    [
        transforms.RandomCrop(32, padding=4),
        transforms.RandomHorizontalFlip(),
        transforms.ToTensor(),
        transforms.Normalize((0.4914, 0.4822, 0.4465), (0.2023, 0.1994, 0.2010)),
    ]
)
# 验证集的数据增强方式
transform_test = transforms.Compose(
    [transforms.ToTensor(), transforms.Normalize((0.4914, 0.4822, 0.4465), (0.2023, 0.1994, 0.2010))]
)
# 加载数据
trainset = torchvision.datasets.CIFAR10(root="/data/cifar10", train=True, download=True,
transform=transform_train)
trainloader = torch.utils.data.DataLoader(trainset, batch_size=BATCH_SIZE, shuffle=True,
num_workers=2)

testset = torchvision.datasets.CIFAR10(root="/data/cifar10", train=False, download=True,
transform=transform_test)
testloader = torch.utils.data.DataLoader(testset, batch_size=BATCH_SIZE, shuffle=False,
num_workers=2)
```

上述代码直接使用了 PyTorch 中的 torchvision.datasets.CIFAR10 函数加载 CIFAR-10 数据集，并在加载数据的过程中使用了随机裁剪（transforms.RandomCrop）和随机翻转（transforms.RandomHorizontalFlip）两种数据增强手段。

在进行剪枝之前，需要有一个训练好的模型，训练代码如下：

```
# base_train.py
from config import device, CHECKPOINT, init_epoch_lr
from data import trainloader, trainset, testloader, testset
from model import VGG_11_prune
```

```
import torch
from torch import optim
# PyTorch 1.1.0 以上版本才有自带的 TensorBoard，较低版本可以使用单独安装的 TensorBoard
from torch.utils.tensorboard import SummaryWriter
import os

# 训练一个 epoch
def train_epoch(net, optimizer, criteron):
    epoch_loss = 0.0
    epoch_acc = 0.0
    for j, (img, label) in enumerate(trainloader):
        img, label = img.to(device), label.to(device)
        out = net(img)
        optimizer.zero_grad()
        loss = criteron(out, label)
        loss.backward()
        optimizer.step()
        pred = torch.argmax(out, dim=1)
        acc = torch.sum(pred == label)
        epoch_loss += loss.item()
        epoch_acc += acc.item()

    epoch_acc /= len(trainset)
    epoch_loss /= len(trainloader)
    print("Epoch loss : {:8f}  Epoch accuracy : {:8f}".format(epoch_loss, epoch_acc))
    return epoch_acc, epoch_loss, net

# 验证一个 epoch
def validation(net, criteron):
    with torch.no_grad():
        test_loss = 0.0
        test_acc = 0.0
        for k, (img, label) in enumerate(testloader):
            img, label = img.to(device), label.to(device)
            out = net(img)
            loss = criteron(out, label)
            pred = torch.argmax(out, dim=1)
            acc = torch.sum(pred == label)
            test_loss += loss.item()
            test_acc += acc.item()
        test_acc /= len(testset)
        test_loss /= len(testloader)
        print("Test loss : {:8f}  Test accuracy : {:8f}".format(test_loss, test_acc))
    return test_acc, test_loss

# 训练初始模型
def init_train(net):
    if os.path.exists(os.path.join(CHECKPOINT, "best_model.pth")):
        saved_model = torch.load(os.path.join(CHECKPOINT, "best_model.pth"))
        net.load_state_dict(torch.load(os.path.join(CHECKPOINT, "best_model.pth"))["net"])
        # 如果已有的模型准确率大于 0.9，则不再训练
        if saved_model["best_accuracy"] > 0.9:
            print(" break init train ... ")
            return
        best_accuracy = saved_model["best_accuracy"]
        best_loss = saved_model["best_loss"]
```

```
    else:
        best_accuracy = 0.0
        best_loss = 10.0
    writer = SummaryWriter("logs/")
    criteron = torch.nn.CrossEntropyLoss()

    for i, (num_epoch, lr) in enumerate(init_epoch_lr):
        optimizer = optim.SGD(net.parameters(), lr=lr, weight_decay=0.0001, momentum=0.9)
        for epoch in range(num_epoch):
            epoch_acc, epoch_loss, net = train_epoch(net, optimizer, criteron)
            # 将损失和准确率加入 TensorBoard
            writer.add_scalar("epoch_acc", epoch_acc, sum([e[0] for e in init_epoch_lr[:i]]) + epoch)
            writer.add_scalar("epoch_loss", epoch_loss, sum([e[0] for e in init_epoch_lr[:i]]) + epoch)
            # 验证模型
            test_acc, test_loss = validation(net, criteron)
            if test_loss <= best_loss:
                if test_acc >= best_accuracy:
                    best_accuracy = test_acc
                best_loss = test_loss
                best_model_weights = net.state_dict().copy()
                best_optimizer_params = optimizer.state_dict().copy()
                # 保存模型、优化器、准确率和损失信息
                torch.save(
                    {
                        "net": best_model_weights,
                        "optimizer": best_optimizer_params,
                        "best_accuracy": best_accuracy,
                        "best_loss": best_loss,
                    },
                    os.path.join(CHECKPOINT, "best_model.pth"),
                )
            # 将损失和准确率加入 TensorBoard
            writer.add_scalar("test_acc", test_acc, sum([e[0] for e in init_epoch_lr[:i]]) + epoch)
            writer.add_scalar("test_loss", test_loss, sum([e[0] for e in init_epoch_lr[:i]]) + epoch)

    writer.close()
    return net

if __name__ == "__main__":
    net = VGG_11_prune().to(device)
    init_train(net)
```

上述代码完成了 CIFAR-10 数据集的分类模型训练，因为后续任务中还要反复用到其中的训练和验证功能，所以建立了 `train_epoch` 和 `validation` 两个函数，以便调用。各部分代码的功能可以参考第 3 章。经过上述的基础训练，模型在验证集上的准确度可以很快达到 86%以上。我们将这个模型保存下来，后续模型剪枝将会在这个模型的基础上进行。

10.1.3 模型稀疏化

为了使模型效果尽量接近原模型，可以在训练过程中逐步将每一层中绝对值较小的参数置零，从而在增加模型稀疏度的同时，避免模型效果产生过大波动。

置零的阈值通过当前 weight 或者 bias 的百分位数字来确定，低于阈值的参数全部设置为 0，高于阈值的参数维持不变。

下面是稀疏化训练的代码：

```
# sparsify_train.py
import torch
from torch import optim, nn
from torch.utils.tensorboard import SummaryWriter
import numpy as np
import os

from base_train import validation, train_epoch
from config import finetune_epoch_lr, CHECKPOINT, device
from model import VGG_11_prune

# 稀疏化之后微调模型
def fine_tune(net, sparisity, epoch_lr):
    writer = SummaryWriter("logs/")
    criteron = nn.CrossEntropyLoss()

    best_accuracy = 0.0
    best_loss = 10.0

    for i, (num_epoch, lr) in enumerate(epoch_lr):
        optimizer = optim.SGD(net.parameters(), lr=lr, weight_decay=0.0001, momentum=0.9)
        for epoch in range(num_epoch):
            epoch_acc, epoch_loss, net = train_epoch(net, optimizer, criteron)

            writer.add_scalar("fine_acc", epoch_acc, sum([e[0] for e in epoch_lr[:i]]) + epoch)
            writer.add_scalar("fine_loss", epoch_loss, sum([e[0] for e in epoch_lr[:i]]) + epoch)

            test_acc, test_loss = validation(net, criteron)
            # 检测模型的精度是否值得保存
            if test_loss <= best_loss:
                if test_acc >= best_accuracy:
                    best_accuracy = test_acc
                best_loss = test_loss
                best_model_weights = net.state_dict().copy()
                best_optimizer_params = optimizer.state_dict().copy()
                # 保存模型及相关参数
                torch.save(
                    {
                        "net": best_model_weights,
                        "optimizer": best_optimizer_params,
                        "best_accuracy": best_accuracy,
                        "best_loss": best_loss,
                    },
                    os.path.join(CHECKPOINT, "fine_tune_sparse_{}.pth".format(sparisity)),
                )

            writer.add_scalar("fine_test_acc", test_acc, sum([e[0] for e in epoch_lr[:i]]) + epoch)
```

```
            writer.add_scalar("fine_test_loss", test_loss, sum([e[0] for e in epoch_lr[:i]]) + epoch)

    writer.close()
    return net

def sparsify(net, sparsity_level=50.0):
    # 将一部分较小的weight值修改为0
    for name, param in net.named_parameters():
        # weight和bias都要修剪
        # 因为在修剪通道时要参考weight和bias才能保证剪枝后的精度
        if "weight" in name:
            threshold = np.percentile(torch.abs(param.data).cpu().numpy(), sparsity_level)
            mask = torch.gt(torch.abs(param.data), threshold).float()
            param.data *= mask
        # 对bias进行同样的操作
        if "bias" in name:
            threshold = np.percentile(torch.abs(param.data).cpu().numpy(), sparsity_level)
            mask = torch.gt(torch.abs(param.data),threshold).float()
            param.data *= mask
    return net

def sparsify_train(net):
    sparse_model = VGG_11_prune().to(device)
    sparse_model.load_state_dict(net.state_dict())
    # 依次使用不同的稀疏度训练
    for i, sparsity_level in enumerate([50.0, 60.0, 70.0, 80.0, 90.0]):
        print("pruning ...")
        # 微调的预设参数
        epoch_lr = finetune_epoch_lr[i]
        # 稀疏化
        sparse_model = sparsify(sparse_model, sparsity_level)
        # 微调
        net = fine_tune(sparse_model, sparsity_level, epoch_lr)
    return net

if __name__ == "__main__":

    net = VGG_11_prune()
    net.load_state_dict(torch.load(os.path.join(CHECKPOINT, "best_model.pth"))["net"])
    sparsify_train(net)
```

上述代码将模型每一层的权重矩阵中数值较小的元素直接设置为 0（在 `sparsify` 函数中实现），实现了模型权重的稀疏化。使用了 50%、60%、70%、80%和 90%五种不同的稀疏百分比，每次稀疏化之后继续进行训练。使用不同的百分位进行稀疏化后，模型的最终精度分别是：

```
稀疏度 精度
0      86.5
50     86.0
60     86.1
70     84.9
80     82.1
90     80.76
```

可见稀疏化程度越高，模型精度损失越严重。在实际应用的时候，我们要考虑到应用场景对模型精度和速度的要求，找到精度和速度之间的平衡点。

本章为了展现剪枝工作对模型压缩的效果，会对稀疏度为 90%的模型进行压缩。

10.1.4　压缩模型通道

对于网络中间层的每一层网络来说，剪枝操作都由前剪枝和后剪枝（具体叫法在不同资料中可能会有差异）两部分组成。

以网络层 `Conv2d(64,128,3,padding = 1)`为例，其输入通道原为 64 个通道。假设上一层网络被剪枝后，本层的输入通道从 64 变成了 35，那么本层原来的 64×3×3 的卷积核就能保留与之对应的 35 个通道，卷积核从 128 个 64×3×3 的卷积核变成了 128 个 35×3×3 的卷积核，这个过程就是前剪枝。

使用这 128 个 35×3×3 卷积核对上一层传来的 35 个通道的输入矩阵进行卷积之后，将计算结果中全为 0 的通道都剪除。假设剩余 80 个通道，那么就只保留这 80 个通道对应的卷积核，这样卷积核就从 128 个 35×3×3 的卷积核变成了 80 个 35×3×3 的卷积核，这个过程就是后剪枝。

整个剪枝过程如图 10-2 所示。

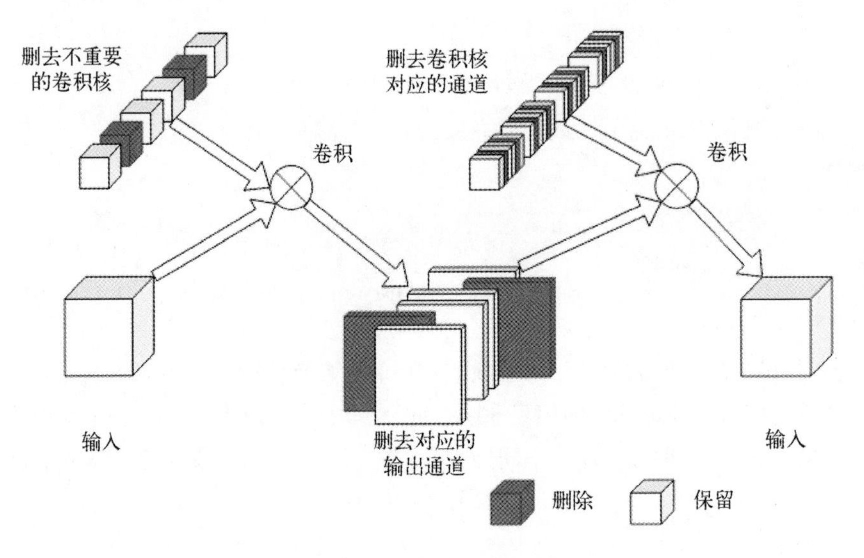

图 10-2　通道剪枝示意图

对神经网络的每一层依次进行前剪枝和后剪枝，便可以将模型中的无用通道（全为 0 的通道）全部压缩，得到一个简化模型，压缩步骤如下。

(1) 将模型按前后承接关系展开（VGG 是直筒结构，展开比较简单，ResNet 的展开过程会复杂一些）。

(2) 遍历每一层网络，进行前后剪枝，并记录每一层的通道数量，加入新通道列表中。

(3) 使用新通道列表重新创建整个 VGG 网络。

模型压缩的代码如下：

```
# prune.py
import torch
from torch.nn import Conv2d, BatchNorm2d, Linear, Sequential, ReLU, MaxPool2d, AvgPool2d
import numpy as np
import os
from torchsummary import summary
import time

from model import VGG_11_prune
from config import device, CHECKPOINT
from base_train import validation

# 将模型展开
def expand(model, layers=[]):
    for layer in model.children():
        if len(list(layer.children())) > 0:
            expand(layer, layers)
        else:
            if not isinstance(layer, ReLU) and not isinstance(layer, MaxPool2d) and not
isinstance(layer, AvgPool2d):
                layers.append(layer)
    return layers

def zero_indices(layer):
    weight = layer.weight.data
    bias = layer.bias.data
    indices = []
    for idx, w in enumerate(weight.data):
        # 可以剪去全为 0 的通道，这样几乎不会有精度损失
        if torch.sum(w) != 0 and torch.sum(bias[idx]) != 0:
        # 为了追求更大的压缩比，可以考虑剪去数值较小的层，而非只剪去 0 值层
        # if torch.sum(torch.abs(w)) > 3:
            indices.append(idx)
    return indices

def compress_conv(model):
    layers = expand(model, [])
    channels = []
    for l1, l2 in zip(layers, layers[1:]):
        # 如果 l1 是卷积层
        if isinstance(l1, torch.nn.Conv2d):
            indices = zero_indices(l1)
            channels.append(len(indices))
            channel_size = l1.kernel_size[0] * l1.kernel_size[1]
```

```
            # 剪切输出通道
            prune_conv(indices, l1, conv_input=False)
            # 如果l2是卷积层
            if isinstance(l2, torch.nn.Conv2d):
                # 剪切输入通道
                prune_conv(indices, l2, conv_input=True)
            # 剪切线性层
            elif isinstance(l2, torch.nn.Linear):
                prune_fc(indices, channel_size, l2)
        # 剪切BatchNorm
        elif isinstance(l1, torch.nn.BatchNorm2d):
            prune_bn(indices, l1)
            if isinstance(l2, torch.nn.Conv2d):
                prune_conv(indices, l2, conv_input=True)
            elif isinstance(l2, torch.nn.Linear):
                prune_fc(indices, channel_size, l2)
        else:
            pass
    return layers, channels

# 剪切卷积
def prune_conv(indices, layer, conv_input=False):
    # 剪切输入
    if conv_input:
        layer._parameters["weight"].data = layer._parameters["weight"].data[:, indices]
    # 剪切输出
    else:
        layer._parameters["weight"].data = layer._parameters["weight"].data[indices]
        if layer._parameters["bias"] is not None:
            layer._parameters["bias"].data = layer._parameters["bias"].data[indices]

# 剪切线性层
def prune_fc(indices, channel_size, layer):
    layer.weight.data = torch.from_numpy(layer.weight.data.cpu().numpy()[:, indices])

# 剪切BatchNorm层
def prune_bn(indices, layer):
    layer.weight.data = torch.from_numpy(layer.weight.data.cpu().numpy()[indices])
    layer.bias.data = torch.from_numpy(layer.bias.data.cpu().numpy()[indices])

    layer.running_mean = torch.from_numpy(layer.running_mean.cpu().numpy()[indices])
    layer.running_var = torch.from_numpy(layer.running_var.cpu().numpy()[indices])

# 压缩模型
def compress_model(net):
    # 对每一层进行压缩，并记录下压缩后的通道
    layers, channels = compress_conv(net)
    for i in [1, 3, 6, 9, 12]:
        channels.insert(i, "M")
    print("channels:", channels)
    compressed_net = VGG_11_prune(channels)
    # 展开压缩后的模型
    compressed_layers = expand(compressed_net, [])
    # 将参数赋值到压缩后的模型中
```

```
    for origin, compressed in zip(layers, compressed_layers):
        if hasattr(origin, "weight"):
            if origin.weight is not None:
                compressed.weight.data = origin.weight.data
            if origin.bias is not None:
                compressed.bias.data = origin.bias.data
    return compressed_net

if __name__ == "__main__":
    # 加载并验证模型
    net = VGG_11_prune()
    net.load_state_dict(torch.load(os.path.join(CHECKPOINT, "fine_tune_sparse_90.0.pth"))["net"])
    net.eval()
    net.to(device)
    s1 = time.time()
    validation(net, torch.nn.CrossEntropyLoss())
    print("压缩前计算耗时：{:.4f}".format(time.time() - s1))
    print(summary(net.to(device), (3, 32, 32)))

    compressed_net = compress_model(net)
    compressed_net.to(device)
    s2 = time.time()
    validation(compressed_net, torch.nn.CrossEntropyLoss())
    print("压缩后计算耗时：{:.4f}".format(time.time() - s2))
    print(summary(compressed_net.to(device), (3, 32, 32)))
```

上述代码对网络中所有带参数的层进行了剪枝，并根据剪枝后每层的通道数量重构了模型。对不同的网络层，剪枝的方式也不同。

- 卷积层需要根据上一层的输出特征图的通道数字对本层的卷积核通道进行剪枝，并将本层卷积核中全为 0 的通道减去。
- BatchNorm 层需要根据上一层卷积的输出通道进行剪枝。
- 线性层剪枝也需要考虑上一层的输出通道和本层权重，不过因为本例中的模型只有最后一层是线性层，而线性层的输出结点是不能剪枝的（剪枝后分类数量会不够），所以只是根据上一层的输出通道进行了剪枝。

压缩后的结果可以使用 torchsummary 查看，结果如下，几乎每一层通道都被压缩了：

```
Test loss : 0.561584  Test accuracy : 0.807600
压缩前计算耗时：2.4391
----------------------------------------------------------------
        Layer (type)               Output Shape         Param #
================================================================
            Conv2d-1           [-1, 64, 32, 32]           1,792
       BatchNorm2d-2           [-1, 64, 32, 32]             128
              ReLU-3           [-1, 64, 32, 32]               0
         MaxPool2d-4           [-1, 64, 16, 16]               0
            Conv2d-5          [-1, 128, 16, 16]          73,856
       BatchNorm2d-6          [-1, 128, 16, 16]             256
```

```
             ReLU-7       [-1, 128, 16, 16]               0
        MaxPool2d-8         [-1, 128, 8, 8]               0
           Conv2d-9         [-1, 256, 8, 8]         295,168
     BatchNorm2d-10         [-1, 256, 8, 8]             512
            ReLU-11         [-1, 256, 8, 8]               0
          Conv2d-12         [-1, 256, 8, 8]         590,080
     BatchNorm2d-13         [-1, 256, 8, 8]             512
            ReLU-14         [-1, 256, 8, 8]               0
       MaxPool2d-15         [-1, 256, 4, 4]               0
          Conv2d-16         [-1, 512, 4, 4]       1,180,160
     BatchNorm2d-17         [-1, 512, 4, 4]           1,024
            ReLU-18         [-1, 512, 4, 4]               0
          Conv2d-19         [-1, 512, 4, 4]       2,359,808
     BatchNorm2d-20         [-1, 512, 4, 4]           1,024
            ReLU-21         [-1, 512, 4, 4]               0
       MaxPool2d-22         [-1, 512, 2, 2]               0
          Conv2d-23         [-1, 512, 2, 2]       2,359,808
     BatchNorm2d-24         [-1, 512, 2, 2]           1,024
            ReLU-25         [-1, 512, 2, 2]               0
          Conv2d-26         [-1, 512, 2, 2]       2,359,808
     BatchNorm2d-27         [-1, 512, 2, 2]           1,024
            ReLU-28         [-1, 512, 2, 2]               0
       MaxPool2d-29         [-1, 512, 1, 1]               0
       AvgPool2d-30         [-1, 512, 1, 1]               0
          Linear-31                [-1, 10]           5,130
================================================================
Total params: 9,231,114
Trainable params: 9,231,114
Non-trainable params: 0
----------------------------------------------------------------
Input size (MB): 0.01
Forward/backward pass size (MB): 3.71
Params size (MB): 35.21
Estimated Total Size (MB): 38.94
----------------------------------------------------------------
None
channels: [14, 'M', 26, 'M', 46, 45, 'M', 101, 98, 'M', 99, 99, 'M']
Test loss : 0.581674  Test accuracy : 0.801500
压缩后计算耗时: 1.3162
----------------------------------------------------------------
        Layer (type)               Output Shape         Param #
================================================================
            Conv2d-1           [-1, 14, 32, 32]             392
       BatchNorm2d-2           [-1, 14, 32, 32]              28
              ReLU-3           [-1, 14, 32, 32]               0
         MaxPool2d-4           [-1, 14, 16, 16]               0
            Conv2d-5           [-1, 26, 16, 16]           3,302
       BatchNorm2d-6           [-1, 26, 16, 16]              52
              ReLU-7           [-1, 26, 16, 16]               0
         MaxPool2d-8             [-1, 26, 8, 8]               0
            Conv2d-9             [-1, 46, 8, 8]          10,810
      BatchNorm2d-10             [-1, 46, 8, 8]              92
             ReLU-11             [-1, 46, 8, 8]               0
           Conv2d-12             [-1, 45, 8, 8]          18,675
```

```
     BatchNorm2d-13             [-1, 45, 8, 8]              90
            ReLU-14             [-1, 45, 8, 8]               0
       MaxPool2d-15             [-1, 45, 4, 4]               0
          Conv2d-16            [-1, 101, 4, 4]          41,006
     BatchNorm2d-17            [-1, 101, 4, 4]             202
            ReLU-18            [-1, 101, 4, 4]               0
          Conv2d-19             [-1, 98, 4, 4]          89,180
     BatchNorm2d-20             [-1, 98, 4, 4]             196
            ReLU-21             [-1, 98, 4, 4]               0
       MaxPool2d-22             [-1, 98, 2, 2]               0
          Conv2d-23             [-1, 99, 2, 2]          87,417
     BatchNorm2d-24             [-1, 99, 2, 2]             198
            ReLU-25             [-1, 99, 2, 2]               0
          Conv2d-26             [-1, 99, 2, 2]          88,308
     BatchNorm2d-27             [-1, 99, 2, 2]             198
            ReLU-28             [-1, 99, 2, 2]               0
       MaxPool2d-29             [-1, 99, 1, 1]               0
       AvgPool2d-30             [-1, 99, 1, 1]               0
          Linear-31                   [-1, 10]           1,000
================================================================
Total params: 341,146
Trainable params: 341,146
Non-trainable params: 0
----------------------------------------------------------------
Input size (MB): 0.01
Forward/backward pass size (MB): 0.75
Params size (MB): 1.30
Estimated Total Size (MB): 2.07
----------------------------------------------------------------
```

从上面的 torchsummary 信息可知，对稀疏度 90%的模型进行压缩之后，模型参数数量从九百多万压缩到了三十多万，模型大小从 35.21MB 降低到了惊人的 1.3MB，压缩后的通道列表为：

```
[14, 'M', 26, 'M', 46, 45, 'M', 101, 98, 'M', 99, 99, 'M']
```

而原本的通道列表为：

```
[64, "M", 128, "M", 256, 256, "M", 512, 512, "M", 512, 512, "M"]
```

可见绝大部分参数都在剪枝过程中被删去了。然而准确度却未见下降，这说明将模型中参数全为 0 的通道去除是可行的。

我们还可以看到，模型压缩后，推理时间也从 2.43s 降低到了 1.32s，在某些特定场景下（比如移动端和嵌入式设备），这种压缩手段是非常实用的。

注意：这里压缩的是 VGG 模型，如果对 MobileNet 这种结构精简的模型进行压缩，是无法达到这么高的压缩比的。

压缩后的精度有所下降（完整模型的精度为 86%，压缩后的精度为 80%），如果觉得剪枝造成的精度下降有点多，可以再尝试一下重新训练剪枝后的模型。重新训练模型的代码如下：

```
# retrain.py
import torch
from torch import optim
import os
from torch.utils.tensorboard import SummaryWriter

from prune import compress_model
from model import VGG_11_prune
from config import CHECKPOINT, device, init_epoch_lr
from base_train import train_epoch, validation

def retrain():

    net = VGG_11_prune()
    net.load_state_dict(torch.load(os.path.join(CHECKPOINT, "fine_tune_sparse_90.0.pth"))["net"])
    # 定义压缩后的模型
    compressed_net = compress_model(net)
    compressed_net.to(device)
    # 加载预训练模型
    if os.path.exists(os.path.join(CHECKPOINT, "best_retrain_model.pth")):
        saved_model = torch.load(os.path.join(CHECKPOINT, "best_retrain_model.pth"))
        compressed_net.load_state_dict(torch.load(os.path.join(CHECKPOINT,
"best_retrain_model.pth"))["compressed_net"])
        if saved_model["best_accuracy"] > 0.9:
            print(" break init train ... ")
            return
        best_accuracy = saved_model["best_accuracy"]
        best_loss = saved_model["best_loss"]
    else:
        best_accuracy = 0.0
        best_loss = 10.0
    writer = SummaryWriter("logs/")
    criteron = torch.nn.CrossEntropyLoss()

    # 按照训练基础模型的方法进行训练
    for i, (num_epoch, lr) in enumerate(init_epoch_lr):
        optimizer = optim.SGD(compressed_net.parameters(), lr=lr, weight_decay=0.0001, momentum=0.9)
        for epoch in range(num_epoch):
            epoch_acc, epoch_loss, compressed_net = train_epoch(compressed_net, optimizer, criteron)
            # 将损失加入 TensorBoard
            writer.add_scalar("epoch_acc", epoch_acc, sum([e[0] for e in init_epoch_lr[:i]]) + epoch)
            writer.add_scalar("epoch_loss", epoch_loss, sum([e[0] for e in init_epoch_lr[:i]]) + epoch)

            test_acc, test_loss = validation(compressed_net, criteron)
            if test_loss <= best_loss:
                if test_acc >= best_accuracy:
                    best_accuracy = test_acc
                best_loss = test_loss
                best_model_weights = compressed_net.state_dict().copy()
                best_optimizer_params = optimizer.state_dict().copy()
                # 保存模型及相关参数
```

```
                torch.save(
                    {
                        "compressed_net": best_model_weights,
                        "optimizer": best_optimizer_params,
                        "best_accuracy": best_accuracy,
                        "best_loss": best_loss,
                    },
                    os.path.join(CHECKPOINT, "best_retrain_model.pth"),
                )
            # 将损失加入 TensorBoard
            writer.add_scalar("test_acc", test_acc, sum([e[0] for e in init_epoch_lr[:i]]) + epoch)
            writer.add_scalar("test_loss", test_loss, sum([e[0] for e in init_epoch_lr[:i]]) + epoch)

    writer.close()
    return compressed_net

if __name__ == "__main__":
    retrain()
```

上述代码先加载了稀疏度为90%的模型参数，然后根据参数值进行了通道剪枝，得到了剪枝压缩后的模型。接着对模型进行了再一次训练，训练过后，模型准确度升到了82%，这和原始模型精度还是有所差距。因此，对模型尺寸要求不太高的时候可以考虑取稀疏化程度较低的网络进行压缩，以便获得更高的精度。

10.2 量化

量化比剪枝更为流行，因为量化的流程相比剪枝而言，更容易推广到不同的网络结构，Caffe和TensorFlow中都有非常成熟的量化工具。在PyTorch框架（1.2版本及以前）中，暂时没有官方支持的量化工具，虽然有第三方开发的量化工具，如Intel开发的Distiller，但是因为用户和资料较少，所以遇到问题时很难通过搜索引擎解决。

本章将介绍如何手动通过PyTorch进行量化操作。量化也有多种方式，有需要训练的方式、需要验证集调整参数的方式和无须数据直接量化的方式，等等。

本节中使用的是最简单的无须量化的方式，下文将介绍如何进一步压缩已剪枝的VGG-11模型。

首先，我们采用直接将参数缩放到`int8`范围内（–128~127）的方法。

(1) 计算参数矩阵的最大绝对值`max_abs_val`。

(2) 通过绝对值`max_abs_val`，计算缩放比例`scale = max_abs_val / 127`。

(3) 使用缩放比例`scale`将整个数据缩放到–128~127内。

(4) 对数据取整。

对参数进行量化的代码如下：

```
import torch
import os
from copy import deepcopy
from collections import OrderedDict
import matplotlib.pyplot as plt

from model import VGG_11_prune
from base_train import validation

from config import CHECKPOINT, device

# 量化权重
def signed_quantize(x, bits, bias=None):
    min_val, max_val = x.min(), x.max()
    n = 2.0 ** (bits - 1)
    scale = max(abs(min_val), abs(max_val)) / n
    qx = torch.floor(x / scale)
    if bias is not None:
        qb = torch.floor(bias / scale)
        return qx, qb
    else:
        return qx

# 对模型整体进行量化
def scale_quant_model(model, bits):
    net = deepcopy(model)
    params_quant = OrderedDict()
    # 用于保存
    params_save = OrderedDict()
    for k, v in model.state_dict().items():
        if "classifier" not in k and "num_batches" not in k and "running" not in k:
            if "weight" in k:
                weight = v
                # 寻找同一层的 bias
                bias_name = k.replace("weight", "bias")
                try:
                    bias = model.state_dict()[bias_name]
                    w, b = signed_quantize(weight, bits, bias)
                    params_quant[k] = w
                    params_quant[bias_name] = b
                    # 对各参数进行量化
                    if bits > 8 and bits <= 16:
                        params_save[k] = w.short()
                        params_save[bias_name] = b.short()
                    elif bits > 1 and bits <= 8:
                        params_save[k] = w.char()
                        params_save[bias_name] = b.char()
                    elif bits == 1:
                        params_save[k] = w.bool()
                        params_save[bias_name] = b.bool()
```

```
                except:
                    w = signed_quantize(w, bits)
                    params_quant[k] = w
                    params_save[k] = w.char()
        else:
            params_quant[k] = v
            params_save[k] = v
    # 加载量化之后的模型
    net.load_state_dict(params_quant)
    return net, params_save

if __name__ == "__main__":

    pruned = False
    # 量化剪枝之后的模型
    if pruned:
        channels = [17, "M", 77, "M", 165, 182, "M", 338, 337, "M", 360, 373, "M"]
        net = VGG_11_prune(channels).to(device)
        net.load_state_dict(torch.load(os.path.join(CHECKPOINT,
"best_retrain_model.pth"))["compressed_net"])
    else:
        net = VGG_11_prune().to(device)
        net.load_state_dict(torch.load(os.path.join(CHECKPOINT, "best_model.pth"))["net"])
    # 验证模型
    validation(net, torch.nn.CrossEntropyLoss())
    # 准确率曲线
    accuracy_list = []
    bit_list = [16, 12, 8, 6, 4, 3, 2, 1]
    # 使用不同的量化位数进行量化
    for bit in bit_list:
        print("{} bit".format(bit))
        scale_quantized_model, params = scale_quant_model(net, bit)
        print("validation: ", end="\t")
        accuracy, _ = validation(scale_quantized_model, torch.nn.CrossEntropyLoss())
        accuracy_list.append(accuracy)
        torch.save(params, os.path.join(CHECKPOINT, "pruned_{}_{}_bits.pth".format(pruned, bit)))
    # 绘制量化后的准确率曲线
    plt.plot(bit_list, accuracy_list)
    plt.savefig("img/quantize_pruned:{}.jpg".format(pruned))
    plt.show()
```

上述代码在 signed_quantize 函数中对模型参数进行了缩放取整，使参数取值落在 int8 范围内；在 scale_quant_model 函数中对卷积层的参数进行了缩放取整；最后将整型参数以浮点数形式加载到模型中，进行了模型效果的验证。

对未剪枝的模型进行量化，得到如下结果：

```
Test loss : 0.414302  Test accuracy : 0.861100
16 bit
validation:     Test loss : 9661.487614  Test accuracy : 0.861700
12 bit
validation:     Test loss : 606.059162  Test accuracy : 0.861700
```

```
8 bit
validation:     Test loss : 47.286420  Test accuracy : 0.837400
6 bit
validation:     Test loss : 41.713058  Test accuracy : 0.206000
4 bit
validation:     Test loss : 4.001117  Test accuracy : 0.103100
3 bit
validation:     Test loss : 2.419863  Test accuracy : 0.106800
2 bit
validation:     Test loss : 2.316969  Test accuracy : 0.102200
1 bit
validation:     Test loss : 2.303233  Test accuracy : 0.100000
```

量化后的模型准确率曲线如图 10-3 所示。可以看到，将参数量化到 int8 并不会对模型精度产生太大影响，如果进一步压缩参数，模型精度会出现大幅下降。

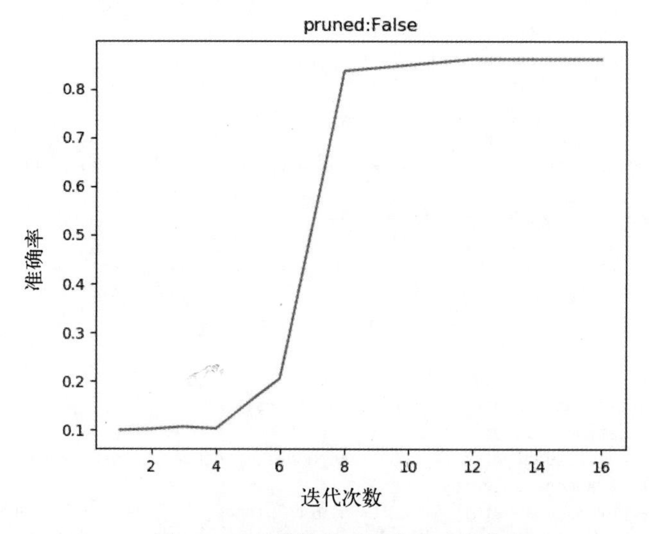

图 10-3　未剪枝模型量化准确率曲线

通过查看模型文件大小（通过 torchsummary 也可查看）可知，将原模型量化到 16 bit 之后，模型大小变为原来的四分之一，准确度丝毫没有下降；量化到 8 bit 之后，模型大小变为原来的约八分之一，准确度有轻微下降。

对剪枝过的模型进行量化，会得到如下结果：

```
Test loss : 0.573298  Test accuracy : 0.803600
16 bit
validation:     Test loss : 12071.533636  Test accuracy : 0.802400
12 bit
validation:     Test loss : 755.961985  Test accuracy : 0.802500
8 bit
validation:     Test loss : 51.386750  Test accuracy : 0.790300
```

```
6 bit
validation:     Test loss : 31.025351  Test accuracy : 0.617700
4 bit
validation:     Test loss : 4.630167  Test accuracy : 0.110000
3 bit
validation:     Test loss : 3.014476  Test accuracy : 0.100000
2 bit
validation:     Test loss : 2.517100  Test accuracy : 0.101000
1 bit
validation:     Test loss : 2.306019  Test accuracy : 0.100000
```

量化后的模型准确率曲线如图 10-4 所示，与未剪枝模型相似，在将模型量化到 8 bit 之后，模型精度有所下降，模型大小却降到了 357Kb，效果非常显著。可见，剪枝和量化这两种手段可以在少量精度损失的情况下（对精度要求极高的场景可能不适合），极大地压缩模型所消耗的资源。

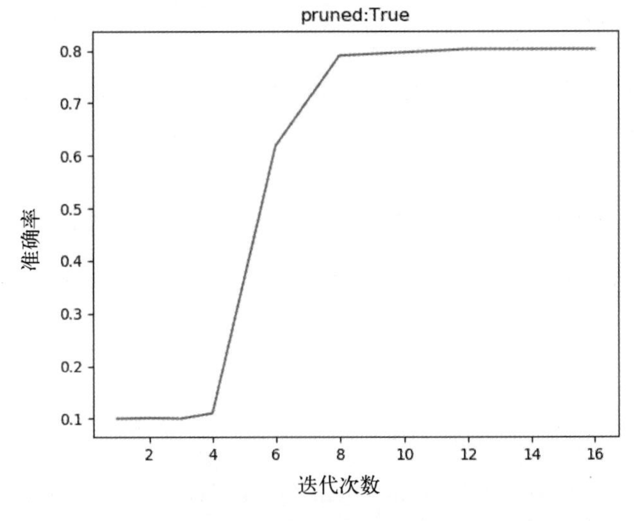

图 10-4　剪枝模型量化准确率

通过上述方法，可以将模型的大部分参数都压缩到 `int8`，但是所有的运算仍然是在 `float64` 下进行的，并没有实现真正的 `int8` 推理运算。

因为截至 2021 年 3 月，PyTorch 暂时不支持 GPU 上的 `int8` 卷积，所以本节也只是介绍一下量化的原理，无法继续深入到量化模型的部署。如需在 GPU 上部署量化模型，还需要借助 ONNX 将 PyTorch 转成其他框架（如 TensorFlow、Caffe、TensorRT 等）。

10.3　混合精度训练

混合精度训练的基本步骤如下。

(1) 使用 float16 进行前向传播。

(2) 使用 float16 进行反向传播得到 float16 的梯度。

(3) 在 float32 的参数副本上更新参数。

(4) 将 float32 参数转成 float16 继续进行第(1)步，如此循环往复得到最终模型。

NVIDIA 的 RTX 系列显卡针对 float16 进行了计算加速，而且 NVIDIA 还给 PyTorch 写了一个混合精度训练库：Apex。因此混合精度训练变成了一个门槛很低、又非常实用的技能。

这么操作的最直接原因就是深度学习网络中的很多参数值非常小，若直接从 float32 转到 float16，很多参数会被直接置为零，会出现精度不足问题，这会导致连接失效，进而使精度出现较严重的下滑，而通过训练得到的 float16 模型精度几乎不会下降。

在实现混合精度训练时，有两点需要注意。

- 为了避免反向传播过程中一些参数因为 float16 的精度问题而变成 0，可以给 loss 乘以 scale 进行比例放大，使这些梯度值能够落在 float16 的范围内，等到参数更新之前再除以 scale 进行还原。这个值也可以根据实际数据动态设定。
- 使用 float16 计算 BatchNorm 层会导致精度不够，所以需要使用 float32 计算。

使用 Apex 库进行混合精度训练时，只需要在原来的训练代码上修改几行就可以了，这里有两种方式可供选择。

第一种方式为包装 PyTorch 里面的 optimizer，代码如下：

```
from apex.fp16_utils import FP16_Optimizer
model = VGG11()
optimizer = torch.optim.SGD(model.parameters(),lr = 0.1)
# 缩放的 scale 可以设置成固定的
optimizer = FP16_Optimizer(optimizer,static_loss_scale = 128.0)
# 缩放的 scale 也可以设置成动态的
# optimizer = FP16_Optimizer(optimizer, dynamic_loss_scale=True)
```

第二种方式为使用 amp 对原模型和 optimizer 进行初始化，并在缩放状态下进行梯度计算，代码如下：

```
model = torch.nn.Linear(D_in, D_out).cuda()
optimizer = torch.optim.SGD(model.parameters(), lr=1e-3)

# 在 opt_level 中，O1 和 O2 都是混合精度训练模式，具体哪种好，需要自己实验
model, optimizer = amp.initialize(model, optimizer, opt_level="O1")
# 把 loss.backward()修改成如下形式
with amp.scale_loss(loss, optimizer) as scaled_loss:
    scaled_loss.backward()
```

上述代码可以实现混合精度训练，但如果直接保存参数的话，得到的仍是单精度参数（float32），如果需要进行混合精度推理，还需要手动调整模型，把卷积层、全连接层等网络层的参数手动转化为半精度参数（float16）。

10.4 深度学习模型的服务端部署

针对不同的应用场景，深度学习模型有很多种部署方式，其中比较简单仅使用 Python 语言就能实现的是服务端部署。服务端部署，顾名思义，就是在服务端启动深度学习模型，为用户提供一个访问接口，用户可以通过提交访问请求的方式向这个接口提供数据并发送需求，待服务端的模型计算出结果之后再返回给用户。

利用这种网络接口的形式，可以轻松地将 Python 语言下的深度学习模型与其他语言的项目进行融合。下面就让我们花几分钟的时间，了解一下如何使用 Python 在服务端部署深度学习模型吧。

这里使用了轻量级的 Web 框架：Flask。

10.4.1 创建接口

接口部分的代码主要是处理接收到的请求。首先通过 @app.route 定义了一个路由，指定这个深度学习模型的访问地址，并规定了需要以 Post 方式请求。在接收到 Post 请求后，会先检查 Post 请求中发送的图片后缀是否正确，如果图片无误，则按照 Post 请求中的要求调用分类模型，计算结束之后直接返回计算结果。

使用 Flask 搭建服务接口的代码如下：

```
# 使用 Flask 为深度学习模型创建访问接口，以实现与不同语言项目的对接

from flask import Flask, jsonify, request
import logging
from werkzeug.utils import secure_filename
from torchvision.models import resnet18
from torchvision import transforms
from PIL import Image
import torch
import os
from time import ctime

app = Flask(__name__)

# 上传的图片保存位置
app.config["UPLOAD_FOLDER"] = "tmp/img"
# 可接受的后缀名
```

```
app.config["ALLOWED_EXTENSIONS"] = set(["png", "jpg", "jpeg", "gif"])

# 添加必要的图片转 Tensor 的方法
transform = transforms.Compose(
    [transforms.Resize((224, 224)), transforms.ToTensor()]
)
# 定义模型
net = resnet18()

# 识别函数
def recognition(img_path):
    img = Image.open(img_path)
    img_tensor = transform(img).unsqueeze(0)
    result = net(img_tensor)
    label = torch.argmax(result, dim=1)
    return label

# 检查后缀名
def allowed_file(filename):
    # 判断图片名称是否符合要求
    return (
        "." in filename
        and filename.rsplit(".", 1)[1] in app.config["ALLOWED_EXTENSIONS"]
    )

# 接口的主函数
@app.route("/image_classification", methods=["POST"])
def run(delete_file=True):
    img = request.files["image"]
    if img and allowed_file(img.filename):
        # 保存上传来的图片
        filename = secure_filename(img.filename)
        folder = os.path.join(app.root_path, app.config["UPLOAD_FOLDER"])
        img_path = os.path.join(folder, filename)
        # 如果路径不存在，先创建
        if not os.path.exists(folder):
            os.makedirs(folder)
        img.save(img_path)
    else:
        # 如果图片有问题，在日志里记录错误
        app.logger.error("Image not available .")
    label = recognition(img_path)
    # 在日志中记录识别结果
    app.logger.info("Result : {}".format(str(label)))
    # 识别结束之后，可以选择删除临时存储的图片
    if delete_file:
        os.remove(img_path)
    return str(label)

# 这个函数在每次接收到请求之前调用，会在日志文件中记录用户 IP 和时间
@app.before_request
def before_request():
    ip = request.remote_addr
    app.logger.info("Time : {} Remote ip : {}".format(ctime(), ip))
```

```
if __name__ == "__main__":
    # debug 模式下修改代码，服务会自动重启
    # app.debug = True
    # 建立日志
    handler = logging.FileHandler("flask.log")
    app.logger.addHandler(handler)
    # logger 默认只在 debug 模式下记录，但是部署不可能用 debug 模式
    # 所以要记录日志的话，要先把日志级别设置为 debug 级别
    app.logger.setLevel(logging.DEBUG)
    # 运行服务
    app.run(host="127.0.0.1", port=5000)
```

上述代码实现了一个基于深度学习的图像分类服务，模型的执行代码写在 `run` 函数中，其中设定了服务的访问地址和服务日志的记录方式，每次向 127.0.0.1:5000/image_classification 地址发送 Post 请求都会调用 `run` 函数，`before_request` 函数会在运行 `run` 函数前被调用，将访问时间和访问人的 IP 地址记录下来。

这样这个服务就正式启动了，随时可以接受来自用户的图片分类请求。

10.4.2　访问接口

定义好接口后，用户只需向这个接口提交一个带参数的 Post 请求即可轻松调用模型。Post 请求需要包括访问地址、图片和参数这 3 个要素。接口访问代码如下：

```
import requests as req

# 向服务器发送请求
def demo(url, files, data=None):
    result = req.Post(url, data=data, files=files).text
    return result

if __name__ == "__main__":
    url = "http://127.0.0.1:5000/image_classification"
    # 使用二进制形式打开图片
    files = {"image": open("img/workflow.jpg", "rb")}
    data = {"delete_file": True}
    # 将图片和参数一并上传
    r = demo(url, files, data)
    print(r)
```

上述代码通过 `files` 参数将图片以二进制的形式传给了服务接口，而 `data` 参数中包含了控制接口行为的参数 `delete_file`，当 `delete_file` 为 `True` 时，服务会在识别完图片之后将服务器上暂存的图片删除。

运行上述代码，即可获得模型分类结果。

10.5　小结

本章主要介绍了 PyTorch 中与神经网络部署相关的知识，是 PyTorch 模型从研究走向应用的关键一步。在未来，PyTorch 可能会对剪枝、量化及服务接口封装等功能提供更完善的支持，但了解其背后的原理和实现方式也非常有必要。我希望读者能够从本章中了解到如下知识点。

- 模型剪枝的原理和实现方式。
- 模型量化的原理。
- 混合精度训练的原理。
- 深度学习服务器端部署的方法。

TURING
图灵教育
站在巨人的肩上
Standing on the Shoulders of Giants

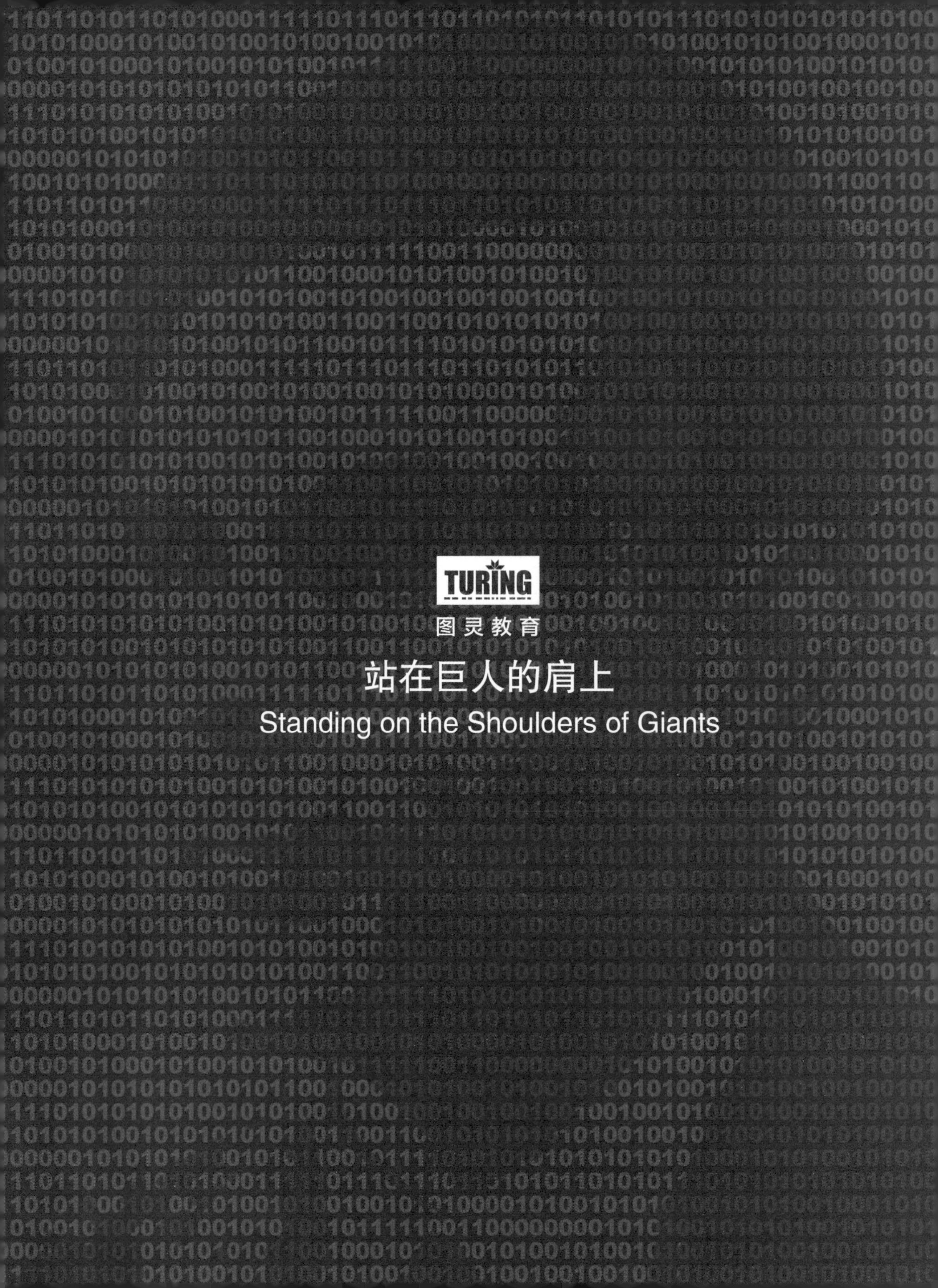

TURING
图灵教育
站在巨人的肩上
Standing on the Shoulders of Giants